普通高等院校"十一五"规划教材
普通高等院校机械类精品教材
编审委员会

顾　问： 杨叔子　华中科技大学
　　　　　李培根　华中科技大学
总主编： 吴昌林　华中科技大学
委　员：（按姓氏拼音顺序排列）

崔洪斌　河北科技大学	孟　逵　河南工业大学
冯　浩　景德镇陶瓷学院	芮执元　兰州理工大学
高为国　湖南工程学院	汪建新　内蒙古科技大学
郭钟宁　广东工业大学	王生泽　东华大学
韩建海　河南科技大学	杨振中　华北水利水电学院
孔建益　武汉科技大学	易际明　湖南工程学院
李光布　上海师范大学	尹明富　天津工业大学
李　军　重庆交通大学	张　华　南昌大学
黎秋萍　华中科技大学出版社	张建钢　武汉纺织大学
刘成俊　重庆科技学院	赵大兴　湖北工业大学
柳舟通　湖北理工学院	赵天婵　江汉大学
卢道华　江苏科技大学	赵雪松　安徽工程大学
鲁屏宇　江南大学	郑清春　天津理工大学
梅顺齐　武汉纺织大学	周广林　黑龙江科技学院

普通高等院校"十三五"规划教材
普通高等院校"十二五"规划教材
普通高等院校机械类精品教材

顾　问　杨叔子　李培根

机床数控技术

主　编　闫占辉　刘宏伟
副主编　王庆成　贾敏忠
参　编　罗建国　佘　勃　付莹莹

华中科技大学出版社
http://www.hustp.com
中国·武汉

内 容 简 介

本书主要介绍机床计算机数控的工作原理,数控机床的组成、分类及发展,CNC装置的硬件、软件及其接口,插补原理、刀具补偿与速度控制,加工程序编制,数控检测装置,伺服驱动系统及位置控制,数控机床的机械结构等。

本书取材新颖、内容丰富、系统、全面,根据数控系统内部信息流处理过程和能量流传递过程为主线展开阐述,由浅入深、循序渐进、理论与实际结合紧密,注重机电结合和系统理念,反映当今机床数控系统的新技术、新发展。

本书不仅可作为高等学校机械设计制造及其自动化和机械电子工程等专业的教材和参考书,还可作为各种层次的继续教育的培训教材,对相关工程技术人员也具有参考价值。

本书配有电子教案,如有需要,请与出版社联系。(027-87548431,liu3037@163.com)

图书在版编目(CIP)数据

机床数控技术/闫占辉,刘宏伟主编. —武汉:华中科技大学出版社,2008.8(2021.1重印)
ISBN 978-7-5609-4516-3

Ⅰ.①机… Ⅱ.①闫… ②刘… Ⅲ.①数控机床-高等学校-教材 Ⅳ.①TG659

中国版本图书馆 CIP 数据核字(2008)第 086531 号

机床数控技术 　　　　　　　　　　　　　　　　　闫占辉　刘宏伟　主编

策划编辑：刘　锦
责任编辑：刘　勤
封面设计：潘　群
责任校对：刘　竣
责任监印：徐　露
出版发行：华中科技大学出版社(中国·武汉)　　电话：(027)81321913
　　　　　武汉市东湖新技术开发区华工科技园　　邮编：430223
录　　排：华中科技大学惠友文印中心
印　　刷：广东虎彩云印刷有限公司
开　　本：787mm×960mm　1/16
印　　张：18.25　插页:2
字　　数：377 千字
版　　次：2021 年 1 月第 1 版第 11 次印刷
定　　价：39.00 元

本书若有印装质量问题，请向出版社营销中心调换
全国免费服务热线：400-6679-118　　竭诚为您服务
版权所有　侵权必究

"爆竹一声除旧,桃符万户更新。"在新年伊始,春节伊始,"十一五规划"伊始,来为"普通高等院校机械类精品教材"这套丛书写这个"序",我感到很有意义。

近十年来,我国高等教育取得了历史性的突破,实现了跨越式的发展,毛入学率由低于10%达到了高于20%,高等教育由精英教育而跨入了大众化教育。显然,教育观念必须与时俱进而更新,教育质量观也必须与时俱进而改变,从而教育模式也必须与时俱进而多样化。

以国家需求与社会发展为导向,走多样化人才培养之路是今后高等教育教学改革的一项重要任务。在前几年,教育部高等学校机械学科教学指导委员会对全国高校机械专业提出了机械专业人才培养模式的多样化原则,各有关高校的机械专业都在积极探索适应国家需求与社会发展的办学途径,有的已制定了新的人才培养计划,有的正在考虑深刻变革的培养方案,人才培养模式已呈现百花齐放、各得其所的繁荣局面。精英教育时代规划教材、一致模式、雷同要求的一统天下的局面,显然无法适应大众化教育形势的发展。事实上,多年来许多普通院校采用规划教材就十分勉强,而又苦于无合适教材可用。

"百年大计,教育为本;教育大计,教师为本;教师大计,教学为本;教学大计,教材为本。"有好的教材,就有章可循、有规可依、有鉴可借、有道可走。师资、设备、资料(首先是教材)是高校的三大教学基本建设。

"山不在高,有仙则名。水不在深,有龙则灵。"教材不在厚薄,内容不在深浅,能切合学生培养目标,能抓住学生应掌握的要言,能做到彼此呼应、相互配套，就行，此即教材要精、课程要精，能精则名、能精则灵、能精则行。

华中科技大学出版社主动邀请了一大批专家，联合了全国几十个应用型机械专业，在全国高校机械学科教学指导委员会的指导下，保证了当前形势下机械学科教学改革的发展方向，交流了各校的教改经验与教材建设计划，确定了一批面向普通高等院校机械学科精品课程的教材编写计划。特别要提出的，教育质量观、教材质量观必须随高等教育大众化而更新。大众化、多样化决不是降低质量，而是要面向、适应与满足人才市场的多样化需求，面向、符合、激活学生个性与能力的多样化特点。"和而不同"，才能生动活泼地繁荣与发展。脱离市场实际的、脱离学生实际的一刀切的质量不仅不是"万应灵丹"，而是"千篇一律"的桎梏。正因为如此，为了真正确保高等教育大众化时代的教学质量，教育主管部门正在对高校进行教学质量评估，各高校正在积极进行教材建设，特别是精品课程、精品教材建设。也因为如此，华中科技大学出版社组织出版普通高等院校应用型机械学科的精品教材，可谓正得其时。

我感谢参与这批精品教材编写的专家们！我感谢出版这批精品教材的华中科技大学出版社的有关同志！我感谢关心、支持与帮助这批精品教材编写与出版的单位与同志们！我深信编写者与出版者一定会同使用者沟通，听取他们的意见与建议，不断提高教材的水平！

特为之序。

中国科学院院士
教育部高等学校机械学科指导委员会主任

杨叔子

2006.1

前　　言

　　机床数控技术是自 20 世纪中期发展起来的机床自动控制技术。半个世纪以来，数控技术、数控机床获得了长足发展，技术不断更新，功能不断完善，智能化水平、可靠性不断提高，种类繁多、品种齐全。20 世纪 90 年代以来，随着计算机技术、微电子技术的发展，以 PC(personal computer)技术为基础的开放式 CNC 得到迅速发展，并正成为世界潮流。这是数控技术最具深远意义的一次飞跃。

　　集微电子技术、计算机技术、传感与检测技术、自动控制技术、机械制造技术等于一体的数控机床从根本上解决了制造业中柔性制造、自动化生产的一些实际问题。数控技术，数控机床的发展也极大地推动了计算机辅助设计和计算机辅助制造(CAD/CAM)、柔性制造系统(FMS)、计算机集成制造系统(CIMS)和工厂自动化（FA)的发展。数控机床是典型的机电一体化产品，数控技术是先进制造技术的重要组成部分。应用数控技术，采用数控机床，提高机械工业的数控化率，是当今机械制造业技术改造、技术更新的必由之路。

　　本书在编写过程中融合了国内外最新数控技术及国内的实际应用技术，并兼顾理论与实际的联系，力求做到先进性、科学性和实用性。本书着重介绍了计算机数控装置及可编程序控制器、插补原理、插补算法、刀具补偿及速度控制、伺服驱动系统及位置控制，以及数控加工程序编制和数控机床的机械结构等。书中内容丰富、翔实，不仅适用于高等院校机械类专业的教学用书、各种层次的继续教育的培训教材，而且对相关技术人员也颇具参考价值。

　　参加本书编写的有长春工程学院闫占辉(第 1 章、第 2 章)，南阳理工学院刘宏伟(第 3 章 3.1～3.6)，吉林工程技术师范学院王庆成(第 5 章)，福建工程学院贾敏忠(第 3 章 3.7～3.9)，华北科技学院罗建国(第 4 章)，宿迁学院余勃(第 6 章)和德州学院付莹莹。全书由闫占辉、付莹莹统稿。

　　在本书编写过程中，不仅得到了许多授课老师的关心、支持和帮助，而且参阅了国内外有关数控技术方面的教材、资料和文献，在此对各位作者谨致谢意。

　　数控技术发展日新月异，加之编者水平有限，书中难免存在错误、疏漏和不妥之处，恳请读者不吝指教。

编　者
2008 年 3 月 28 日

目 录

第 1 章 数控技术及数控机床 (1)
- 1.1 数控技术的基本概念 (1)
- 1.2 数控系统的工作过程 (3)
- 1.3 数控机床的分类方法 (7)
- 1.4 数控技术的产生与发展 (13)
- 思考题与习题 (18)

第 2 章 数控系统基本原理与结构 (19)
- 2.1 CNC 系统的组成 (19)
- 2.2 插补原理 (26)
- 2.3 计算机数控系统硬件结构 (42)
- 2.4 计算机数控系统软件结构 (54)
- 2.5 数控机床用可编程控制器 (64)
- 2.6 华中 I 型数控系统实例 (72)
- 思考题与习题 (78)

第 3 章 数控加工程序的编制 (79)
- 3.1 数控加工程序编制概述 (79)
- 3.2 数控编程基础 (81)
- 3.3 数控加工程序格式与标准数控代码 (86)
- 3.4 数控加工工艺分析 (98)
- 3.5 数控车床编程 (107)
- 3.6 数控铣床编程 (129)
- 3.7 加工中心编程 (148)
- 3.8 自动编程简介 (154)
- 3.9 程序编制中的数学处理 (158)
- 思考题与习题 (161)

第 4 章 数控检测装置 (164)
- 4.1 数控检测装置概述 (164)
- 4.2 旋转变压器 (165)
- 4.3 感应同步器 (168)

4.4　光栅 …………………………………………………………………… (171)
　　4.5　光电脉冲编码器 ……………………………………………………… (174)
　　思考题与习题 ……………………………………………………………… (178)
第5章　数控机床的伺服系统 …………………………………………………… (179)
　　5.1　数控机床伺服系统概述 ……………………………………………… (179)
　　5.2　伺服系统的驱动电动机 ……………………………………………… (182)
　　5.3　交流伺服电动机 ……………………………………………………… (187)
　　5.4　步进电动机伺服系统进给运动的控制 ……………………………… (192)
　　5.5　伺服电动机的速度控制 ……………………………………………… (208)
　　5.6　位置控制 ……………………………………………………………… (216)
　　思考题与习题 ……………………………………………………………… (228)
第6章　数控机床的机械结构 …………………………………………………… (229)
　　6.1　数控机床机械结构的特点 …………………………………………… (229)
　　6.2　数控机床的主传动变速系统 ………………………………………… (237)
　　6.3　数控机床的进给传动系统 …………………………………………… (239)
　　6.4　数控机床的导轨 ……………………………………………………… (257)
　　6.5　数控机床的自动换刀装置 …………………………………………… (266)
　　6.6　数控机床的回转工作台 ……………………………………………… (277)
　　思考题与习题 ……………………………………………………………… (283)
参考文献 …………………………………………………………………………… (284)

第1章 数控技术及数控机床

1.1 数控技术的基本概念

1.1.1 数控技术的基本概念

数控是数字控制(numerical control,NC)的简称。数控技术是用数字信息对轮廓加工过程的轨迹、速度和精度等进行控制的技术。数控系统(numerical control system)是用数控技术实现的自动控制系统,它是用数字代码形式的信息控制机床的运动速度和运动轨迹,以完成零件的加工。

根据不同的被控对象,有各种数控系统,其中最早产生的、目前应用最为广泛的是机械加工行业中的各种机床数控系统,即以加工机床为被控对象的数字控制系统,例如数控车床、数控铣床、数控线切割机、数控加工中心等。

数控系统与被控机床本体的结合体称为数控机床。它综合运用了机械制造与微电子、计算机、现代控制理论、精密测量及光电磁等多种技术而发展起来的,使传统的机械加工工艺发生了质的变化,这个变化的本质就在于用数控系统实现了加工过程的自动化操作。它也是机器人、柔性制造系统(FMS)、计算机集成制造系统(CIMS)等高技术的基础,是21世纪机械制造业进行技术更新与改造,以及向机电一体化方向发展的主要途径和重要手段。

图1-1所示为原机械工业部北京机床研究所生产的JCS-018A立式加工中心(带有自动换刀装置的数控机床)外观图,床身1、立柱5为该机床的基础部件,交流变频调速电动机将运动经主轴箱9内的传动件传给主轴10,以实现旋转主运动。三个宽调速直流伺服电动机分别经滚珠丝杠螺母副将运动传给工作台3、滑座2,实现X、Y坐标的进给运动,主轴箱9使其沿立柱导轨作Z坐标的进给运动。立柱左上侧的圆盘形刀库7可容纳16把刀,由机械手8进行自动换刀。立柱的左后部为数控柜6,右侧为驱动电柜11和操作面板12,左下侧为润滑油箱4。

1.1.2 数控技术的相关术语

1)计算机数控(computer numerical control,CNC)

专用的计算机控制程序可实现部分或全部基本控制功能,并通过接口与各种输入/输出设备建立联系。更换不同的控制程序,可以实现不同的控制功能。

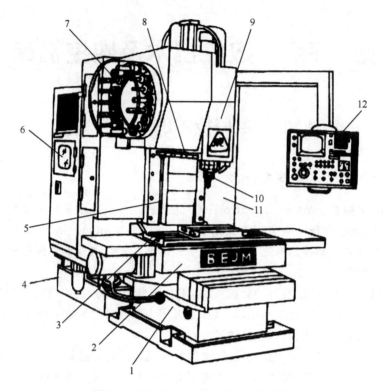

图 1-1 JCS-018A 立式加工中心外观图

2) 直接数字控制(群控)(direct numerical control，DNC)

这是一种数控系统,它把一群数控机床与存储有零件加工程序的公共存储器相连接,并按要求把数据分配给有关机床。

3) 闭环数控系统(closed loop numerical control system)

这种控制系统检测机床运动部件位置信号或与它等价的量,然后与数控装置输出的指令信号(输入数据或与它等价的物理量)进行比较,若出现差值时就驱动机床有关部件运动,直至差值为零时为止。

4) 开环数控系统(open loop numerical control system)

这是不把控制对象的输入与输出进行比较的数控系统,即没有位置传感器来反馈信号的一种数控系统。

5) 伺服系统(servo system)

这是一种自动控制系统,其中包括功率放大和使输出量值完全与输入量值相对应的反馈。

6) 自动换刀装置(automatic tool changer，ATC)

这是自动地更换加工中所用刀具的装置。刀库中存放刀具,根据指令选择刀具,并由换刀机构自动地装在机床主轴上,用完后从主轴上自动取下存入刀库。

7) 代码(code)

代码是用字母、数字和符号等表示信息的符号体系。

8) 命令(command)

命令是指使运动或功能开始的操作指令。如:给机床直接输入的代码;由计算或比较功能产生的输出;由外部指令的相互逻辑作用产生的结果。

9) 指令脉冲(command pulse)

指令脉冲是指为使机床有关部分按指令动作,而从数控装置送给机床的脉冲。该脉冲与机床的单位移动量相对应。

10) 脉冲当量(least input increment)

脉冲当量又称为分辨率,由数控带或手动数据输入时能给出的最小位移。

11) ISO 代码(ISO code)

这是指国际标准化组织(International Organization for Standardization,ISO)规定的由穿孔带传送信息时使用的代码,是以 ASCII 代码为基础的七位代码(另加一位校验用的补偶码)。

1.1.3 机床数控的工作原理

数控机床进行加工时,先将被加工零件图纸的几何信息和工艺信息用规定的代码和格式编成加工程序,然后将其输入数控装置,经过数控系统对输入信息的处理和分配,使各坐标移动若干个最小位移量,实现刀具与工件的相对运动,完成零件的加工。

1.2 数控系统的工作过程

1.2.1 数控系统的基本组成

数控系统一般由输入/输出装置、数控装置、驱动控制装置、机床电器逻辑控制装置、测量反馈装置等几部分组成,机床本体为被控对象,如图 1-2 所示。

数控系统是严格按照外部输入的程序对工件进行自动加工的,通常将从外部输入的、描述机床加工过程的程序称为数控加工程序,它是用字母、数字和其他符号的编码指令规定的程序。数控加工程序按零件加工顺序记载机床加工所需的各种信息,包括零件加工的轨迹信息(反映零件几何形状和几何尺寸等)、工艺信息(反映切削参数的进给速度和主轴转速等)及其他辅助信息(主轴正/反转、换刀、冷却液开/关和工件装/卸等开关命令)。加工程序常常记录在各种信息载体上。信息载体又称为控制载体,其形式可以是穿孔纸带、磁带、磁盘、光盘等各种可以记载二进制信息的介质。通过各种输入装置,信息载体上的数控加工程序将被数控装置所接收。

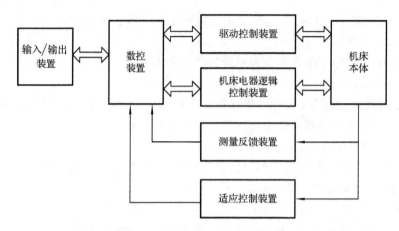

图 1-2 数控系统组成的一般形式

输入装置将数控加工程序、机床参数等各种信息输入数控装置。输出装置用于观察或监视输入内容及数控系统的工作状态。常用的输入/输出装置有：纸带阅读机、磁带机、磁盘驱动器、CRT 及各种显示器件、打印机及各种数据通信设备等。

数控装置是数控系统的核心。它的主要功能是：正确识别和解释数控加工程序，对解释结果进行各种数据计算和逻辑判断处理，完成各种输入、输出任务。其形式可以是由数字逻辑电路构成的专用硬件数控装置或计算机数控装置。前者称为硬件数控装置或 NC 装置，其数控功能主要由硬件逻辑电路实现；后者称为 CNC 装置，其数控功能由计算机硬件和软件共同完成。数控装置将数控加工信息输出到机床的控制量主要有两种类型：一类是模拟或数字形式的连续控制量，送往驱动控制装置，完成零件加工的轨迹控制；另一类是二进制形式的开关控制量，送往机床电器逻辑控制装置，控制机床各组成部分实现各种数控功能。

驱动控制装置位于数控装置和机床本体之间，包括进给伺服驱动装置和主轴驱动装置。进给伺服驱动装置由位置控制单元、速度控制单元、电动机等部分组成，它按照数控装置发出的位置控制命令和速度控制命令正确驱动机床的终端执行部件。电动机可以是各种步进电动机、直流伺服电动机、交流伺服电动机或直线电动机。主轴驱动装置主要由速度控制单元和主轴电动机组成，接受数控装置的指令，完成主轴的速度和方向控制。

机床电器逻辑控制装置接受数控装置发出的或来自控制面板的开关命令，主要完成机床主轴启动、停止和方向控制功能，换刀功能，工件装夹功能，冷却、液压、气动、润滑系统控制功能及其他机床辅助功能。机床电器逻辑控制功能可以由继电器控制线路或可编程序控制器(PLC)完成。

测量反馈装置是闭环数控系统所特有的，它的作用是检测机床的实际位置、速度等参数，以电信号或数字信号的形式反馈给数控装置，使数控装置能够校核机床的实际位置和指令位置的偏差,并由数控装置发出指令纠正所产生的偏差。

适应控制装置检测机床当前的环境,如温度、振动、摩擦、切削力等因素的变化,将信号输入数控装置,及时进行补偿,以提高机床的加工精度或生产率。适应控制装置仅用于高效率和高精度的数控机床。

此外,数控机床还配有各种辅助装置,其作用是配合机床完成对零件的加工。如切削液或油液处理系统中的冷却或过滤装置,油液分离装置,吸尘、吸雾装置等。除上述辅助装置外,个别数控机床还配备对刀仪,自动编程机,自动排屑器,物料储运,上、下料装置及交流稳压电源等。

现代数控系统多采用专用计算机或通用计算机完成数控装置主要功能,统称为计算机数控(CNC)系统。图1-3描述了CNC系统的典型结构。除传统的输入/输出装置外,CNC系统还可以通过其他方式获得数控加工程序或机床参数,如通过键盘方式输入和编辑数控加工程序,通过通信方式输入其他计算机程序编辑器、自动编程器、CAD/CAM系统或上位机所提供的数控加工程序或机床参数,还可以和其他数控机床或计算机构成网络系统。高档的数控装置本身已包含一套自动编程系统或CAD/CAM系统,只需采用键盘输入相应的信息,数控装置本身就能自动生成数控加工程序。

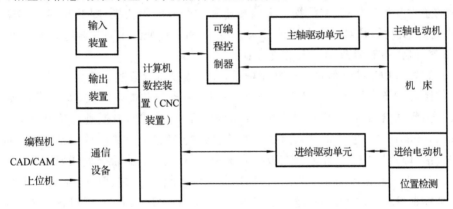

图1-3 计算机数控(CNC)系统的典型结构

现代计算机数控系统具有更加开放的体系结构,计算机数控系统在软件作用下,可以实现各种硬件数控装置所不能完成的功能,如图形显示、系统诊断、各种复杂的轨迹控制算法和补偿算法的实现、智能控制的实现、通信及网络功能等。

现代计算机数控系统采用可编程控制器(PLC)取代了传统的机床电器逻辑控制装置,用PLC控制程序来实现数控机床的各种继电器控制逻辑。

1.2.2 数控系统的工作过程

计算机数控系统的主要任务是控制刀具和工件之间的相对运动。接通电源后,计算机数控系统首先进行自检,对数控系统各部分的工作状态进行检查和诊断,并设置初始状态,例如,设置缺省指令代码和机床参数等。自检完成后,要进行加工前的准备工作,例如,机床回零点等。

数控系统具备了正常工作条件后,开始进行加工控制信息的输入。

数控加工程序可以通过各种控制介质(如纸带、磁带、光盘或磁盘等)输入数控装置,或者采用通信方式直接传输到数控装置,也可以由操作员直接利用数控装置本身的编辑器进行数控加工程序的编辑录入。根据需要,操作员可以通过CRT/MDI方式对读入的数控加工程序进行编辑修改。

输入到数控装置的加工程序必须适应实际的工件和刀具位置,因此,在加工前还要输入实际使用刀具的刀具参数,以及实际工件原点相对机床原点的坐标位置。

完成加工控制信息的输入后,可选择一种加工方式(手动方式或自动方式),启动加工运行,此时,数控装置在系统控制程序的作用下,对输入的加工控制信息进行预处理,即进行译码和预计算(如刀补计算、坐标变换等)。

系统进行数控加工程序译码时,将其区分成几何的、工艺的数据和开关功能。几何数据是刀具相对工件的运动路径数据,如有关G功能和坐标指定等,利用这些数据可加工出要求的工件几何形状;工艺数据是主轴转速和进给速度等功能,即F功能、S功能和部分G功能;开关功能是对机床电器的开关命令,例如,主轴启/停、刀具选择和交换、冷却液、润滑液的启/停等辅助M功能指令等。

数控装置对加工控制信息预处理完毕后,开始逐段运行数控加工程序。

数控装置所产生的运动轨迹由各曲线段的起、终点及其连接方式(如直线和圆弧等)等主要几何数据给出,数控装置中的插补器能根据已知的几何数据进行插补计算。所谓插补(interpolation)一般是指已知曲线上的某些数据,按照某种算法计算已知点之间的中间点的方法,即数据"密化"计算。在数控系统中,插补具体是指根据曲线段已知的几何数据,以及相应工艺数据中的速度信息,计算出曲线段的起、终点之间的一系列中间点,分别向各个坐标轴发出方向、大小和速度都确定的协调的运动序列命令,通过各个轴运动的合成,产生数控加工程序要求的刀具运动轨迹。

插补器向各轴发出的运动序列命令为其位置调节器的命令值,位置调节器将其与机床上位置检测元件测得的实际位置相比较,经过调节,输出相应的位置和速度控制信号,伺服系统驱动机床各个轴运动,使刀具相对工件正确运动,加工出要求的工件轮廓。

由数控装置发出的开关命令在PLC控制下,在各加工程序段插补处理开始前或完成后,适时输出到机床控制部件。

在机床的运行过程中,数控系统要随时监视数控机床的工作状态,通过显示部件及时向操作者提供系统工作状态和故障情况。此外,数控系统还要对机床操作面板进行监控,因为机床操作面板的开关状态可以影响加工的状态。

1.3 数控机床的分类方法

数控机床的种类繁多,根据数控机床的功能和组成的不同,有多种分类方法。

1.3.1 按运动控制的特点分类

1. 点位控制数控机床

这类数控机床控制运动部件从一点准确地移动到另一点,在移动过程中不进行加工,如图 1-4(a)所示,因此,对两点间的移动速度和运动轨迹没有严格要求,可以先沿一个坐标轴移动完毕,再沿另一个坐标轴移动,也可以多个坐标轴同时移动,但是为了提高加工效率,保证定位精度,常常要求运动部件先以快速移动接近目标点,再以低速趋近并准确定位。这类数控机床主要有数控钻床、数控坐标镗床和数控冲床等。

2. 直线控制数控机床

这类机床的数控系统不仅要控制机床运动部件从一点准确地移动到另一点,同时要控制两相关点之间的移动速度和轨迹,其轨迹一般与某一坐标轴相平行,如图 1-4(b)所示,也可以是与坐标轴成 45°夹角的斜线,但不能为任意斜率的直线,且可一边移动一边切削加工,因此,其辅助功能要求也比点位控制数控系统多,一般要求具有主轴转数控制、进给速度控制和刀具自动交换等功能。这类数控机床主要有简易数控车床、数控镗床、数控铣床等。

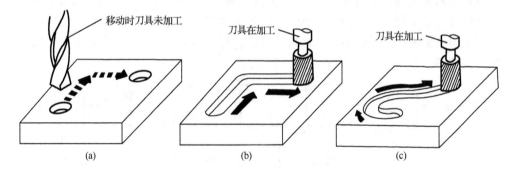

图 1-4 数控机床的点位、直线和轮廓控制

3. 轮廓控制数控机床

这类数控机床要求能够同时对两个或两个以上运动坐标的位移及速度进行连续相关的控制,如图 1-4(c)所示,使其合成的平面或空间的运动轨迹符合被加工工件形状的要求。这一要求由数控系统的插补器完成。这类数控系统具有点位和直线控制数控系统的所有功能,其辅助功能也比前两类都多。这类数控机床主要有数控车床、数控铣床、数控

磨床和数控电加工机床等。

1.3.2 按伺服系统的类型分类

1. 开环控制系统

这类数控系统没有检测装置,也无反馈电路,以步进电动机为驱动元件,如图 1-5 所示。CNC 装置输出的进给指令脉冲经驱动电路进行功率放大,转换为控制步进电动机各定子绕组,依此通电/断电的电流脉冲信号,驱动步进电动机转动,再经机床传动机构(齿轮、丝杠等)带动工作台移动。这种方式控制简单、精度低,价格比较低廉,被广泛应用于经济型数控系统中。

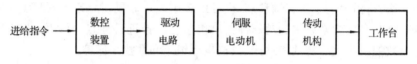

图 1-5 开环控制系统框图

2. 闭环控制系统

这类系统带有位置检测反馈装置,以直流或交流伺服电动机为驱动元件。按照位置检测装置安装位置的不同,闭环控制数控系统又可以进一步分为全闭环控制、半闭环控制和混合控制数控系统三类。

1) 全闭环控制系统

位置检测装置安装在机床工作台上,用以检测机床工作台的实际位置(通常为直线位移),并将其与 CNC 装置计算出的指令位置(绝对或相对位置)相比较,用差值进行控制,其框图如图 1-6 所示。这类控制方式的位置控制精度很高,但由于传动机构及机床工作台等大惯性环节在闭环内,系统稳定状态很难调试。

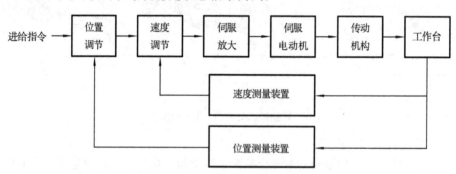

图 1-6 全闭环控制系统框图

2) 半闭环控制系统

位置检测元件被安装在电动机轴或丝杠轴上,通过角位移的测量间接计算出机床工作台的实际位置(直线位移),并将其与 CNC 装置计算出的指令位置(或位移)相比较,用差值进行控制,其框图如图 1-7 所示。由于闭环的环路内不包括传动机构及机床工作台等大惯性环节,由这些环节造成的误差不能由环路所矫正,其控制精度不如闭环控制数控系统,但其调试方便,可以获得比较稳定的控制特性。因此,在实际应用中,这种方式被广泛采用。

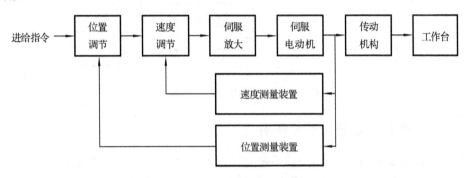

图 1-7 半闭环控制系统框图

3) 混合控制系统

这类系统混合应用了开环、全闭环和半闭环的控制方式,互相取长补短。常见的有如下两种。

(1) 开环补偿型控制系统 其框图如图 1-8 所示,它在开环控制的基础上,附加一个补偿(校正)环节。这样既保留了开环控制的优点,又较好地解决了步进电动机丢步和过冲的问题,使其控制精度得以提高。

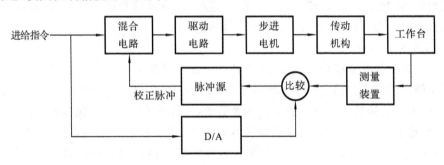

图 1-8 开环补偿型控制系统框图

(2) 半闭环补偿型控制系统 其框图如图 1-9 所示,它采用半闭环驱动方式,再用装在工作台上的直线位移测量元件实现全闭环,用半闭环和全闭环的差值进行控制,因而这种系统既可以快速获得稳定的控制特性,又可以获得高精度。那些既要求具有较高的进给速度,又要求具有高精度的大型数控机床多采用这种控制方式。

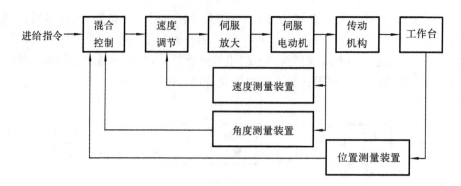

图 1-9 半闭环补偿型控制系统框图

1.3.3 按数控系统功能水平分类

按照数控系统的功能水平,数控系统可以分为经济型(低档)、普及型(中档)和高档数控系统三种。这种分类方法没有明确的定义和确切的分类界线,且不同时期、不同国家的类似分类含义也不同。

1. 经济型数控机床

这一档次的数控机床通常仅能满足一般精度要求的加工,能加工形状较简单的直线、斜线、圆弧及带螺纹类的零件,采用单板机或单片机系统,具有数码显示或显示屏(CRT)字符显示功能,机床由步进电动机实现开环驱动,控制的轴数和联动轴数在三轴或三轴以下,进给分辨率较低,一般为 $5\sim10~\mu m$,快速进给速度可达 $10~m/min$。这类机床结构一般都比较简单,精度中等,价格也比较低廉,一般不具有通信功能。如经济型数控线切割机床、数控钻床、数控车床、数控铣床及数控磨床等。

2. 普及型数控机床

这类机床的数控系统功能较多,除了具有一般数控系统的功能以外,还具有一定的图形显示功能及面向用户的宏程序功能等,采用 16 位或 32 位微处理机系统,具有 RS232C 通信接口,机床的进给多用交流或直流伺服驱动,一般系统能实现四轴或四轴以下联动控制,进给分辨率为 $1~\mu m$ 左右,快速进给速度为 $10\sim30~m/min$,其输入/输出的控制一般可由可编程序控制器来完成,从而大大增强了系统的可靠性和控制的灵活性。这类数控机床的品种极多,几乎覆盖了各种机床类别。这类数控系统简单、实用、价格适中。

3. 高档数控机床

这类机床是指加工复杂形状工件的多轴控制数控机床,且其工序集中、自动化程度高、功能强、具有高度柔性。采用 64 位及以上微处理机系统,机床的进给大多采用交流伺服驱动,除了具有一般数控系统的功能以外,应该至少能实现五轴或五轴以上的联动控制,最小进给分辨率为 $0.1~\mu m$,最大快速移动速度能达到 $100~m/min$ 或更高,具有三维动画图形功能和良好的图形用户界面,同时还具有丰富的刀具管理功能、宽调速主轴系统、多功能智能化监控系统和面向用户的宏程序功能,还有很强的智能诊断和智能工艺数据库,能实现加工条件的自动设定,且能实现计算机的联网和通信。这类系统功能齐全、价格昂贵,如具有五轴以上的数控铣床,大、重型数控机床,五面加工中心,车削中心和柔性加工单元等。

1.3.4 按控制联动的坐标轴数分类

所谓数控机床可控制联动的坐标轴,是指数控装置控制几个伺服电动机,同时驱动机床移动部件运动的坐标轴数目。

按照可控制联动坐标轴数,可以分为两坐标联动控制、两轴半坐标联动控制、三坐标联动控制、多坐标联动控制(数控机床能同时控制四个及以上坐标轴联动,如四坐标联动控制、五坐标联动控制等)数控机床。

(1) 两坐标联动　数控机床能同时控制两个坐标轴联动,如数控装置同时控制 X 和 Z 方向运动,可用于加工各种曲线轮廓的回转体类零件。或机床本身有 X、Y、Z 三个方向的运动,数控装置中只能同时控制两个坐标,实现两个坐标轴联动。在数控车床上采用两坐标联动控制,可以加工出手柄类零件(见图1-10(a))。在数控铣床上采用两坐标联动控制,可以加工出平面凸轮的轮廓曲线(见图1-10(b))。

(2) 两轴半坐标联动　数控机床本身有三个坐标能作三个方向的运动,但控制装置只能同时控制两个坐标,而第三个坐标只能作等距周期移动,可加工空间曲面,如图1-10(c)所示零件。数控装置在 XZ 坐标平面内控制 X、Z 两坐标联动,加工垂直面内的轮廓表面,控制 Y 坐标作定期等距移动,即可加工出零件的空间曲面。

在三坐标数控铣床上加工圆锥台零件,一般都是两坐标联动加工一圈,再沿另一坐标提升一个高度 Δ,如此继续下去,即可加工出一个锥台(见图1-10(c)),因为这里的第三个坐标没有参加联动,故一般称这种情况为两个半坐标。此外,属两轴半坐标控制的加工,还有用行切法加工空间轮廓(见图1-10(d)),通常以 X、Y、Z 三坐标轴中任意两轴作插补运动,第三轴作周期性进给来实现加工控制。当采用球头刀加工时,只要 Δy 足够小时,加工表面的表面粗糙度足以满足要求即可。

(3) 三坐标联动　数控机床能同时控制三个坐标轴联动。在三坐标联动控制的数控铣床上,可以在锥体上加工出螺旋线(见图1-10(e)),当然,也可以加工出内循环滚珠丝杠螺母回珠器的回珠槽(空间曲线)(见图1-10(f))。

(4) 多轴联动　数控机床能同时控制四个以上坐标轴联动。多坐标数控机床的结构复杂、精度要求高、程序编制复杂,主要应用于加工形状复杂的零件。在四坐标联动的数控机床加工飞机大梁零件,如图1-10(g)所示,除了 X、Y、Z 三个移动坐标外,还需要一个绕刀轴的回转 θ,才能保证刀具与工件形面在全长上始终贴合,显然在加工中需要每时每

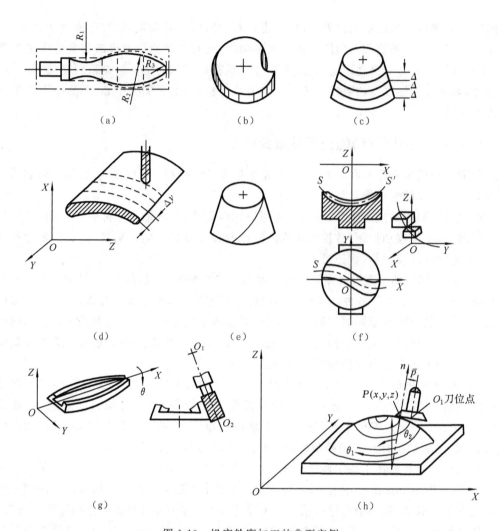

图 1-10 机床轮廓加工的典型实例

刻的 X、Y、Z、θ 坐标值,这当然是很复杂的。图 1-10(h)所示为五轴联动加工的实例,显然这时联动的坐标除 X、Y、Z 三个直线坐标以外,还有工件的回转 θ_1 和刀具的回转 θ_2。

目前,多轴联动技术是我国创建高性能、具有自主知识产权数控机床需要解决的关键技术之一。

1.3.5 按工艺用途分类

1. 金属切削类数控机床

这类机床和传统的通用机床品种一样,有数控车床、数控铣床、数控钻床、数控磨床、数控镗床以及加工中心等。带有自动换刀装置(刀库和自动交换刀具的机械手),能进行铣削、镗削、钻削等的数控镗铣加工中心(简称加工中心),特别适合箱体类零件加工,在加工中心上一次定位装卡后,即能在多个侧面上完成铣削、钻孔、扩孔、铰孔、镗孔、攻螺纹等工作,所以在应用中越来越普及,加工中心还分为车削中心、磨削中心等。此外,还出现了在加工中心上增加交换工作台,以及采用主轴或工作台进行立、卧转换的五面体加工中心等。目前,国外已开发出集钻削、铣削、镗削、车削和磨削等加工于一体的所谓"万能加工机床"。万能加工机床的出现,突破了传统机床界限,并随之不断出现新颖的机械部件。

2. 金属成型类及特种加工类数控机床

这是指金属切削类以外的数控机床,如数控弯管机、数控线切割机床、数控电火花成形机床、数控激光切割机床、数控冲床、数控火焰切割机床等各种功能的数控机床。

近年来,在非加工设备中也大量采用数控技术,如数控测量机、自动绘图机和工业机器人等。

1.4 数控技术的产生与发展

1.4.1 数控技术的产生与现状

随着电子技术的发展,1946年世界上第一台电子计算机问世,由此掀开了信息自动化的新篇章。1948年美国北密执安的一个小型飞机工业承包商帕森斯公司(Parsons Co.)在制造飞机的框架及直升机的转动机翼时,提出了采用电子计算机对加工轨迹进行控制和数据处理的设想,后来得到美国空军的支持,并与美国麻省理工学院(MIT)合作,于1952年研制出第一台三坐标数控铣床。帕森斯公司的设想,本身就考虑到刀具直径对加工路径的影响,使得加工精度达到±0.038 mm(在当时水平是相当高的)。1954年底,美国本迪克斯公司(Bendix Co.)在帕森斯公司研究的基础上生产出了第一台工业用的数控机床。这时数控机床的控制系统(专用电子计算机)采用的是电子管,其体积庞大、功耗高,仅在一些军事部门中承担普通机床难以加工的形状复杂零件,这就是第一代数控系统。

1959年晶体管出现,电子计算机采用晶体管元件和印刷电路板,从而产生了第二代机床数控系统。而且在数控机床上设置刀库,并通过机械手将刀具装在主轴上,人们把这种带有自动换刀装置的数控机床叫做加工中心。加工中心的出现,把数控机床的应用推上了更高的层次,它一般都集铣、钻、镗于一身。为以后立式加工中心、卧式加工中心、车削中心、磨削中心和五面体加工中心等的发展打下了基础。目前,美、日、德等工业发达国家加工中心产量几乎占数控机床产量的25%以上。

随着数控技术的发展,对数控系统的实用性、柔性、可靠性、维修性、控制装置的功能等方面的要求不断提高。但固定布线的晶体管元器件电路所组成晶体管数控系统无法满足这些要求。随着集成电路技术的发展,1965年出现了第三代数控系统——集成电路数控系统,使这些难题有一定缓解。1970年,在美国芝加哥国际机床展览会上,首次展出了第四代数控系统——小型计算机数控系统。当以计算机作为数控系统的核心组件后,才为这些复杂的问题提供了一种简单的、经济的解决方法。随着微型计算机技术的发展,无法比拟的性能价格比使其迅速渗透到各个行业,1974年,第五代数控系统——微型计算机数控系统出现了。应用一台或多台计算机作为数控系统的核心组件的数控系统称为计算机数控系统(CNC)。

由于计算机硬件可大批量生产,并且具有单元化和高可靠性的特点,因此,计算机数控系统通过执行不同的系统程序,可经济而方便地使数控系统适用于各种制造任务和专用机床。自20世纪70年代末以来,所有的数控系统都含有微处理器,其数字控制的精确性、生产率、可靠性、人机特性和集成性都不断提高,计算机数控系统的特点如表1-1所示。由于采用了更好的机床组件、精密的测量系统、精确的位置控制器和高精度的加工处理,使数控系统的精度不断提高;由于加工工序减少,加工速度提高,并采用了工件和刀具自动交换等装置,使加工辅助时间大大减少,使数控系统的生产率不断提高;由于在系统中集成了对数控系统各组成部件的监测和诊断功能,使数控系统的可靠性也不断提高;由于现代数控系统能支持各种编程系统,并能对所编程序进行诊断和模拟运行,还为系统的使用提供了多种帮助功能;由于现代数控系统能实现刀具自动补偿,降低了对刀具尺寸的要求,并且具有对不同的系统配置要求和控制要求的可编程性,因而提高了系统的柔性;由于系统中集成了多种软件系统,并可与分布式数字控制(DNC)系统和计算机集成制造系统(computer integrated manufacturing system,CIMS)相连接,系统的集成性也得到了提高。

表1-1 计算机数控系统的特点

性 能	特 点
精确性	更好的机床组件;精密的测量系统;精确位置控制器;高精度加工处理
生产率	加工工序减少;加工速度提高;工件和刀具自动交换
可靠性	数控系统的监测和诊断
人机特性	支持各种编程系统诊断和模拟运行多种帮助功能
柔性	刀具自动补偿;控制可编程性
集成性	多种软件系统;DNC、FMS、CIMS

我国从20世纪50年代开始数控系统的研究,经过多方的努力和技术攻关,1958年研制出第一代数控系统产品,1966年研制出第二代产品,1972年研制出第三代产品,1975年我国的数控系统发展进入了第四代,1979年10月欧洲国际机床展览会在意大利工业

中心米兰举行,展览会上首次展出了我国和其他国家共同制造的微型计算机数控机床,说明我国的数控系统也进入了第五代。由于各种原因,我国的数控系统到1981年后才得以较快发展:"六五"期间主要进行了数控系统及驱动技术的引进,并开发了几种典型数控系统;"七五"期间通过攻关,在对引进的数控系统进行消化吸收和国产化的基础上,派生出几种产品;"八五"期间继续进行数控技术的攻关,重点开发普及型数控系统,并对数控机床主机和相关配件进行攻关和"数控机床国产化"专项研究,同时,对部分数控机床主机、数控系统和相关配套件重点生产企业进行技术改造;"九五"期间继续对数控机床关键配套产品质量优选技术、数控机床可靠性增长技术等进行攻关;"十五"期间继续进行数控系统及其装备的攻关,重点发展新一代开放式和智能化的数控系统及伺服驱动装置和高速、高效数控机床,形成规模生产能力,增强国际竞争能力。"十一五"计划要在高档数控机床设计制造方面实现突破。

1.4.2 数控技术的发展趋势

为了满足市场和科学技术发展的需要,现代制造技术对数控技术提出了更高的要求,主要表现在如下几个方面。

1. 性能方面的发展趋势

(1) 高速度、高精度、高效率 由于采用了高速CPU芯片、RISC芯片、多CPU控制系统以及带高分辨率绝对式检测元件的交流数字伺服系统,同时采取了改善机床动态、静态特性等有效措施,机床的速度、精度和效率已大大提高。

(2) 柔性化 数控系统采用模块化设计,功能覆盖面大,可裁剪性强,便于满足不同用户的需求。群控系统的柔性——同一群控系统能依据不同生产流程的要求,使物料流和信息流自动进行动态调整,从而最大限度地发挥群控系统的效能。

(3) 工艺复合化和多轴化 以减少工序、辅助时间为主要目的的复合加工,正朝着多轴、多系列控制功能方向发展。数控机床的工艺复合化是指工件在一台机床上一次装夹后,通过自动换刀、旋转主轴头或转台等各种措施,完成多工序、多表面的复合加工。目前,西门子880系统可控制轴数已达24。

(4) 实时智能化 在数控技术领域,实时智能控制的研究和应用正沿着自适应控制、模糊控制、神经网络控制、专家控制、学习控制和前馈控制等方向发展。例如,在数控系统中配备编程专家系统、故障诊断专家系统、参数自动设定和刀具自动管理及补偿等自适应调节系统,在高速加工时的综合运动控制中引入提前预测和预算功能、动态前馈功能,在压力、温度、位置、速度控制等方面采用模糊控制,使数控系统的控制性能大大提高,以期达到最佳控制的目的。

2. 功能方面的发展趋势

(1) 用户界面图形化 当前因特网、虚拟现实、科学计算可视化及多媒体等技术也对用户界面提出了更高要求。图形用户界面极大地方便了非专业用户，人们可以通过窗口和菜单进行操作，便于实现蓝图编程和快速编程、三维彩色立体动态图形显示、图形模拟、图形动态跟踪和仿真、不同方向的视图和局部显示比例缩放功能。

（2）科学计算可视化　科学计算可视化可用于高效处理数据和解释数据，使信息交流不再局限于用文字和语言表达，而可以直接使用图形、图像、动画等可视信息。可视化技术与虚拟环境技术相结合，进一步拓宽了应用领域，如无图纸设计、虚拟样机技术等，这对缩短产品设计周期、提高产品质量、降低产品成本具有重要意义。在数控技术领域，可视化技术可用于CAD/CAM，如自动编程设计、参数自动设定、刀具补偿和刀具管理数据的动态处理和显示以及加工过程的可视化仿真演示等。

（3）插补和补偿方式多样化　直线插补、圆弧插补、圆柱插补、螺纹插补、非均匀有理B样条插补（NURBS插补）、样条插补和多项式插补等多种插补方式。间隙补偿、垂直度补偿、象限误差补偿、螺距和测量系统误差补偿、与速度相关的前馈补偿、温度补偿和刀具半径补偿等多种补偿功能。

（4）内装高性能PLC　数控系统内装高性能PLC控制模块，可直接用梯形图或高级语言编程，具有直观的在线调试和在线帮助功能。

（5）多媒体技术应用　在数控系统中，应用多媒体技术可以做到信息处理综合化、智能化，在实时监控系统和生产现场设备的故障诊断、生产过程参数监测等方面有着重大的应用价值。

3. 体系结构方面的发展趋势

（1）集成化　采用高度集成化CPU、RISC芯片和大规模可编程集成电路FPGA、EPLD、CPLD以及专用集成电路ASIC芯片，可提高数控系统的集成度和软、硬件运行速度。

（2）模块化　硬件模块化易于实现数控系统的集成化和标准化。根据不同的功能需求，将CPU、存储器、位置伺服、PLC、输入/输出接口、通信等基本模块，形成标准的系列化产品，进行积木式功能裁剪和模块数量的增减，构成不同档次的数控系统。

（3）网络化　机床联网可进行远程控制和无人化操作。通过机床联网，可在任何一台机床上对其他机床进行编程、设定、操作、运行，不同机床的画面可同时显示在每一台机床的屏幕上。

（4）通用型开放式闭环控制模式　采用通用计算机组成总线式、模块化、开放式、嵌入式体系结构，便于裁剪、扩展和升级，可组成不同档次、不同类型、不同集成程度的数控系统。加工过程中采用通用型开放式实时动态全闭环控制模式，易于将计算机实时智能技术、网络技术、多媒体技术、CAD/CAM、伺服控制、自适应控制、动态数据管理及动态刀具补偿、动态仿真等高新技术融于一体，构成严密的制造过程闭环控制体系，从而实现集成化、智能化、网络化。

当前，开发研究适应于复杂制造过程、具有闭环控制体系结构、智能化新一代 PCNC 数控系统已成为可能。智能化新一代 PCNC 数控系统将计算机智能技术、网络技术、CAD/CAM、伺服控制、自适应控制、动态数据管理及动态刀具补偿、动态仿真等高新技术融于一体，形成严密的制造过程闭环控制体系。

为解决传统的数控系统封闭性和数控应用软件的产业化生产存在的问题。目前许多国家对开放式数控系统进行了研究，如美国的 NGC(the next generation work station/machine control)、欧盟的 OSACA(open system architecture for control within automation systems)、日本的 OSEC(open system environment for controller)、中国的 ONC(open numerical control system)等。目前，开放式数控系统的体系结构规范、通信规范、配置规范、运行平台、数控系统功能库以及数控系统功能软件开发工具等是当前研究的核心。表 1-2 列出了计算机数控系统的发展趋势。

表 1-2　计算机数控系统的发展趋势

项　目	发　展　趋　势
硬件	开放式数控系统，PC 集成技术，系统模块化
软件	开放式数控系统，标准操作系统，实时运行库
CNC 内核	三维刀具补偿，样条插补
监控与诊断	自适应技术，分布式监控，智能故障诊断
编程功能	三维图形模拟，面向车间的编程(WOP)，CAD/CAM
伺服系统	交流数字技术，高速串行数字网络接口(SERCOS)
人机交互	用户可设计的界面
网络功能	制造自动化协议/制造报文规范(MAP/MMS)，TCP/IP，现场总线等

1.4.3　数控技术在先进制造中的作用

自从 20 世纪中期人们将计算机技术引用到控制机床加工飞机机翼样板的复杂曲线中以来，数控技术在机床控制方面取得了广泛深入的发展。

由于数控机床的出现，带动了 CAD/CAM 技术向实用化、工程化发展，特别是计算机技术的迅速发展，推动 CAD/CAM 技术向更高层次和更高水平发展，而且进一步发展了计算机辅助工艺设计(CAPP)数据库、集成制造生产系统相关信息的自动生成、自动处理、自动传输。数控技术既是联系 CAD 和 CAM 的纽带，也是进一步通向集成化 CAD/CAM 的桥梁。

20 世纪末，由于微电子技术的飞速发展，使数控系统的性能有了极大的提高，功能不断丰富，满足了数控机床自动交换刀具、自动交换工件(包括交换工作台，工作台立、卧式转换等)的需要,而且还进一步满足了在数控机床之间增加自动输送工件的托盘站或机器人传输工件,构成柔性制造单元的需要,以及实现了由多台的数控机床(包括加工中心、车削中心)传送带、自动导行小车、工业机器人以及专用的起吊运送机等组成的柔性制造系统(FMS)的控制。此外,还有由加工中心、CNC机床或数控专用机床组成的柔性制造线(FML),或由多条FMS配备自动化立体仓库连接起来的柔性制造工厂(FMF)。

随着信息技术、网络技术、自动化技术的发展,在数控技术的基础上,将以往企业中相互独立的工程设计、生产制造及经营管理等过程,在计算机及其软件的支撑下,构成一个覆盖整个企业的、完整而有机的、以实现全局动态最优化、总体高效益、高柔性进而赢得竞争优势的计算机集成制造系统。

在未来15年中,高档数控机床及基础制造装备关键技术是我国先进制造技术研究的关键内容之一。近20年来,我国对掌握以高精度机床为代表的基础制造装备的生产技术极为重视,通过连续几个五年计划的科技攻关,在数控机床共性关键技术研究、数控机床开发、数控系统和普及型数控机床产业化工程研究等方面取得了进展,在一些共性技术和关键技术上有重大突破。其间,开发出以PC为平台的数控系统,在充分利用计算机高速发展的硬件技术基础上提高软件开发水平。但在整体上与工业发达国家相比,仍存在比较大的差距。按价值计,数控机床70%依赖进口,高档数控机床几乎全部依赖进口,电子工业专用设备90%依赖进口。因此,应将高档数控机床及基础制造装备作为核心技术,以增强我国制造基础装备的水平,提高我国制造业的国际竞争力。

思考题与习题

1-1 什么是机床的数字控制?什么是数控机床?机床数控原理是什么?

1-2 数控机床由哪几部分组成?数控装置有哪些功能?

1-3 数控系统由哪几部分组成?各自的功能是什么?

1-4 数控系统的工作过程包括哪些内容?

1-5 简述数控机床是如何分类的?

1-6 何谓点位控制、直线控制和轮廓控制?

1-7 数控技术的发展趋势包括哪些方面?

1-8 数控技术在先进制造技术中的作用是什么?

1-9 解释下面名词术语:数控系统、插补、分辨率、加工中心、联动控制、CNC、群控、FMS、CIMS。

第 2 章 数控系统基本原理与结构

2.1 CNC 系统的组成

随着大规模集成电路技术和计算机技术的迅速发展,20 世纪 70 年代以前采用数字逻辑电路连接而成的硬件数控(NC)系统很快被计算机数控(CNC)系统所代替,紧接着又出现了大量微型计算机数控(MNC)系统。现代数控机床绝大部分为 MNC 系统,为了与习惯提法一致,将 MNC 和 CNC 统称为 CNC。

1. CNC 系统的特点

(1) 灵活通用 CNC 系统的硬件采用模块化结构,易于扩展,通过变换软件还可以满足被控设备的各种不同要求。接口电路的标准化大大方便了生产厂家和用户。用一种 CNC 系统就可以满足多种数控设备的要求。

(2) 数控功能多样化 CNC 装置利用计算机超强的运算能力,可以实现许多复杂的数控功能,如在线自动编程、加工过程的图形模拟、故障诊断、机器人控制以及将数控机床并入计算机网络等。

(3) 使用可靠、维修方便 由于采用大容量存储器存放零件程序,无须读带机直接参与加工,大大降低了故障率。另外,因为许多功能由软件实现,硬件所需元器件数目大为减少,提高了系统的可靠性。特别是采用大规模和超大规模集成电路,硬件所需元件数目进一步减少,系统的可靠性更为提高。

CNC 装置的诊断程序可以提示故障部位,减少维修的停机时间。使用其零件程序编辑功能编制程序十分方便,零件程序编好后可通过空运行显示刀具轨迹,以检验程序的正确性。

(4) 易于实现机电一体化 由于 CNC 系统具有很强的通信功能,便于与 DNC、FMS 和 CIMS 系统进行通信联络,同时由于硬件元器件数目减少,且采用大规模集成电路,使 CNC 装置结构紧凑,可与机床有机地结合在一起。

2. CNC 系统的功能划分

随着微机技术的高度发展,微处理器的集成度越来越高、功能越来越强,而价格却相对较低。这一方面使得多微机系统得到广泛运用,另一方面使得硬件设计变得相对简单。所以,数控系统研制开发工作更多地投入到软件中。要提高数控系统的柔性和适应性,必须尽可能用软件来代替硬件。此外,软件可以实现复杂的信息处理,因而可以实现高质量的控制。

哪些控制功能应由硬件电路实现,哪些应由软件来实现,这是数控系统结构设计的一个主要问题。总的趋势是,能用软件完成的功能一般不用硬件来完成,能用微处理器来控制的尽量不用硬件电路来控制。从结构化设计的观点来看,各个功能模块之间的联系越少越好,尽量相对独立。因此,在多微机系统中,同一功能模块中的 CPU 多采用紧耦合方式,各个功能模块的处理器之间多采用松耦合结构,各个微处理器有自己独立的存储器和控制程序,各自完成自身的任务。

2.1.1 微机数控系统的硬、软件构成

1. 硬件构成

微机领域的发展影响着数控的发展,根据数控机床的功能、自动化程度和加工精度的不同,微机数控系统的硬件技术构成也是各不相同的。微机数控系统硬件主要包括以下几个方面。

(1) 带有显示器(如 CRT 等)和手动数据输入(MDI)键盘的数控面板,作为中央显示和输入单元。

(2) 机床操作面板用于手动操作机床。机床操作面板上有给定的加工运动方式、速度倍率等设置及厂家给出的各种键盘功能。

(3) 中央控制装置(数控装置)用于各组件的安装和连接,其内装数控模块、人机控制模块、可编程控制器模块、网络通信电路、监控电路以及用于扩展测量部分和数据输入/输出部分的空插座。

各部件内部的相互连接应遵循内部系统总线的规定。

图 2-1 所示为经济型微机数控系统的构成,它由主模块和 PLC 模块两个模块组成,CNC 核心功能、通信、显示和可编程控制器的逻辑控制功能等所有的任务都由它们完成。

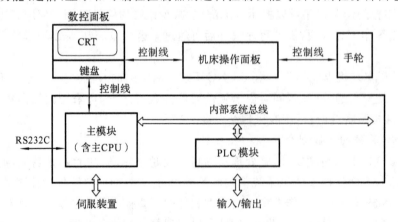

图 2-1 经济型微机数控系统的构成

下面以图 2-2 所示一个中等性能典型 CNC 系统为例,介绍 CNC 系统内部各组成部分所完成的数控功能。

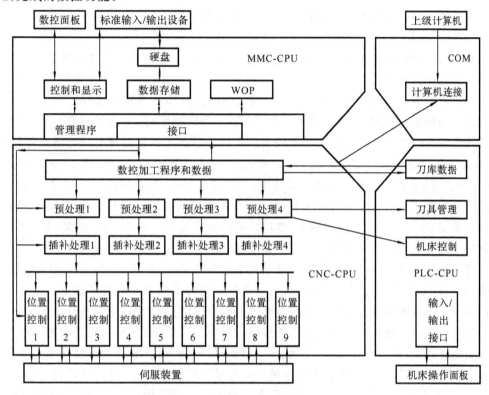

图 2-2　CNC 数控系统的内部构成

图 2-2 所示的 CNC 系统的数控功能由三个处理器(CNC-CPU、PLC-CPU 和 MMC-CPU)和串行通信接口分担,各部分相互之间的通信由内部系统总线完成。

MMC-CPU 的主要功能是进行编程管理、操作管理和控制、数据(不包括几何数据)处理及加工过程主要数据的显示,它所完成的是实时性要求不高的功能。而几何数据则专门由 CNC-CPU 来处理。

CNC-CPU 对每个数控通道进行数控数据的预处理和插补处理。每个通道都是一个独立系统,具有多个轴和独立的数控加工程序,要求有相应的加工程序预处理和插补处理。CNC-CPU 能并行处理各个通道的数控加工程序,各通道的工作由 PLC 协同完成。图 2-2 所示的四个通道对应着九个轴的管理和控制,这九个轴可为进给轴、辅助轴或主轴。数控软件在固定的时间间隔为每个驱动轴计算一次速度命令值,其他控制任务由各驱动轴的位置调节器完成。

在数控加工程序预处理时,有关 T 指令和 M 指令的开关命令传送给 PLC-CPU,由

PLC-CPU进行各种开关量的逻辑和顺序控制,如换刀、切削液控制等。PLC-CPU也负责处理机床操作面板的输入,并进行 CNC-CPU 和 PLC-CPU 的同步控制。

串行通信接口负责与上级计算机或主计算机进行通信。

2. 软件构成

在 CNC 系统中,有多种形式的软件程序。数控机床的加工过程是编写数控加工程序并输入数控系统中,将 G、M 等功能字组成的程序段按零件加工顺序进行排列所形成的程序。对输入的数控加工程序信息的译码、预处理及插补等功能是在 CNC 系统的数控功能程序控制下实现的,数控功能程序要在系统管理软件的控制和协调下实现,数控功能程序和系统管理软件一起组成了数控系统程序。以前受计算机运行速度等性能限制,CNC 系统程序采用难以理解的汇编语言来编写,现在一般都采用高级语言(如 C 语言或 C++语言等)来编写。在现代数控系统中,一般使用可编程控制器(PLC)进行数控加工程序中有关机床电器的逻辑控制及其他一些开关信号的处理,在 PLC 中,这些逻辑处理和控制是用 PLC 控制程序来实现的,常用梯形图语言编写。此外,数控功能程序和 PLC 控制程序的运行也都需要相应的计算机系统软件的支持。

硬件和各功能程序的连接由 CNC 系统的管理软件实现,它除了存储器管理和输入/输出管理外,还承担各个过程的同步任务。管理软件分为不依赖于硬件的部分和依赖于硬件的部分。不依赖于硬件的管理软件进行时间管理、任务管理、存储器管理、内部通信和同步管理。依赖于硬件的管理软件有外设驱动管理和实时管理:前者负责数控系统外部设备的软件控制,如图形显示器、键盘和通信设备的控制;后者负责中断管理和各种处理芯片管理等实时任务。CNC 系统硬件指各种外设和数控硬件,如数据存储器、各种处理芯片、I/O 接口和驱动测量环电路等。适合于数控的标准管理软件必须具有多任务处理能力,因为许多功能程序必须并行执行,如数控加工程序预处理和插补处理。此外,还应具有实时处理能力,也就是说,具有较高优先权的任务将被及时处理,它排挤了可能出现的具有较低优先权的任务。实时处理能力可对一些过程的外部事件及时作出决定性反应,使系统处于安全状态。

先进的 CNC 系统多采用软件集成环境,这种集成环境独立于数控功能,并作为数控功能程序的操作平台。集成环境中常常提供了图形库和实时数据库,通过图形开发工具,用户可构造自己的窗口形式的操作界面;实时数据库为用户提供了一个开放的数据(如刀具和加工过程的几何数据、工艺数据等)存取接口(如 ISO 标准的 SQL),从而方便用户对一些关键数据(如校正值)进行管理和安全的访问。

2.1.2 CNC 系统的功能

CNC 系统在系统硬件、软件支持下可实现很多功能,下面按核心功能和可选功能分别加以介绍。

1. 核心功能

CNC 系统的核心功能包括数控加工程序解释、几何数据处理、进给轴控制和开关量控制功能。

1) 数控加工程序解释功能

输入数控装置的数据有数控加工程序、刀具数据及各种由操作者输入的操作信息。各种输入数据首先被送往数控加工程序解释器。

数控加工程序解释器又称为译码器,它把各种形式的数控加工程序和输入数据译为几何数据、工艺数据和开关功能三类,并处理成统一的且易于后续处理的形式,从而无论采用什么编程标准和编程工具产生的数控加工程序都被处理成同一种或同一类控制信息。数控加工程序解释器还具有句法分析功能,能对数控加工程序进行正确性检查。

数控加工程序解释器为几何数据处理模块提供了每个数控加工程序段所要求的轨迹运动位置信息(如终点坐标等)、要求的运动方式(如直线或圆弧运动)和需要的进给速度,并将诸如刀具交换和工件装夹等开关功能直接送到各相关机床电器控制部分(一般是可编程控制器 PLC)。

2) 几何数据处理功能

几何数据处理包括数控加工程序段的几何变换、补偿计算、速度预计算和插补计算等程序。各个程序的执行顺序和实现方法可不同。

几何变换和补偿计算程序是为了使数控加工程序编制过程能相对独立,不用事先考虑实际使用的机床类型和刀具几何尺寸而设计的。在数控系统中允许采用多种坐标系,要求操作者在加工前、工件装夹后,输入工件零点(即编程零点)相对机床零点的偏移量,坐标几何变换程序确定各种坐标系下的坐标值与机床坐标系的关系。实际所采用刀具的几何尺寸各异,当操作者在加工前输入了实际使用的刀具参数(如刀具长度和刀具半径)后,应使刀架相关点按刀具参数相对编程轨迹进行偏移,即进行所谓刀具补偿,以补偿计算程序完成各种刀具补偿所需的计算。另外,补偿计算程序还必须协调数控装置外部随机的、动态的影响,如:操作者利用机床操作面板上的旋转开关,对进给速度和主轴转速的修正,以及由随机负载或机床结构的热变形等造成的影响。

插补处理的任务,包括插补计算和按一定速度的插补输出。插补计算是在一个加工程序段轨迹的起、终点之间,进行中间点的计算,分别向各个坐标轴发出方向、大小都确定的协调的运动序列命令,通过各个轴运动的合成,产生数控加工程序段要求的运动轨迹。按插补曲线分,插补处理有简单的直线插补和圆弧插补算法,还有复杂的其他函数曲线及样条曲线插补算法。根据曲线的基点(起、终点)插补出的轨迹与要求的轨迹相比,误差不能超过规定的容差范围,这一点从插补计算的角度是能够做到的,但插补的结果还应以确定的速度输出给各个坐标轴,为保证在运行速度影响下的轨迹精度,需要专门的速度预计算程序进行处理。

速度预计算程序进行轨迹运行的自动加减速处理，使插补速度命令与系统实际的加速度相适应，当出现大的速度变化时，因受系统动态性能影响，系统难以跟踪给定的轨迹，此时速度预计算程序自动取消数控加工程序给定的轨迹速度，以便保证轨迹精度。更好的速度预计算程序具有超前功能，它预先分析多个数控加工程序段，进行相应速度预计算和处理。

数控加工程序的译码、在插补计算开始前进行的几何数据处理和速度预计算等统称为数控加工程序的预处理。

3) 进给轴控制功能

几何数据处理功能提供的位置指令和速度指令被送往每一个进给轴单元，作为各个进给轴调节器的输入。在进给轴控制器中，位置环一般采用比例 P 调节器，转速调节器以位置环的输出为输入，通常采用 PI 或 PID 调节器，而电动机的电流环常采用 P 或 PI 调节器。在多数数控系统中，位置调节器都用数控装置内部的数字调节器形式来实现，而速度和电流调节器则仍以模拟调节器形式来实现。由于人们偏爱功能不断增强且价格便宜的数字信号处理装置，在新的伺服模块中，速度调节器和电流调节器也越来越多地用数字技术来实现。

4) 开关量控制功能

各种开关量控制功能由机床电器控制器来实现，现在机床电器控制器一般是可编程控制器(PLC)。此外，以上描述的数控系统内部的信息流（即从对输入信息的解释，直到向各个进给轴单元的输出）可以出现在任意一个数控通道中，在每一个数控通道中，多个轴(包括主轴)运行于异步或同步方式，多个数控通道可分为几个运行组。PLC 除了完成换刀装置控制和工件装夹等开关功能外，各个相关或不相关的数控通道的同步也由它实现，此外，它还能实现一些机床状态的监测和诊断功能，例如，一般开关功能应和几何数据处理同步进行，若正在使用的刀具的几何语句未执行完时，PLC 不能执行换刀命令。

2. 可选功能

除了已描述的核心功能外，应机床制造厂和数控机床使用者的要求，在数控系统中还集成了许多附加的可选功能，这些功能不仅在现场操作和编程等方面提高了数控过程操作的便利性和舒适性，而且还拓宽了数控系统的适用范围，使在制造系统中实现制造单元的集成成为可能。下面分别介绍各种数控附加功能。

1) 编程功能

数控系统可提供各种数控加工程序的编程工具。鉴于价格和功能方面的考虑，这些编程工具可以是简单的手工编程系统、自动编程系统及面向车间的编程(workshop oriented programming, WOP)系统。自动编程系统用计算机代替手工编程系统，编程员根据被加工零件的几何图形和工艺要求，用自动编程语言编写源程序输入计算机，由计算机自动生成数控加工程序。WOP 利用图形编程，操作简单，编程员不需使用抽象的语言,只要以图形交互方式进行零件描述。利用 WOP 系统推荐的工艺数据,根据自己的生产经验进行选择和优化修正,WOP 系统就能自动生成数控加工程序。

2) 图形支持的加工模拟

数控系统在不启动机床的情况下,可在显示器上进行各种加工过程的图形模拟,特别是对难以观察的内部加工及被切削液等挡住部分的观察。编程者可利用图形模拟功能检查和优化所编数控加工程序,以减少机床的准备时间。图形加工模拟器有二维和三维之分。

使用图形加工模拟器有两个目的:一是检查在加工运动中和换刀过程中是否会出现碰撞及刀具干涉,并检查工件的轮廓和尺寸是否正确;二是识别不必要的加工运动(如空切削),将其去掉或改为快速运动,对加工轨迹进行优化,减少加工时间。

在使用与数控装置相连的手轮进行操作时,也可以用图形加工模拟器实时观察数控系统的运行状况。功能较强的图形加工模拟器还允许通过修改机床和刀具参数,进行不同机床、不同刀具的加工模拟。

必须指出:一般情况下,利用图形模拟器不能对数控加工程序进行工艺分析(如判断切削量是否合适,并对其进行优化等),它只能通过实际切削来分析。

3) 监测和诊断功能

为保证加工过程的正确进行,避免机床、工件和刀具的损坏,应使用监测和诊断功能。这种功能可以直接置于数控装置的控制程序中,也可为附加的、可直接执行的功能模块形式。监测和诊断功能可以对机床进行(如对机床的动态运行、几何精度和润滑状态的检查处理),可以对数控系统本身的硬件和软件进行(如对数控系统硬件配置、硬件电路导通和断开、各硬件组成部件功能及各软件功能的检查处理),还可以对加工过程进行(如对刀具磨损、刀具断裂、工件尺寸和表面质量的检查处理)。

对数控系统进行完全的监测和诊断是很复杂的,需要通过多个监测和诊断功能模块的运行及硬件的配合才能进行故障定位。

4) 测量和校正功能

机床机械精度不足,机械结构受温度影响,刀具磨损,还有一些随机因素都会导致加工位置的变化。对经常变化的量,如工件的装夹误差、刀具磨损和受温度影响导致的主轴伸长等,可借助于测量装置、传感器和探测器测出机床、刀具和工件的位置变化,查出相应的校正值进行补偿。对系统性误差,如主轴上升误差,经统计检测存入校正存储单元中,用于后续相应操作的校正。

5) 用户界面

用户界面是指数控系统与其使用者之间的界面,是数控系统提供给用户调试和使用机床的辅助手段,如:屏幕、开关、按键、手轮等人工控制元件,用户可自由查看的过程和信息,可定义的数据和功能键,可规定的软件钥匙,可连接的硬件接口等。数控系统应用户提供尽可能多的自由，使系统适应性强、灵活多变。要使所购置的数控系统适应具体的机床，可利用用户界面对数控系统进行应用性构造，即：将运动轴、主轴、手轮、测量系统、调节环参数、插补方式、速度和加速度等配置和规定，以参数形式输入数控系统；利用用户界面，可使数控装置的控制也具有可编程性，具体表现在机床运动软极限开关的设置、受控的换向操作、多个主轴准停位置的定义等方面。

用户界面的易适应性是一个数控系统的质量和开放性的重要标志。

6) 通信功能

数控装置能够与可编程控制器进行通信，对驱动控制装置和传感器可采用现场总线网实现通信连接，远程诊断也需要通过通信的方式来实现。要将数控单元集成到先进制造系统中，通信也起着重要的作用，例如，可以通过制造自动化协议/制造报文规范(MAP/MMS)支持的网络来实现。

7) 单元功能

为提高生产率，并使各设备得到充分的利用，要求制造系统中各种机床和设备互相紧密配合，因此，可采用先进的制造系统，如柔性制造单元(FMC)、柔性制造系统(FMS)和计算机集成制造系统(CIMS)等。为适应先进制造系统，可为数控机床配置单元功能，即为其配置任务管理、托盘管理和刀具管理等功能。

8) 其他功能

除了上述各功能外，在数控系统中还有一些其他的功能，如企业和机床数据统计功能、数控加工程序管理器功能等。

2.2 插补原理

2.2.1 插补的基本概念

插补模块是整个数控系统中极其重要的功能模块之一，其算法的选择将直接影响到系统的精度、速度及加工能力、范围等。

根据零件图编写出数控机床加工程序后，由光电阅读机等输入设备将其传送到数控系统内部，然后经过数控系统软件的译码和预处理后，就开始进行插补运算处理。所谓插补(interpolation)就是根据零件轮廓尺寸，结合精度和工艺等方面的要求，在已知的这些特征点之间插入一些中间点的过程。换言之，就是"数据点的密化过程"。当然，中间点的插入是根据一定的算法由数控系统软件或硬件自动完成，以此来协调控制各坐标轴的运动，从而获得所要求的运动轨迹。

直线和圆弧是构成被加工零件轮廓的基本线型，所以绝大多数CNC系统都具有直线和圆弧插补功能，下面将对此进行重点介绍。对于某些高档数控系统中所具有的椭圆、抛物线、螺旋线等复杂线型的插补功能,可以参阅有关书籍。

机床数控系统轮廓控制的主要任务就是控制刀具或工件的运动轨迹。无论是普通数控即硬件数控(NC)系统,还是计算机数控(CNC,MNC)系统,都必须具有完成插补功能的装置——插补器。在 NC 系统中,插补器由数字电路组成,称为硬件插补;在 CNC 系统中,插补器功能由软件来实现,称为软件插补。无论是软件数控还是硬件数控,其插补的运算原理基本相同,即根据进给速度的要求,计算出每一段零件轮廓起点与终点之间所插入中间点的坐标值,在计算过程中不断向各个坐标发出相互协调的进给脉冲,使被控机械部件按指定的路线移动。

由于插补是数控系统的主要功能,它直接影响数控机床加工的质量和效率。对插补器的基本要求是:

① 插补所需的原始数据较少;
② 有较高的插补精度,插补结果没有累计误差,局部偏差不能超过允许的误差;
③ 沿着进给路线的进给速度恒定且符合加工要求;
④ 硬件线路简单、可靠,软件插补算法简捷,计算速度快。

2.2.2 插补方法的分类

随着计算机技术的迅速发展,插补算法也在不断地进行自我完善和更新。由于插补的速度直接影响数控系统的速度,而插补的精度又直接影响整个数控系统的精度,因此,人们一直在努力探求一种计算速度快且精度又高的插补方法。但插补速度与插补精度之间是互相制约、互相矛盾的,这就必须进行折中的选择。现已涌现出大量的插补算法,根据插补所采用的原理和计算方法的不同,可生成许多插补方法。目前应用的插补方法主要有以下两类。

1. 基准脉冲插补

基准脉冲插补又称为行程标量插补或脉冲增量插补。这种插补算法的特点是每次插补结束,数控装置向每个运动坐标输出基准脉冲序列,每个脉冲表示最小位移,脉冲序列的频率表示坐标运动速度,而脉冲的数量表示移动量。基准脉冲插补的实现方法较简单(只有加法和移位),容易用硬件实现,而且,硬件电路本身完成一些简单运算的速度很快。目前,也可以用软件完成这类算法,但它仅适用于一些中等精度或中等速度要求的计算机数控系统。属于这类插补算法的有数字脉冲插补乘法器、逐点比较法、数字积分法以及一些相应的改进算法等。

基准脉冲插补算法就是通过向各个运动轴分配脉冲,控制机床坐标轴作相互协调的运动,从而加工出一定形状零件轮廓的算法。显然,这类插补算法的输出是脉冲形式,并且每次仅产生一个单位的行程增量,故又称之为脉冲增量插补。而每个单位脉冲对应于坐标轴位移量的大小,称之为脉冲当量。脉冲当量是脉冲分配的基本单位,也对应于内部数据处理的一个二进制数,它决定了数控机床的加工精度。对于普通数控机床,脉动当量一般取 0.01 mm;对于较为精密的数控机床,一般取 0.005 mm、0.002 5 mm 或 0.001 mm 等。

由于这类插补算法比较简单,通常仅需几次加法和移位操作就可完成,比较容易用硬件实现,这也正是硬件数控系统较多采用这类算法的主要原因。当然,也可用软件来模拟硬件实现这类插补运算。

一般来讲,这类插补算法较适合于中等精度(如脉冲当量 0.01 mm)和中等速度(如 1~3 m/min)机床的 CNC 系统中。由于脉冲增量插补误差不大于一个脉冲当量,并且其输出的脉冲速率主要受插补程序所用时间的限制,所以,CNC 系统精度与切削速度之间是相互影响的。譬如,实现某脉冲增量插补算法大约需要 40 μs 的处理时间,当系统脉冲当量为 0.001 mm 时,则可求得单个运动坐标轴的极限速度约为 1.5 m/min。当要求控制两个或两个以上坐标轴时,所获得的轮廓速度还将进一步降低;反之,如果将系统单轴极限速度提高到 15 m/min,则要求将脉冲当量增大到 0.01 mm。可见,CNC 系统中这种制约关系就限制了其精度和速度的同步提高。

2. 数据采样插补

数据采样插补又称为时间标量插补或数字增量插补。这类插补算法的特点是数控装置产生的不是单个脉冲,而是标准二进制数。插补运算分两步完成:第一步为粗插补,它是在给定起点和终点的曲线之间插入若干个点,即用若干条微小直线段来逼近给定曲线,每一微小直线段的长度 ΔL 都相等,且与给定进给速度有关,粗插补在每个插补运算周期中计算一次,因此,每一微小直线段的长度 ΔL 与进给速度 F 和插补周期 T 有关,即 $\Delta L = FT$;第二步为精插补,它是在粗插补算出的每一微小直线段的基础上再进行"数据点的密化"工作,这一步相当于对直线的脉冲增量插补。

数据采样插补方法适用于闭环、半闭环以直流和交流伺服电动机为驱动装置的位置采样控制系统。粗插补在每个插补周期内计算出坐标实际位置增量值,而精插补则在每个采样周期内,对闭环或半闭环反馈位置增量值及插补输出的指令位置增量值进行采样,然后算出各坐标轴相应的插补指令位置和实际反馈位置,并将二者相比较,求得跟随误差。根据所求得的跟随误差算出相应轴的进给速度,并输出给驱动装置。一般而言,粗插补用软件实现,而精插补可以用软件也可以用硬件来实现。如时间分割插补、扩展 DDA 数据采样插补就是数据采样插补。

在这类数控系统中,每调用一次插补程序,就计算出坐标轴在每个插补周期中的位置增量,然后求得坐标轴相应的位置给定值,再与采样所获得的实际位置反馈值相比较,求得位置跟踪误差。位置伺服软件就根据当前的位置误差计算出进给坐标轴的速度给定值,并将其输出给驱动装置,然后通过电动机带动丝杠和工作台朝着减小误差的方向运动,从而保证了整个系统的加工精度。

当数控系统选用数据采样插补方法时,由于插补频率较低,大约为 50~125 Hz,插补周期约为 8~20 ms,这时使用计算机是易于管理和实现的。一般情况下,要求插补程序的运行时间不多于计算机时间负荷的 30%~40%,而在余下的时间内,计算机可以去完成数控加工程序编制、存储、收集运行状态数据、监视机床等其他数控功能。这时,数控系统所能达到的最大轨迹速度在 10 m/min 以上,也就是说,数据采样插补程序的运行时间已不再是限制轨迹速度的主要因素,其轨迹速度的上限将取决于圆弧弦线误差以及伺服系统的动态响应特性。

目前为了克服高性能数控系统中微型计算机在速度和字长等方面的不足,还可采用以下几种形式进行弥补和改进。

(1) 软、硬件相配合的两级插补方案 在这类数控系统中,为了减轻计算机插补时间负荷,将整个插补任务分成两步完成:由计算机插补软件先将加工零件的轮廓段按 10~20 ms 的插补周期分割成若干段,这个过程称为粗插补;接着利用附加的硬件插补器进一步对粗插补输出的微小直线段进行插补,并形成输出脉冲,这个过程称为精插补。上述粗插补过程能完成插补任务的绝大部分计算量,这样可大大缓和实时插补与多任务控制之间的矛盾。例如,FANUC 公司生产的 SYSTEM-5 数控系统就是采用这种方案实现的。

(2) 多 CPU 的分布式处理方案 在这类数控系统中,首先将数控系统的全部功能划分为几个子功能模块,并分别分配一个独立的 CPU 来完成该项子功能,然后由系统软件来协调各个 CPU 之间的工作。美国麦克唐纳·道格拉斯公司的 Action Ⅲ型数控系统就是一个典型的代表,它采用四台微处理器分别实现输入/输出、轮廓插补及进给速度控制功能、坐标轴伺服功能、数控加工程序编辑和 CRT 显示功能。这种系统具有较高的性能/价格比,代表着数控技术发展的一个方向。

(3) 单台高性能微型计算机方案 在这类数控系统中,采用性能极强的微型计算机来完成整个数控系统的软件功能。例如,西门子公司生产的 System-7 系统和 810 系统等均是采用一台 16 位的高速微型计算机来实现的,其性能比较强,几乎可与小型计算机相匹敌。值得庆幸的是,目前 16 位和 32 位的微型计算机技术已经成熟,并转入应用阶段,其处理速度可达到 300 MHz 以上,综合性能甚至已经超过原来小型机的能力,应用于这种场合是再合适不过。所以,以单台微型计算机为基础的数控系统仍将处于进一步发展之中。

2.2.3 逐点比较法

逐点比较法的基本原理是:在刀具按要求的轨迹运动加工零件轮廓的过程中,不断比较刀具与被加工零件轮廓之间的相对位置,并根据比较结果决定下一步的进给方向,使刀具向减小偏差的方向进给,且只有一个方向的进给。也就是说,逐点比较法每一步均要比较加工点瞬时坐标与规定零件轮廓之间的距离,依此决定下一步的走向:如果加工点走到轮廓外面去了,则下一步要朝着轮廓内部走;如果加工点处在轮廓的内部,则下一步要向轮廓外面走,以缩小偏差。周而复始,直至全部结束,从而获得一个非常接近于数控加工程序规定轮廓的轨迹。

一般来讲,在逐点比较法插补过程中,每进给一步都要经过如下四个节拍的处理。

第一节拍——偏差判别。判别刀具当前位置相对于给定轮廓的偏差情况,即通过偏差值符号确定加工点处于规定轮廓的外面还是里面,并以此决定刀具进给方向。

第二节拍——坐标进给。根据偏差判别结果,控制相应坐标轴进给一步,使加工点向规定轮廓靠拢,从而减小偏差。

第三节拍——偏差计算。刀具进给一步后,计算新的加工点与规定轮廓之间新的偏差,作为下一步偏差判别的依据。

第四节拍——终点判别。每进给一步均要修正总步数,并判别刀具是否到达被加工零件轮廓的终点,若到达则结束,否则继续循环以上四个节拍,直至终点为止。

逐点比较法既可实现直线插补,也可实现圆弧插补。其特点是运算简单、过程清晰,插补误差小于一个脉冲当量,输出脉冲均匀,而且输出脉冲速度变化小,调节方便,但不易实现两坐标以上的插补,因此在两坐标数控机床中应用较为普遍。

1. 逐点比较法第 I 象限直线插补

1) 基本原理

如图 2-3 所示第 I 象限直线 OE,起点 O 为坐标原点,终点 E 坐标为 $E(x_e, y_e)$,还有一个动点为 $N(x_i, y_i)$,现假设动点 N 正好处于直线上,则有下式成立:

$$\frac{y_i}{x_i} = \frac{y_e}{x_e} \tag{2-1a}$$

即

$$x_e y_i - x_i y_e = 0 \tag{2-1b}$$

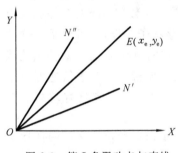

图 2-3 第 I 象限动点与直线

假设动点处于 OE 的下方 N' 处,则直线 ON' 的斜率小于直线 OE 的斜率,从而有

$$\frac{y_i}{x_i} < \frac{y_e}{x_e} \tag{2-2a}$$

即

$$x_e y_i - x_i y_e < 0 \tag{2-2b}$$

假设动点处于 OE 的上方 N'' 处,则直线 ON'' 的斜率大于直线 OE 的斜率,从而有

$$\frac{y_i}{x_i} > \frac{y_e}{x_e} \tag{2-3a}$$

即

$$x_e y_i - x_i y_e > 0 \tag{2-3b}$$

由以上关系式可以看出,$x_e y_i - x_i y_e$ 的符号就反映了动点 N 与直线 OE 之间的偏离情况,因此取偏差函数为

$$\Phi = x_e y_i - x_i y_e \tag{2-4}$$

依此可总结出动点 $N(x_i,y_i)$ 与设定直线 OE 之间的相对位置关系如下：
(1) 当 $\Phi=0$ 时，动点 $N(x_i,y_i)$ 正好处在直线 OE 上；
(2) 当 $\Phi>0$ 时，动点 $N(x_i,y_i)$ 落在直线 OE 上方区域；
(3) 当 $\Phi<0$ 时，动点 $N(x_i,y_i)$ 落在直线 OE 下方区域。

在图 2-4 中，假设 OE 为要加工的直线轮廓，而动点 $N(x_i,y_i)$ 对应切削刀具的位置。显然：当刀具处于直线下方区域时($\Phi<0$)，为了更靠拢直线轮廓，则要求刀具向 $+Y$ 方向进给一步；当刀具处于直线上方区域时($\Phi>0$)，为了更靠拢直线轮廓，则要求刀具向 $+X$ 方向进给一步；当刀具正好处于直线上时($\Phi=0$)，理论上既可向 $+X$ 方向进给一步，也可向 $+Y$ 方向进给一步，但一般情况下约定向 $+X$ 方向进给，从而将 $F>0$ 和 $F=0$ 两种情况归于一类($\Phi\geqslant0$)。根据上述原则从原点 $O(0,0)$ 开始，走一步，算一算，判别 Φ 符号，再趋向直线进给，步步前进，直至终点 E。这样，通过逐点比较的方法，控制刀具走出一条尽量接近零件轮廓直线的轨迹，如图 2-5 中折线所示。当每次进给的台阶(即脉冲当量)很小时，就可将这条折线近似当作直线来看待。显然，逼近程度的大小与脉冲当量的大小直接相关。

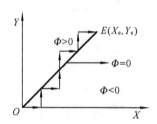

图 2-4 第 I 象限直线插补轨迹

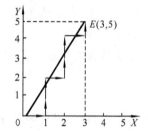

图 2-5 第 I 象限直线插补实例

由式(2-4)可以看出，每次求 Φ 时，要作乘法和减法运算，而这在使用硬件或汇编语言软件实现时不太方便，还会增加运算时间。因此，为了简化运算，通常采用递推法，即每进给一步后，新加工点的加工偏差值通过前一点的偏差递推算出。

现假设第 i 次插补后，动点坐标为 $N(x_i,y_i)$，偏差函数为

$$\Phi_i = x_e y_i - x_i y_e$$

若 $\Phi_i \geqslant 0$，则向 $+X$ 方向进给一步，新的动点坐标值为

$$x_{i+1}=x_i+1, \quad y_{i+1}=y_i$$

因此新的偏差函数为

$$\Phi_{i+1} = x_e y_{i+1} - x_{i+1} y_e = x_e y_i - x_i y_e - y_e$$

所以
$$\Phi_{i+1} = \Phi_i - y_e \tag{2-5}$$

同样，若 $\Phi<0$，则向 $+Y$ 方向进给一步，新的动点坐标值为

$$x_{i+1}=x_i, \quad y_{i+1}=y_i+1$$

因此新的偏差函数为
$$\Phi_{i+1} = x_e y_{i+1} - x_{i+1} y_e = x_e y_i - x_i y_e + x_e$$
所以
$$\Phi_{i+1} = \Phi_i + x_e \tag{2-6}$$

根据式(2-5)和式(2-6)可以看出，采用递推算法后，偏差函数 F 的计算只与终点坐标值 X_e、Y_e 有关，而不涉及动点坐标 X_i、Y_i 之值，且不需要进行乘法运算，新动点的偏差函数可由上一个动点的偏差函数值递推出来。因此，算法相当简单，易于实现。

综上所述，第Ⅰ象限内偏差函数与进给方向的对应关系为：

(1) 当 $\Phi \geq 0$ 时，进给 $+X$ 方向，新的偏差函数为 $\Phi_{i+1} = \Phi_i - y_e$；

(2) 当 $\Phi < 0$ 时，进给 $+Y$ 方向，新的偏差函数为 $\Phi_{i+1} = \Phi_i + x_e$。

前面讲过，在插补计算、进给的同时还要进行终点判别，若已经到达终点，就不再进行插补运算，并发出停机或转换新程序段的信号，否则返回继续循环插补。具体讲，终点判别有三种方法。

第一种方法称为总步长法。首先求出被插补直线在两个坐标轴方向上应走的总步数
$$\Sigma = |x_e| + |y_e| \tag{2-7}$$
然后每插补一次，不论哪个轴进给一步，均从总步数中减去1，这样当总步数减到零时即表示已到达终点。

第二种方法称为投影法。首先求出被插补直线终点坐标绝对值中较大的一个作为计数值
$$\Sigma = \max(|x_e|, |y_e|) \tag{2-8}$$
在插补过程中，每当终点坐标绝对值较大的那个轴进给时就从计数单元中减去，当减到零时表示已经到达终点。

第三种方法称为终点坐标法。即取被插补直线终点坐标分别作为计数单元，然后在插补过程中，如果进给了 $+X$ 方向，则使 Σ_1 减去1，如果进给了 $+Y$ 方向，则使 Σ_2 减去1，这样当 Σ_1 和 Σ_2 均减到0时，才表示到达终点位置。
$$\Sigma_1 = |x_e|, \quad \Sigma_2 = |y_e| \tag{2-9}$$
在上述推导和叙述过程中，均假设所有坐标值的单位是脉冲当量，这样坐标值均是整数，每次发出一个单位脉冲，也就是进给一个脉冲当量的距离。

2) 插补实例

例 2-1 现欲加工第Ⅰ象限直线 OE，设终点坐标为 $E(x_e, y_e) = E(3,5)$，试用逐点比较法进行插补。

解 总步数 $\Sigma_0 = 3 + 5 = 8$，开始时刀具处于直线起点（坐标原点），$\Phi_0 = 0$，则插补运算过程如表 2-1 所示，插补轨迹如图 2-5 所示。

在这里要注意的是，对于逐点比较法插补，在起点和终点处刀具均落在零件轮廓上，也就是说，在插补开始和结束时偏差值均为零，即 $\Phi = 0$，否则，说明插补过程中出现了错误。

表 2-1　第Ⅰ象限直线插补运算过程

序　号	偏差判别	坐标进给	偏差计算	终点判别
0	—	—	$\Phi_0=0$	$\Sigma_0=8$
1	$\Phi_0=0$	$+X$	$\Phi_1=\Phi_0-y_e=0-5=-5$	$\Sigma_1=8-1=7$
2	$\Phi_1=-5<0$	$+Y$	$\Phi_2=\Phi_1+x_e=-5+3=-2$	$\Sigma_2=7-1=6$
3	$\Phi_2=-2<0$	$+Y$	$\Phi_3=\Phi_2+x_e=-2+3=+1$	$\Sigma_3=6-1=5$
4	$\Phi_3=+1>0$	$+X$	$\Phi_4=\Phi_3-y_e=1-5=-4$	$\Sigma_4=5-1=4$
5	$\Phi_4=-4<0$	$+Y$	$\Phi_5=\Phi_4+x_e=-4+3=-1$	$\Sigma_5=4-1=3$
6	$\Phi_5=-1<0$	$+Y$	$\Phi_6=\Phi_5+x_e=-1+3=+2$	$\Sigma_6=3-1=2$
7	$\Phi_6=+2>0$	$+X$	$\Phi_7=\Phi_6-y_e=2-5=-3$	$\Sigma_7=2-1=1$
8	$\Phi_7=-3<0$	$+Y$	$\Phi_8=\Phi_7+x_e=-3+3=0$	$\Sigma_8=1-1=0$

2. 逐点比较法第Ⅰ象限逆圆插补

1）基本原理

在圆弧加工过程中，要描述刀具位置与被加工圆弧之间的相对关系，可用动点到圆心的距离大小来反映。

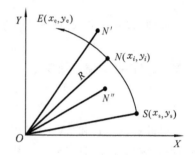

图 2-6　第Ⅰ象限逆圆与动点的关系

如图 2-6 所示，设被加工零件轮廓为第Ⅰ象限逆圆弧 $\overparen{SE}$，刀具在动点 $N(x_i,y_i)$ 处，圆心为 $O(0,0)$，半径为 R，则通过比较该动点到圆心的距离与圆弧半径之间的大小就可反映出动点与圆弧之间的相对位置关系，即当动点 $N(x_i,y_i)$ 正好落在圆弧 $\overparen{SE}$ 上时，则有下式成立

$$x_i^2+y_i^2=x_e^2+y_e^2=R^2 \tag{2-10}$$

当动点 N 落在圆弧 $\overparen{SE}$ 外侧（如在 N' 处）时，则有下式成立

$$x_i^2+y_i^2>x_e^2+y_e^2=R^2 \tag{2-11}$$

当动点 N 落在圆弧 $\overparen{SE}$ 内侧（如在 N'' 处）时，则有下式成立

$$x_i^2+y_i^2<x_e^2+y_e^2=R^2 \tag{2-12}$$

因此，现取圆弧插补时的偏差函数表达式为

$$\Phi_i=x_i^2+y_i^2-R^2 \tag{2-13}$$

进一步可以从图 2-6 中直观看出，当动点处于圆外时，为了减小加工误差，则应向圆内进给，即走 $-X$ 轴方向一步。当动点落在圆弧内部时，为了缩小加工误差，则应向圆外进给，即走 $+Y$ 轴方向一步。当动点正好落在圆弧上时，为了使加工进给继续下去，$+Y$

和 $-X$ 两个方向均可以进给,但一般情况下约定向 $(-X)$ 轴方向进给。

综上所述,可总结出逐点比较法第Ⅰ象限逆圆弧插补的规则如下:

(1) 当 $\Phi_i > 0$ 时,即 $\Phi_i = x_i^2 + y_i^2 - R^2 > 0$,动点在圆外,则向 $-X$ 轴进给一步;

(2) 当 $\Phi_i = 0$ 时,即 $\Phi_i = x_i^2 + y_i^2 - R^2 = 0$,动点正好在圆上,则向 $-X$ 轴进给一步;

(3) 当 $\Phi_i < 0$ 时,即 $\Phi_i = x_i^2 + y_i^2 - R^2 < 0$,动点在圆内,则向 $+Y$ 轴进给一步。

在式(2-13)中,要求出偏差 Φ_i 之值,要先进行平方运算,为简化计算,进一步推导其相应的递推形式表达式。

现假设第 i 次插补后,动点坐标为 $N(x_i, y_i)$,对应偏差函数为

$$\Phi_i = x_i^2 + y_i^2 - R^2$$

若 $\Phi_i \geqslant 0$,则向 $-X$ 轴方向进给一步,获得新的动点坐标值为

$$x_{i+1} = x_i - 1, \quad y_{i+1} = y_i$$

因此,新的偏差函数为

$$\Phi_{i+1} = x_{i+1}^2 + y_{i+1}^2 - R^2 = (x_i - 1)^2 + y_i^2 - R^2$$

所以
$$\Phi_{i+1} = \Phi_i - 2x_i + 1 \tag{2-14}$$

同理,若 $\Phi_i < 0$,则向 $+Y$ 轴方向进给一步,获得新的动点坐标值为

$$x_{i+1} = x_i, \quad y_{i+1} = y_i + 1$$

因此,可求得新的偏差函数为

$$\Phi_{i+1} = x_{i+1}^2 + y_{i+1}^2 - R^2 = x_i^2 + (y_i + 1)^2 - R^2$$

所以
$$\Phi_{i+1} = \Phi_i + 2y_i + 1 \tag{2-15}$$

通过式(2-14)和式(2-15)可以看出如下两个特点:第一是递推形式的偏差计算公式中除加、减运算外,只有乘 2 运算,而乘 2 可等效成二进制数左移一位,显然比原来二次方运算简单得多。第二是进给后新的偏差函数值除与前一点的偏差值有关外,还与动点坐标 $N(x_i, y_i)$ 有关(这与直线插补不相同),而动点坐标值随着插补的进行是变化的,所以,在插补的同时还必须修正新的动点坐标,以便为下一步的偏差计算做好准备。至此,可总结出第Ⅰ象限逆圆弧插补的规则和计算公式。

当 $\Phi \geqslant 0$ 时,进给 $-X$ 方向,新偏差值为 $\Phi_{i+1} = \Phi_i - 2x_i + 1$,动点坐标为

$$x_{i+1} = x_i - 1, \quad y_{i+1} = y_i$$

当 $\Phi < 0$ 时,进给 $+Y$ 方向,新偏差值为 $\Phi_{i+1} = \Phi_i + 2y_i + 1$,动点坐标为

$$x_{i+1} = x_i, \quad y_{i+1} = y_i + 1$$

与直线插补一样,插补过程中也要进行终点判别。对于圆弧仅在一个象限内的情况,则仍然可借用直线终点判别的三种方法,只是公式稍有不同。

$$\Sigma = |x_e - x_s| + |y_e - y_s| \tag{2-16}$$

$$\Sigma = \max(|x_e - x_s|, |y_e - y_s|) \tag{2-17}$$

$$\Sigma_1 = |x_e - x_s|, \quad \Sigma_2 = |y_e - y_s| \tag{2-18}$$

式中：(x_s, y_s)——被插补圆弧起点坐标；

(x_e, y_e)——被插补圆弧终点坐标。

2) 插补实例

例 2-2 现欲加工第Ⅰ象限逆圆 $\overset{\frown}{SE}$，如图 2-7 所示，起点 $S(x_s, y_s) = S(4,3)$，终点 $E(x_e, y_e) = E(0,5)$，试用逐点比较法进行插补。

解 总步数 $\Sigma = |x_e - x_s| + |y_e - y_s| = 6$，开始时刀具处于圆弧起点 $S(4,3)$ 处，$F_0 = 0$。

根据上述插补方法可获得如表 2-2 所示插补过程，对应的插补轨迹如图 2-7 中折线所示。

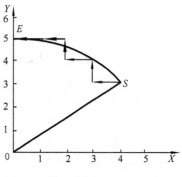

图 2-7 第Ⅰ象限逆圆插补实例

表 2-2 第Ⅰ象限逆圆插补运算过程

序 号	偏差判别	坐标进给	偏差计算	终点判别
0			$\Phi_0 = 0$	$\Sigma_0 = 6$
1	$\Phi_0 = 0$	$-X$	$\Phi_1 = 0 - 2 \times 4 + 1 = -7$	$\Sigma_1 = 6 - 1 = 5$
2	$\Phi_1 = -7 < 0$	$+Y$	$\Phi_2 = -7 + 2 \times 3 + 1 = 0$	$\Sigma_2 = 5 - 1 = 4$
3	$\Phi_2 = 0$	$-X$	$\Phi_3 = 0 - 2 \times 3 + 1 = -5$	$\Sigma_3 = 4 - 1 = 3$
4	$\Phi_3 = -5 > 0$	$+Y$	$\Phi_4 = -5 + 2 \times 4 + 1 = 4$	$\Sigma_4 = 3 - 1 = 2$
5	$\Phi_4 = 4 > 0$	$-X$	$\Phi_5 = 4 - 2 \times 2 + 1 = 1$	$\Sigma_5 = 2 - 1 = 1$
6	$\Phi_5 = 1 > 0$	$-X$	$\Phi_6 = 1 - 2 \times 1 + 1 = 0$	$\Sigma_6 = 1 - 1 = 0$

3. 逐点比较法合成进给速度

经过前面的讨论可知，逐点比较法插补器是按照一定算法向多个坐标轴分配进给脉冲，从而控制坐标轴的移动的。显然，脉冲的频率就决定了进给速度的大小。

由于合成进给速度将影响加工零件的表面粗糙度，而在插补过程中，总希望合成进给速度恒等于编程进给速度或只在允许的较小范围内变化。但事实上，合成进给速度 F 与插补计算方法、脉冲源频率、零件轮廓段的线型和尺寸均有关系，所以，在这里有必要对逐点比较法的合成进给速度进行分析。

逐点比较法的特点是脉冲源每发出一个脉冲，就进给一步，并且不是发向 X 轴（$+X$ 方向或 $-X$ 方向）就是发向 Y 轴（$+Y$ 方向或 $-Y$ 方向），因此有下式成立

$$f_{MF} = f_X + f_Y \tag{2-19}$$

从而对应于 X 轴和 Y 轴的进给速度为

$$F_X = 60 \delta f_X \tag{2-20a}$$

$$F_Y = 60 \delta f_Y \tag{2-20b}$$

故求得合成进给速度为

$$F = (F_X^2 + F_Y^2)^{1/2} = 60\delta(f_X^2 + f_Y^2)^{1/2} \quad (2-21)$$

式中：f_{MF}——脉冲源频率(Hz)；

f_X——X 轴进给脉冲频率(Hz)；

f_Y——Y 轴进给脉冲频率(Hz)；

F——进给速度(mm/min)；

δ——脉冲当量(mm)。

当 $f_X = 0$ 或 $f_Y = 0$ 时，也就是刀具沿平行于坐标轴的方向切削时，所对应的切削速度为最大，相应的速度称之为脉冲源速度，即

$$F_{MF} = 60\delta f_{MF} \quad (2-22)$$

合成速度与脉冲源速度之比为

$$\frac{F}{F_{MF}} = \frac{(F_X^2 + F_Y^2)^{1/2}}{F_{MF}} = \frac{(F_X^2 + F_Y^2)^{1/2}}{F_X + F_Y} = \frac{1}{\sin\alpha + \cos\alpha} \quad (2-23)$$

现绘出 F/F_{MF} 随 α 而变化的关系曲线如图 2-8 所示。

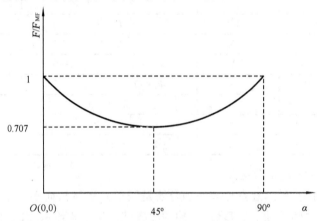

图 2-8 F/F_{MF} 随 α 变化的关系曲线

可见，当编程进给速度确定了脉冲源频率 f_{MF} 后，实际获得的合成进给速度 F 并非就一直等于 F_{MF}，而与角度 α 有关。当 $\alpha = 0°$ 或 $90°$ 时，F/F_{MF} 最大，等于 1，即正好等于编程速度；当 $\alpha = 45°$ 时，F/F_{MF} 最小，等于 0.707，即实际进给速度小于编程速度。这也就是说，在编程进给速度确定了脉冲源频率不变的情况下，逐点比较法直线插补的合成进给速度随着被插补直线与 X 轴的夹角 α 而变化，且其变化范围为 $F = (0.707 \sim 1.0)F_{MF}$，最大合成进给速度与最小合成进给速度之比为 $F_{max}/F_{min} = 1.414$，这对于一般机床加工来讲还是能够满足要求的。

同理，对于圆弧插补的合成进给速度分析也可仿此进行，并且结论也一样，只是这时的 α 角是指动点到圆心的连线与 X 轴之间的夹角。

总之，通过上述合成进给速度分析可知，逐点比较法插补算法的进给速度是比较平稳的。

2.2.4 数字积分法

1. 数字积分法的特点

数字积分法又称为 DDA(digital differential analyzer)法,是利用数字积分的方法,计算刀具各坐标轴的位移,以便加工出所需要的轨迹。采用 DDA 法进行插补,具有运算速度快、逻辑功能强、脉冲分配均匀等特点,可以实现一次、二次甚至高次曲线的插补,适合于多坐标联动控制。只要输入很少的几个数据,就能加工出比较复杂的曲线轨迹,精度也能满足要求。一般 CNC 数控系统常使用这种插补方法。

2. 数字积分法的基本原理

如图 2-9 所示,从微分的几何概念来看,从时刻 $t=0\sim t$ 求函数 $y=f(t)$ 曲线所包围的面积 S 时,可用积分公式为

$$S = \int_0^t f(t)\mathrm{d}t$$

若将 $0\sim t$ 的时间划分间隔为 Δt 的有限区间,当 Δt 足够小时,可得近似公式

$$S = \int_0^t f(t)\mathrm{d}t = \sum_{i=1}^n y_{i-1} \Delta t$$

式中:y_i 为 $t=t_i$ 时的 $f(t)$ 值。上式说明,求积分的过程就是用数的累加来近似代替,其几何意义就是用一系列微小矩形面积之和近似表示函数 $f(t)$ 以下的面积。在数学运算时,若 Δt 一般取最小的基本单位"1",上式则称为矩形公式,可简化为

$$S = \sum_{i=1}^n y_{i-1}$$

如果将 Δt 取得足够小,就可以满足所要求的精度。

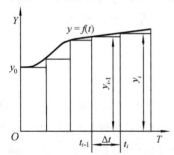

图 2-9 数字积分原理示意图

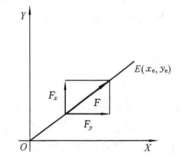

图 2-10 数字积分法直线插补

3. 数字积分法直线插补原理及实例

对于平面直线进行插补,如图 2-10 所示的直线 OE,起点在坐标原点,终点坐标为 (x_e, y_e),令 F 为动点移动速度,F_x、F_y 分别表示动点移动速度在 X 轴和 Y 轴方向的分量,设 $k = \dfrac{F}{\sqrt{x_e^2 + y_e^2}} = \dfrac{1}{2^N}$,$N$ 为直线插补累加器的位数。根据积分公式,在 X 轴、Y 轴方

向上的微小位移增量 Δx、Δy 应为

$$\Delta x = F_x \Delta t = \frac{x_e}{\sqrt{x_e^2 + y_e^2}} F \Delta t = k x_e \Delta t$$

$$\Delta y = F_y \Delta t = \frac{y_e}{\sqrt{x_e^2 + y_e^2}} F \Delta t = k y_e \Delta t$$

上式表明,动点从原点出发走向终点的过程,可以看做是各坐标轴每隔一个单位时间 Δt,分别以增量 kx_e 和 ky_e 同时对两个累加器累加的过程。当累加值超过一个坐标单位(脉冲当量)时产生溢出,溢出脉冲驱动伺服系统进给一个脉冲当量,从而走出给定直线。

各坐标轴的位移量分别为

$$x = \int_0^{x_e} \Delta x = \int_0^t F_x \mathrm{d}t = \sum_{i=1}^m k x_e \Delta t$$

$$y = \int_0^{y_e} \Delta y = \int_0^t F_y \mathrm{d}t = \sum_{i=1}^m k y_e \Delta t$$

取 $\Delta t = 1$。若经过 m 次累加后,x 和 y 分别到达终点 (x_e, y_e),则下式成立

$$x = \sum_{i=1}^m k x_e = k x_e m = x_e$$

$$y = \sum_{i=1}^m k y_e = k y_e m = y_e$$

由此可见,比例系数 k 和累加次数 m 之间有如下的关系:

$$km = 1, \quad 即 \quad m = 1/k$$

k 的数值与累加器的容量有关。累加器的容量应大于各坐标轴的最大坐标值,一般二者的位数相同,以保证每次累加最多只溢出一个脉冲。设累加器有 N 位,则

$$k = 1/2^N$$

故累加次数

$$m = 1/k = 2^N$$

上述表明,若累加器的位数为 N,则整个插补过程要进行 2^N 次累加才能到达直线的终点。

图 2-11 所示为平面直线的插补运算框图。它由两个数字积分器组成,每个坐标轴的积分器由累加器和被积函数寄存器组成。被积函数寄存器存放终点坐标值。每隔一个时间间隔 Δt,将被积函数的值向各自的累加器中累加。X 轴累加器溢出的脉冲驱动 X 轴运动,Y 轴累加器溢出的脉冲驱动 Y 轴运动。

用与逐点比较法相同的处理方法,把符号与数据分开,将数据的绝对值作被积函数,而将符号作进给方向控制信号处理,便可对所有不同象限的直线进行插补。

例 2-3 设有一直线 OA,起点为原点 O,终点 A 坐标为 $(8, 10)$,累加器和寄存器的位数为 4 位,试用数字积分法进行插补计算。

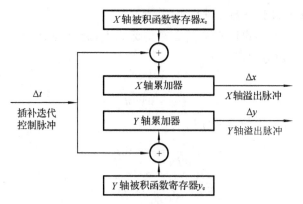

图 2-11 平面直线的插补运算框图

直线插补计算过程如表 2-3 所示,为加快插补,累加器初始值为累加器容量的一半。

表 2-3 直线插补计算过程

累加次数	X 轴数字积分器			Y 轴数字积分器		
	X 轴被积函数寄存器	X 轴累加器	X 轴累加器溢出脉冲	Y 轴被积函数寄存器	Y 轴累加器	Y 轴累加器溢出脉冲
0	8	8	0	10	8	0
1	8	16−16=0	1	10	18−16=2	1
2	8	8	0	10	12	0
3	8	16−16=0	1	10	22−16=6	1
4	8	8	0	10	8	0
5	8	16−16=0	1	10	10	0
6	8	8	0	10	20−16=4	1
7	8	16−16=0	1	10	14	0
8	8	8	0	10	24−16=8	1
9	8	16−16=0	1	10	18−16=2	1
10	8	8	0	10	12	0
11	8	16−16=0	1	10	22−16=6	1
12	8	8	0	10	16−16=0	1
13	8	16−16=0	1	10	10	0
14	8	8	0	10	20−16=4	1
15	8	16−16=0	1	10	14	0
16	8	8	0	10	24−16=8	1

4. 数字积分法圆弧插补原理及实例

以第Ⅰ象限逆圆为例,设圆弧的圆心在坐标原点,起点为 $A(x_0,y_0)$,终点为 $B(x_e,y_e)$,半径为 r 的圆参数方程可表示为

$$x = r\cos t$$
$$y = r\sin t$$

对 t 微分,求得 x、y 方向上的速度分量

$$F_x = \frac{dx}{dt} = -r\sin t = -y$$
$$F_y = \frac{dy}{dt} = r\cos t = x$$

写成微分形式

$$dx = -ydt$$
$$dy = xdt$$

用累加来近似积分

$$x = \sum_{i=1}^{n} -y_i \Delta t$$
$$y = \sum_{i=1}^{n} x_i \Delta t$$

这表明,圆弧插补时 X 轴的被积函数值等于动点 y 坐标的瞬时值,Y 轴的被积函数值等于动点 x 坐标的瞬时值。与直线插补比较可知:

(1) 直线插补时为常数累加,而圆弧插补时为变量累加;

(2) 圆弧插补时,X 轴动点坐标值的累加溢出脉冲作为 X 轴的进给脉冲,Y 轴动点坐标值的累加溢出脉冲作为 Y 轴的进给脉冲;

(3) 圆弧插补 X 轴被积函数寄存器初值存入 Y 轴起点坐标 y_0,Y 轴被积函数寄存器初值存入 X 轴起点坐标 x_0。

对于累加过程来讲,累加进位的速度和连减借位的速度是相同的,所以 X 轴被积函数的负号可忽略,两个轴的插补都用累加来进行。通常累加器初值都置为累加器容量的一半,这样二者的差别可以完全消除,并可改善插补质量。

因为数字积分法圆弧插补两轴不一定同时到达终点,可以采用两个终点判别计数器。各轴分别判别终点,进给一步减 1,判终点计数器为 0 时该轴停止进给。两轴都到达终点后停止插补。

与逐点比较法类似,数字积分法将进给方向的正负直接由进给驱动程序处理,而用动点坐标的绝对值进行累加。

因为插补时用坐标的绝对值,坐标值的修改要看动点运动使该坐标绝对值是增还是

减来确定是加 1 修改还是减 1 修改。圆弧插补的坐标修改及进给方向如表 2-4 所示。

表 2-4　圆弧插补的坐标修改及进给方向

圆弧走向	顺圆				逆圆			
所在象限	Ⅰ	Ⅱ	Ⅲ	Ⅳ	Ⅰ	Ⅱ	Ⅲ	Ⅳ
y 轴坐标修改	减	加	减	加	加	减	加	减
x 轴坐标修改	加	减	加	减	减	加	减	加
y 轴进给方向	$-y$	$+y$	$+y$	$-y$	$+y$	$-y$	$-y$	$+y$
x 轴进给方向	$+x$	$+x$	$-x$	$-x$	$-x$	$-x$	$+x$	$+x$

例 2-4　设加工第 Ⅰ 象限逆圆弧,其圆心在原点,起点 A 坐标为 $(6,0)$,终点 B 的坐标为 $(0,6)$,累加器为 3 位,试用数字积分法插补计算,并画出插补轨迹图。

数字积分法圆弧插补计算过程如表 2-5 所示。插补轨迹如图 2-12 所示。

表 2-5　数字积分法圆弧插补计算过程

累加次数	X 轴数字积分器			Y 轴数字积分器		
	X 轴被积函数寄存器	X 轴累加器	X 轴累加器溢出脉冲	Y 轴被积函数寄存器	Y 轴累加器	Y 轴累加器溢出脉冲
0	0	4	0	6	4	0
1	0	4	0	6	10−8=2	1
2	1	5	0	6	8−8=0	1
3	2	7	0	6	6	0
4	2	9−8=1	1	6	12−8=4	1
5	3	4	0	5	9−8=1	1
6	4	8−8=0	1	5	6	0
7	4	4	0	4	10−8=2	1
8	5	9−8=1	1	4	6	0
9	5	6	0	3	9−8=1	1
10	6	12−8=4	1	3	4	0
11	6	10−8=2	1	2	6	0
12	6	8−8=0	1	1	7	0
13	6	6	0	0	7	0

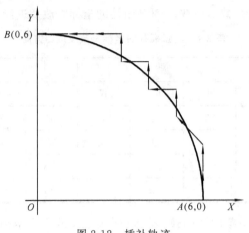

图 2-12 插补轨迹

2.3 计算机数控系统硬件结构

2.3.1 CNC 系统的定义与结构

计算机数控系统(简称 CNC 系统)是在硬件数控的基础上发展起来的,它用一台计算机代替先前的数控装置所完成的功能,所以,它是一种包含有计算机在内的数字控制系统。根据计算机存储的控制程序执行部分或全部数控功能,依照 EIA 数控标准化委员会的定义,CNC 系统是一个存储程序的计算机,它按照存储在计算机内的读写存储器中的控制程序去执行数控装置的部分或全部功能,其在计算机之外的唯一装置是接口。目前,在计算机数控系统中所用的计算机已不再是小型计算机,而是微型计算机。用微机控制的系统称为 MNC 系统,也统称为 CNC 系统。两者的控制原理基本相同。

由上述定义可知,CNC 系统与传统 NC 系统的区别在于:CNC 系统附加一台计算机作为控制器的一部分,其组成框图如图 2-13 所示。其中的计算机接收各种输入信息(如键盘、面板等输入的指令信息),执行各种控制功能,如插补计算、运行管理等,而硬件电路完成其他一些控制操作。

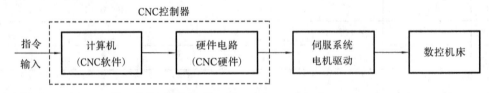

图 2-13 计算机数控系统组成框图

图 2-14 给出了较详细的微处理器数控系统(MNC)组成结构。从中可以看出,它主要由中央处理单元(CPU)、存储器、外部设备以及输入/输出接口电路等部分组成。

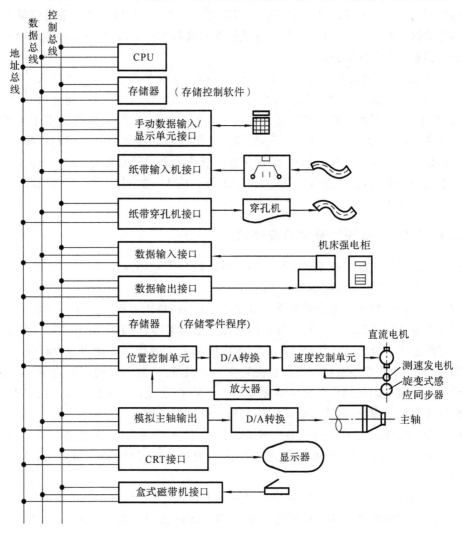

图 2-14 微处理器数控系统组成结构

中央处理单元实施对数控系统运算和管理的功能。它由运算器和控制器两部分组成。运算器是对数据进行算术和逻辑运算的部件。在运算过程中,运算器不断地得到由存储器提供的数据,并将运算的中间结果送回存储器暂时保存起来。控制器从存储器中依次取出组成程序的指令,经过译码后向数控系统的各部分按顺序发出执行操作的控制信号,使指令得以执行。因此,控制器是统一指挥和控制数控系统各部件的中央机构,它一方面向各个部件发出执行任务的命令,另一方面又接收执行部件的反馈信息,控制器根据程序中的指令信息和这些反馈信息,决定下一步的命令操作。

存储器用于储存系统软件(控制软件)和零件加工程序,并将运算的中间结果以及处理后的结果储存起来,它一般包括存放系统程序的可编程存储器 PROM 和存放中间数据的随机存储器 RAM 两部分。

输入/输出部分包括各种类型的输入/输出设备(又称外部设备)以及输入/输出接口控制部件。外部设备主要包括光电阅读机(纸带输入机)、阴极射线管、键盘、穿孔机以及面板等,其中:光电阅读机是用来输入系统程序和零件加工程序的;穿孔机则用来复制零件程序纸带,以便保存和检查零件程序;键盘主要用作输入操作命令及编辑修改数据段,也可以用作少量零件加工程序的输入;阴极射线管作为显示器及监控之用;操作面板可供操作员改变操作方式,输入数据以及启、停加工等。输入/输出接口是计算机和机床之间联系的桥梁和通道。

2.3.2 CNC 系统的硬件构成特点

随着大规模集成电路技术的发展,CNC 系统硬件模块不断改进。从 CNC 系统的总体安装结构看,有整体式结构和分体式结构两种。

整体式结构是把阴极射线管和手工数据输入面板、操作面板以及功能模块板组成的电路板等安装在同一机箱内。这种方式的优点是结构紧凑、便于安装,但有时可能造成某些信号连线过长。分体式结构通常把阴极射线管和手工数据输入面板、操作面板等做成一个部件,而把功能模块组成的电路板安装在一个机箱内,两者之间用导线或光纤连接。许多计算机数控机床把操作面板也单独作为一个部件,这是由于所控制机床的要求不同,要相应地改变操作面板,做成分体式结构有利于更换和安装。

CNC 操作面板在机床上的安装形式有吊挂式、床头式、控制柜式、控制台式等多种。

从组成 CNC 系统的电路板的结构特点来看,有两种常见的结构,即大板结构和模块化结构。

大板结构的特点是一个系统一般都有一块大板,称为主板。主板上装有主 CPU 和各轴的位置控制电路等。其他相关的子板(完成一定功能的电路板),如 ROM 板、零件程序存储器板和 PLC 板都直接插在主板上面,组成 CNC 系统的核心部分。由此可见,大板结构紧凑、体积小、可靠性高、价格低,有很高的性能价格比,也便于机床的一体化设计。大板结构虽有上述优点,但它的硬件功能不易变动,不利于组织生产。

另外一种柔性比较好的结构就是总线模块化的开放系统结构,其特点是将微处理机、存储器、输入/输出控制分别做成插件板(称为硬件模块),甚至将微处理机、存储器、输入/输出控制组成独立微型计算机级的硬件模块,相应的软件也是模块结构,固化在硬件模块中。硬、软件模块形成一个特定的功能单元,称为功能模块。于是可以积木式组成 CNC

系统,使其设计简单、有良好的适应性和扩展性、试制周期短、调整维护方便、效率较高。

按 CNC 系统使用的微机及结构来分,CNC 系统的硬件结构一般分为单微处理机结构和多微处理机结构两大类。初期的 CNC 系统和现有一些经济型 CNC 系统采用单微处理机结构。而多微处理机结构可以满足数控机床高进给速度、高加工精度和许多复杂功能的要求,也适应并入 FMS 和 CIMS 运行的需要,从而得到了迅速的发展,它反映了当今数控系统的新水平。

1．单微处理机结构

在单微处理机结构中,只有一台微处理机,实行集中控制并分时处理数控的各个任务。其结构特点如下。

(1) CNC 装置内仅有一台微处理机,由它对存储、插补运算、输入/输出控制、CRT 显示等功能集中控制、分时处理。

(2) 微处理机通过总线与存储器、输入/输出控制等各种接口相连,构成 CNC 装置。

(3) 结构简单,容易实现。

(4) 正是由于只有一台微处理机集中控制,其功能将受微处理机字长、数据宽度、寻址能力和运算速度等因素的限制。

2．多微处理机结构

多微处理机结构的 CNC 是把机床数字控制这个总任务划分为若干子任务(也称为子功能模块)。在硬件方面,以多台微处理机配以相应的接口形成多个子系统,把划分的子任务分配给不同的子系统承担,由各子系统之间的协调动作完成数控。在多微处理机的结构中:有两台或两台以上的微处理机构成的子系统,子系统之间采用紧耦合,有集中的操作系统,共享资源;或者有两台或两台以上的微处理机构成的功能模块,功能模块之间采用松耦合,有多重操作系统有效地实现并行处理。应注意的是,有的 CNC 装置虽然有两台以上的微处理机,但其中只有一台微处理机能够控制系统总线,占有总线资源,而其他微处理机成为专用的智能部件,不能控制系统总线,不能访问主存储器,它们组成主从结构,故应属于单微处理机的结构。

1) 多微处理机结构的特点

(1) 性能价格比高　此种结构中的每一台微处理机各完成系统中指定的一部分功能,独立执行程序。它比单微处理机结构提高了计算处理速度,适应了多轴控制、高精度、高进给速度、高效率的数控要求。由于系统的资源共享,而单个微处理机的价格又比较便宜,使 CNC 系统的性能价格比大为提高。

(2) 模块化结构　采用模块化结构可以将微处理机、存储器、输入/输出控制分别做成插件板(即硬件模块),其相应的软件也是模块结构,因而设计简单、试制周期短、结构紧凑,具有良好的适应性和扩展性。

(3) 可靠性高　多微处理机的 CNC 装置由于每台微处理机分管各自的任务,形成若干模块,即使某个模块出了故障,其他模块仍能照常工作,不像单微处理机那样,一旦出故障,整个系统将瘫痪。由于更换插件模块较为方便,可使故障对系统的影响减到最低程度。另外,由于资源共享,省去了一些重复机构,这不但使造价降低,也提高了可靠性。

(4) 易于组织规模生产 由于一般的硬件都是通用的,容易配置,只要开发新的软件就可构成不同的 CNC 系统,便于组织规模生产,形成批量,且保证质量。

2) 多微处理机 CNC 装置的典型结构

在多微处理机组成的 CNC 装置中,可以根据具体情况合理划分其功能模块。一般来说,基本由 CNC 管理模块、CNC 插补模块、位置控制模块、PC 模块、操作和控制数据输入/输出和显示模块、存储器模块这六个功能模块组成,若需要扩充功能,再增加相应的模块。这些模块之间互连与通信是在机柜内耦合,典型的有共享总线和共享存储器两类结构。

(1) 共享总线结构 以系统总线为中心的多微处理机 CNC 装置,把组成 CNC 装置的各个功能模块划分为带有 CPU 或直接存储器访问(DMA)器件的各种主模块和不带 CPU 和 DMA 器件的各种 RAM/ROM 两大类。所有主、从模块都插在配有总线插座的机柜内,共享严格设计定义的标准系统总线。系统总线的作用是把各个模块有效地连接在一起,按照要求交换各种数据和控制信息,构成一个完整的系统,实现各种预定的功能。

在系统中只有主模块有权控制、使用系统总线。由于某一时刻只能由一个主模块占有总线,必须要有仲裁电路来裁决多个主模块同时请求使用系统总线的竞争。由于每个主模块按其担负任务的重要程度已预先安排好优先级别的顺序,总线仲裁的目的,就是在它们争用总线时判别出各模块优先权的高低。

支持多微处理机系统的总线都设计有总线仲裁机构,通常有两种裁决方式,即串行方式和并行方式。

在串行总线仲裁方式中,优先权的排列是由连接位置决定的(见图 2-15)。某个主模块只有在前面优先权更高的主模块不占用总线时,才可使用总线,同时通知它后面优先权较低的主模块不得使用总线。

在并行总线仲裁方式中,要配置专用逻辑电路来解决主模块的判优问题。通常采用

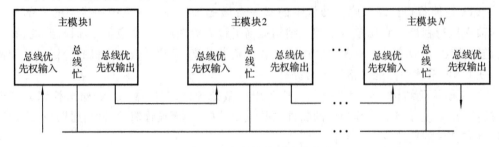

图 2-15 串行总线仲裁连接方法

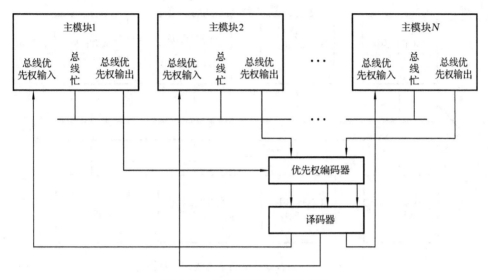

图 2-16 并行总线仲裁连接方法

优先权编码方案(见图 2-16)。

这种结构模块之间的通信,主要依靠存储器来实现。大部分系统采用公共存储器方式。公共存储器直接插在系统总线上,有总线使用权的主模块都能访问。使用公共存储器的通信双方都要占用系统总线,可供任意两个主模块交换信息。

支持这种系统结构的总线有 STD bus(支持 8 位和 16 位字长)、Multi bus(Ⅰ型可支持 16 位字长,Ⅱ型可支持 32 位字长)、S-100 bus(可支持 16 位字长)、VERSA bus(可支持 32 位字长)以及 VME bus(可支持 32 位字长)等。制造厂为这类总线提供各种型号规格的初始设备制造(OEM)产品,包括主模块和子模块,由用户任意选配。

图 2-17 所示为多微处理机共享总线结构框图。这种结构中的多微处理机共享总线时,会引起"竞争",使信息传输率降低,总线一旦出现故障,会影响全局,但因其结构简单、系统配置灵活、无源总线造价低等优点而常被采用。

(2) 共享存储器结构 这种多微处理机结构,采用多端口存储器来实现各微处理机之间的互连和通信,由多端口控制逻辑电路解决访问冲突。由于同一时刻只能有一个微处理机对多端口存储器读或写,所以功能复杂而要求微处理机数量增多时,会因争用共享而造成信息传输的阻塞,降低系统效率,因此扩展功能很困难。

图 2-18 所示为一个双端口存储器结构框图,它配有两套数据、地址控制线,可供两个端口访问,访问优先权预先安排好。两个端口同时访问时,由内部硬件裁决其中一个端口优先访问。

图 2-19 所示为多微处理机共享存储器结构框图。

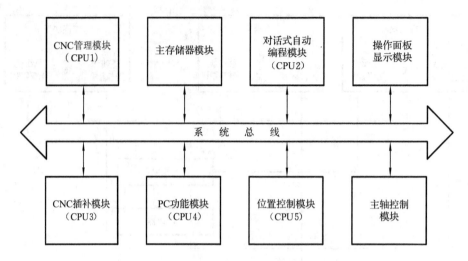

图 2-17　多微处理机共享总线结构框图

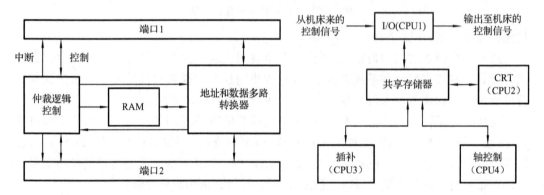

图 2-18　双端口存储器结构框图　　　　图 2-19　多微处理机共享存储器结构框图

2.3.3　PC-based 数控系统的硬件构成

1. PC-based 数控系统的体系结构

1）专用数控加 PC 前端的复合式结构

这类系统的典型结构如图 2-20 所示,其设计思想是将通用 PC 和专用 NC 通过高速信息交换通道连接到一起,组成一个复合式数控系统。从操作者方面看,这类系统可以有一个友好的 PC 界面,编程、编辑、操作等很方便;从机床方面看,该系统与传统的专用 NC 没有什么差别,熟悉其老产品的用户也感到很方便。这类系统的优点是可以保持原有数控基础,发挥厂家在以硬件专用芯片实现特殊控制功能等方面的优势,且技术上容易保密,因此,多为一些老的数控厂商或实力较强的厂家所采用。这类系统的最大缺点是开放性有限、开发和生产成本较高、技术上升级换代较慢。

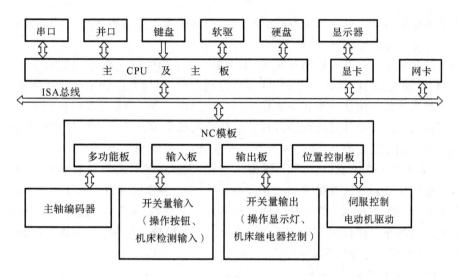

图 2-20 数控专用模板嵌入 PC 的结构

2) 通用 PC 加实时控制单元的递阶式结构

其设计思想是利用 PC 作为数控系统的软、硬件平台,在其标准总线上直接连接实时控制单元(将实时控制板卡插入总线插槽中)而组成完整的数控系统。这类系统为一种递阶式的体系结构,其框图如图 2-21 所示,其中:第一级为宏观控制级,主要利用 PC 的软、硬件资源,完成数控系统中上层一些实时性不是很强的任务,并对全系统的运行进行协调和管理;第二级为运动控制级,由实时控制单元完成数控下层的高实时性控制任务,实时控制单元的各功能模块可有自己的 CPU,在其上运行各自的控制软件;第三级为驱动控制级,其主要任务是完成电动机的驱动控制,由于该级控制对实时性要求很高,目前广泛

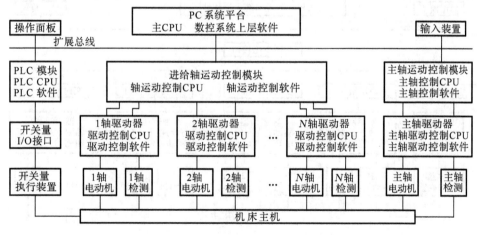

图 2-21 递阶式 PC 数控系统体系结构框图

采用高速数字信号处理(DSP)作为控制器。驱动控制级一般由若干个驱动单元组成,这些单元由专业厂家生产,但价格较贵。

由于递阶式系统具有较好的开放性,易于采用标准部件组成系统,开发和生产比较方便,成本相对较低,因此,被国内外许多厂商,特别是中、小厂家广泛采用。这类系统最突出的缺点就是系统的组成单元和模块较多,各单元和模块间,特别是实时控制单元与伺服驱动单元间的信息交换往往成为阻碍系统性能提高的瓶颈。目前,将实时控制信息送往伺服驱动单元的方法主要有:通过模拟量形式进行,主要问题是难以消除零漂、温漂对精度的影响,容易受外部干扰;通过脉冲量形式进行,主要问题是实时控制单元与伺服驱动单元间需通过非编码方式直接传递指令脉冲信号,一旦丢失脉冲或引入了干扰脉冲,则难以进行查错、纠错,不易保证信息传递的高可靠性。此外,脉冲驱动式的数字伺服所能接受脉冲的最高频率目前仅为 500 kHz 左右,限制了进给速度的提高,不能满足数控技术向高速度、高精度方向发展的需要。

3) 数字化分布式结构

为解决递阶式系统存在的问题,近年来发展起来一种数字化分布式系统,其方案是将组成数控系统的下层子系统(如数字式伺服系统、主轴驱动系统、PLC 等)通过以光缆等为介质的实时网络与 PC 数控装置连接起来,组成一完整的数控系统。这类系统的典型结构如图 2-22 所示,其中,各进给轴驱动器和主轴驱动器一般为全数字化控制,其 CPU 广泛采用高速 DSP,以实现位置控制、速度控制、矢量变换控制、直接转矩控制等复杂算法。另外,一般要求各子系统自身带有实时网络接口,以免去用户加装网络接口的麻烦。由于这种系统采用分布式计算和控制,并通过具有高可靠性和高实时性的网络进行通信

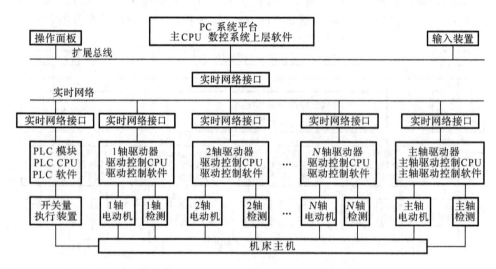

图 2-22 分布式 PC 数控系统体系结构框图

和协调,因而可以最大限度地发挥各子系统的能力,并减轻 PC 主机的负担,易于使整个数控系统具有较高的性能。但是,这种系统的开发和生产成本很高。如果采用国外(包括引进国外技术国内生产)的部件(如数字式交流伺服、实时通信网络等)来组成国产数字化分布式数控系统,则成本也太高,近期难以被国内广大用户所接受。

2. 新一代集成化 PC 数控系统的体系结构

可靠性和性能价格比是数控系统最重要的指标,而目前影响这些指标的主要因素正在从数控装置转向伺服系统。现在普遍采用的数控与伺服相分离的系统方案,不仅硬件复杂、通信效率低、故障率高,而且价格昂贵。集成化 PC 数控系统是解决上述问题的最有效的途径。

所谓集成化 PC 数控系统,其核心思想是,将数控系统的所有子系统(如数控装置、PLC、伺服控制器等)全部集中到一个统一的硬件平台,使数控系统的所有功能全由软件来实现,彻底消除各子系统的冗余硬件及连接各子系统的硬件接口和通信线路,并有效简化软件接口和软件结构。这里的"集成"是指从硬件、软件到信息的全面集成。

实现集成化数控系统的前提条件有二:一是要有能满足集成控制要求的高性能硬件平台;二是要有能在实时多任务环境下高效运行的数控系统软件。目前,由于一个新型高性能 CPU 可以代替数十个以往在数控系统中常用的普通 CPU,因此,在基于高性能 CPU 的 PC 硬件平台上实现集成化数控已不存在问题。在软件方面,以优秀实时操作系统内核为平台,通过 C 语言与汇编语言相结合开发的、可对硬件进行直接操作的高效 PC 数控软件和 PC 伺服软件,以及 PC 化 PLC 软件,完全可以胜任集成化数控的所有控制任务。

集成化 PC 数控系统的总体结构如图 2-23 所示,其核心是高性能 PC 系统平台和运行在其上的集成化数控系统软件,主要包括数控操作系统、信息处理、轨迹生成、伺服控制、开关量控制等模块。需指出的是,这里的伺服控制不仅仅是常规数控系统中的位置控制,而且还包括速度控制、矢量变换控制、电流控制等。

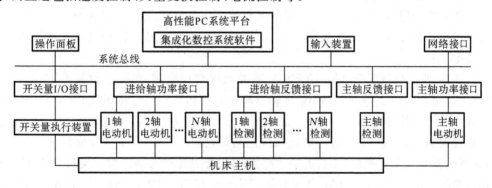

图 2-23 集成化 PC 数控系统体系结构框图

集成化 PC 数控系统的硬件规模比普通数控系统大为缩小,除 PC 平台外,剩下的主要是功率接口和反馈接口。由于功率接口的功能只是将计算机产生的弱电控制信号转换为驱动电动机的强电信号,并不需要完成复杂的信息处理和控制功能,因此其结构比较简单,仅需采用标准的智能化交流伺服驱动模块加光电隔离模块等即可组成。为减小强电电源部分的体积,进一步降低系统成本,所有功率接口均由安装于系统机箱内的集中式强电整流滤波模块统一供电。

反馈接口可连接高精度编码盘、光栅、感应同步器等多种检测装置,从而可根据用户需要构成半闭环或全闭环控制系统,以保证被控机床具有较高的加工精度。

系统中的开关量 I/O 接口可提供一定数量的符合通用 PLC 标准的输入/输出接点。这些接点可根据需要与对应的开关量执行装置(如电磁阀、行程开关等)相连接。数控系统软件中的开关量控制模块将通过开关量 I/O 接口及开关量执行装置对机床的逻辑顺序运动,如主轴启停、刀具交换、工件装卡、加工冷却、行程保护等进行控制。

开关量控制模块将与伺服控制等模块相配合,共同完成机床工作过程的控制。系统工作时,操作人员可通过软盘驱动器等 I/O 设备输入加工所需信息,并可通过系统提供的高级编辑功能,对已输入的信息进行修改。机床的运行由操作人员通过操作面板或触摸屏进行控制。系统运行的有关信息将通过计算机屏幕以动态图形和数据形式显示出来。本系统还可通过网络接口与上级计算机联网,可与网上的计算机(如管理计算机、监控计算机、CAD/CAM 计算机等)交换信息以实现资源共享。此时,上级管理计算机可直接控制数控系统的运行,并实时获取数控系统和机床的有关状态信息。

3. 基于 PMAC 的开放式数控系统

可编程多轴控制器(PMAC)是美国 Delta Tau 公司的产品。PMAC 是一个拥有高性能伺服运动的控制器,它借助于摩托罗拉公司的 DSP56001/56002 数字信号处理器,可以同时操纵 1~8 个轴。它能够单独执行存储于其内部的程序,也可执行运动程序和 PLC 程序,并可进行伺服环更新及以串口、总线两种方式与上位机进行通信。PMAC 还可以自动对任务优先等级进行判别,从而进行实时的多任务处理,这一功能使得它在处理时间和任务切换这两方面大大减轻主机和编程器的负担,提高了整个控制系统的运行速度和控制精度。

图 2-24 所示为基于 PMAC 的开放式数控系统结构框图,可见该数控系统在工业控制机(IPC)平台基础上,采用 PMAC 多轴运动控制器和双端口存储器(DPRAM),从而构成该数控系统的控制中心。工控机上的 CPU 与 PMAC 的 CPU(DSP56001)构成主从式双微处理器结构,两个 CPU 各自实现相应的功能,其中:PMAC 主要完成机床三轴的运动,控制面板开关量的控制;工控机则主要实现系统的管理功能。为了实现 PMAC 多轴运动控制的功能,还需在 PMAC 板上扩展相应的 I/O 板、伺服驱动单元、伺服电动机、编码器等,最终形成一个完整的数控系统。控制系统硬件由主频为 233 MHz 的工业控制

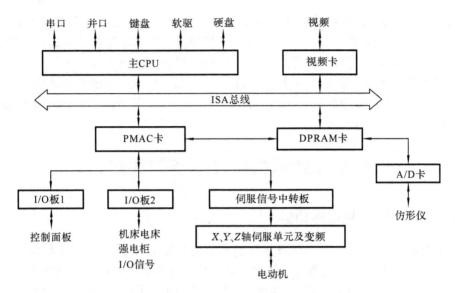

图 2-24 基于 PMAC 的开放式数控系统结构框图

机、PMAC-Lite1.5 运动控制器、I/O 板、双端口 RAM(DPRAM)、伺服单元及交流伺服电动机等组成。

PMAC 运动控制器与主机之间的通信采用了两种方式：一种是总线通信方式，另一种是 DPRAM 数据通信方式。主机与 PMAC 主要通过 PC 总线通信，至于控制卡和电动机的状态、位置、速度、跟随误差等数据则通过 DPRAM 交换信息。总线通信方式是指主机到指定的地址上去寻找 PMAC，其中指定的地址是由 PMAC 的跳线确定。双端口 RAM 主要是用来与 PMAC 进行快速的数据通信和命令通信。一方面，DPRAM 在用于向 PMAC 写数据时，在实时状态下能够快速地将位置数据信息或程序信息进行重复下载；另一方面，DPRAM 在用于从 PMAC 中读取数据时，可以快速地重复地获取系统的状态信息。譬如，交流伺服电动机的状态、位置、速度、跟随误差等数据可以不停被更新，并且能够被 PLC 或被 PMAC 自动地写入 DPRAM。如果系统中不使用 DPRAM，这些数据就必须用 PMAC 的在线命令(如 P、V 等)通过 PC 总线来进行数据的存取。由于通过 DPRAM 进行数据存取不需要经过通信口发送命令和等待响应，所以所需的时间要少得多，响应速度也就快得多。

该数控系统利用 DPRAM 进行数据的自动存取，提高了系统的响应速度和加工精度，同时也方便了控制系统中各模块之间的快速通信和地址表的设定，降低了编程难度。

PMAC 系统的内置 PLC 功能是经智能 I/O 接口的输入/输出实现的。在控制系统中，送入 PLC 的输入信号主要有：操作面板和机床上的控制按钮、选择开关等信号，各轴的行程开关、机械零点开关等信号，机床电器动作、限位、报警等信号，强电柜中接触器、气动开关接触等信号,各伺服模块工作状态信号等。这些信号是通过光电隔离以后送到智能I/O接口上,光电隔离有效地将计算机数字量通道与外部过程模拟量通道隔离起来,大大地减小了外部因素的干扰,提高了整机系统的可靠性和稳定性。

PLC输出的信号主要有:指示灯信号,控制继电器、接触器、电磁阀等动作信号,伺服模块的驱动使能和速度使能信号等。这些信号经I/O接口送到相应的继电器上,最终控制相应的电器。

2.4 计算机数控系统软件结构

2.4.1 CNC系统软件功能

这里指的是为实现CNC系统各项功能所编制的专用软件,即存放于计算机内存中的系统程序。图2-25所示为数控软件的系统结构。数控的主要功能体现在数控功能程序上,数控功能程序包括数控的核心功能程序,如数控加工程序的译码、预处理和插补处理,也包括数控加工程序编辑器、加工模拟器、刀具管理和故障监测与诊断这些可选功能。CNC系统软件一般由输入数据处理程序、插补运算程序、速度控制程序、管理程序和诊断程序等组成。现分述如下。

1. 输入数据处理程序

输入数据处理程序接收输入的零件加工程序,将其用标准代码表示的加工指令和数

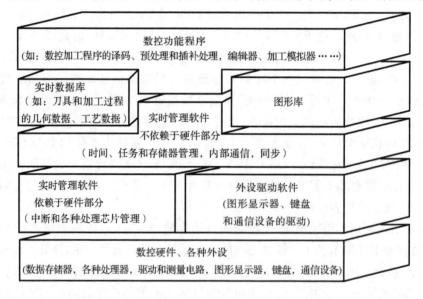

图2-25 数控软件的系统结构

据进行翻译、整理，按所规定的格式存放。有些系统还要进一步进行刀具半径偏移的计算，或者为插补运算和速度控制等进行一些预处理。总之，输入数据处理程序一般包括下述三项内容。

（1）输入　输入到CNC装置的有零件加工程序、控制参数和补偿数据。其输入方式有光电阅读机纸带输入、键盘输入、磁盘输入、磁带输入、开关量输入和连接上一级计算机的DNC接口输入。从CNC装置的工作方式，输入可分为存储工作方式输入和NC工作方式输入。所谓存储工作方式输入，是将加工的零件程序一次且全部输入到CNC装置的内存中，加工时再从存储器逐个程序段调出。所谓NC工作方式输入是指CNC系统边输入边加工，即在前一个程序段正在加工时，便输入后一个程序段内容。对于系统程序，有的固化在PROM中，有的也是用阅读机输入。无论是用阅读机输入零件加工程序还是系统程序，均有一个阅读机中断处理程序及输入管理程序。中断处理程序的作用是将字符从阅读机读入计算机内的缓冲器，一次中断只读一个字符，中断信号由中导孔产生。输入管理程序负责缓冲器的管理、读入字符的存放及阅读机的启停（另有硬件启停开关）等。

（2）译码　在输入的零件加工程序中含有零件的轮廓信息（如线型，起、终点坐标）、要求的加工速度以及其他的辅助信息（如换刀、冷却液开停等）。这些信息在计算机进行插补运算与控制操作之前必须翻译成计算机能识别的语言，译码程序就承担着此项任务。在译码过程中，还要完成对程序段的语法检查，若发现语法错误，则应立即报警。

（3）数据处理　数据处理程序一般包括刀具半径补偿、速度计算以及辅助功能的处理等。刀具半径补偿是把零件轮廓轨迹转化成刀具中心轨迹。速度计算是解决该加工数据段以什么样的速度运动的问题。需说明的是，最佳切削速度的确定是一个工艺问题，CNC系统仅仅保证编程速度的可靠实现。另外，诸如换刀、主轴启停、冷却液开停等辅助功能也在此程序中处理。

一般来说，对输入数据处理程序的实时性要求不高。输入数据处理进行得充分一些，可减轻加工过程中实时性较强的插补运算及速度控制程序的负担。

2. 插补运算及位置控制程序

插补运算程序完成NC系统中插补器的功能，即实现坐标轴脉冲分配的功能。脉冲分配包括点位、直线以及曲线三个方面。由于现代微型计算机具有完善的指令系统和相应的算术子程序，给插补计算提供了许多方便，可以采用一些更方便的数学方法提高轮廓控制的精度，而不必顾忌会增加硬件线路。插补计算是实时性很强的程序，要尽可能减少该程序中指令的条数，即缩短进行一次插补运算的时间。因为这个时间直接决定了插补进给的最高速度。在有些系统中还采用粗插补与精插补相结合的方法：软件只进行粗插补，即每次插补一个小线段；硬件再将小线段分成单个脉冲输出，完成精插补。这样，既可提高进给速度，又能使计算机有更多的时间进行必要的数据处理。

插补运算的结果输出,经过位置控制部分(这部分工作既可由软件完成,也可由硬件完成),去带动伺服系统运动,控制刀具按预定的轨迹加工。位置控制的主要任务是在每个采样周期内,将插补计算出的理论位置与实际反馈位置相比较,用其差值去控制进给电动机。在位置控制中,通常还要完成位置回路的增益调整、各坐标方向的螺距误差补偿和反向间隙补偿,以提高机床的定位精度。

3. 速度控制程序

编程所给的刀具移动速度,是在各坐标的合成方向上的速度。速度处理首先要做的工作是根据合成速度来计算各运动坐标方向的分速度。前已述及,速度指令以两种方式给出:一种是以每分钟进给量给出;另一种是以主轴每转毫米数给出。铣床和加工中心以前一种为多数,而车床则以后一种为多数,或者两者都有之。速度控制程序的目的就是控制脉冲分配的速度,即根据给定的速度代码(或其他相应的速度指令),控制插补运算的频率,以保证按预定速度进给。当速度明显突变时,要进行自动加减速控制,避免速度突变造成伺服系统的失调。速度控制可以用两种方法来实现:一种是用软件方法,如程序计数法来实现;另一种用定时计数电路由外部时钟计数运用中断方法来实现。此外,用软件对速度控制数据进行预处理,并与硬件的速度积分器相结合,可以实现高性能的恒定合成速度控制,并大大提高插补进给的速度。

4. 系统管理程序

为数据输入、处理及切削加工过程服务的各个程序均由系统管理程序进行调度,因此,它是实现 CNC 系统协调工作的主体软件。系统管理程序还要对面板命令、时钟信号、故障信号等引起的中断进行处理。水平较高的系统管理程序可使多道程序并行工作,如在插补运算与速度控制的空闲时刻进行数据的输入处理,即调用各功能子程序,完成下一数据段的读入、译码和数据处理工作,且保证在本数据段加工过程中将下一数据段准备完毕。一旦本数据段加工完毕,就立即开始下一数据段的插补加工。有的系统管理程序还安排自动编程工作,或者对系统进行必要的预防性诊断。

5. 诊断程序

诊断程序可以在运行中及时发现系统的故障,并指出故障的类型;也可以在运行前或发生故障后,检查各种部件(如接口、开关、伺服系统等)的功能是否正常,并指出发生故障的部位;还可以在维修中查找有关部件的工作状态,判别其是否正常,对于不正常的部件给予显示,便于维修人员及时处理。

2.4.2 CNC 系统的软、硬件组合类型

CNC 系统是由软件和硬件组成的,硬件为软件的运行提供了支持环境。同一般计算机系统一样,由于软件和硬件在逻辑上是等价的,所以在 CNC 系统中,由硬件完成的工作原则上也可以由软件来完成。但是,硬件和软件各有不同的特点:硬件处理速度较快,

但造价较高；软件设计灵活，适应性强，但处理速度较慢。因此，在 CNC 系统中，软件和硬件的分配比例是由性能价格比决定的。

CNC 系统中实时性要求最高的任务就是插补和位置控制，即在一个采样周期中必须完成控制策略的计算，而且还要留有一定的时间去做其他的事。CNC 系统的插补器既可面向软件也可面向硬件。归结起来，主要有以下三种类型的 CNC 系统。

（1）不用软件插补器，插补完全由硬件完成的 CNC 系统。该系统常用单 CPU 结构实现，通常不存在实时速度问题。由于插补方法受到硬件设计的限制，其柔性较低。

（2）由软件插补器完成粗插补，由硬件插补器完成精插补的 CNC 系统。该系统通常没有计算瓶颈，因为精确插补由硬件完成。刀具轨迹所需的插补，由程序准备并使之参数化。程序的输出是描述曲线段的参数，诸如起点、终点、速度、插补频率等，这些参数都是作为硬件精插补器的输入。

（3）带有完全用软件实施的插补器的 CNC 系统。该系统需用快速计算机计算出刀具轨迹。具有多轴（坐标）控制的机床，需要装备专用 CPU 的多微处理机结构来完成算术运算。位片式处理器和 I/O 处理器用来加速控制任务的完成。

实际上，在现代 CNC 系统中，软件和硬件的界面关系是不固定的。在早期的 NC 系统中，数控系统的全部工作都由硬件来完成，随着计算机技术的发展，特别是硬件成本的下降，计算机参与了数控系统的工作，构成了所谓的计算机数控（CNC）系统。但是这种参与的程度在不同的年代和不同的产品中是不一样的。

2.4.3　CNC 系统控制软件结构特点

CNC 系统是一个专用的实时多任务计算机系统，在它的控制软件中融合了当今计算机软件技术中的许多先进技术，其中最突出的是多任务并行处理和多重实时中断。下面分别加以介绍。

1. 多任务并行处理

（1）CNC 系统的多任务性　CNC 系统通常作为一个独立的过程控制单元用于工业自动化生产中，因此它的系统软件必须完成管理和控制两大任务。系统的管理部分包括输入、I/O 处理、显示和诊断。系统的控制部分包括译码、刀具补偿、速度处理、插补和位置控制。在许多情况下，管理和控制的某些工作必须同时进行。例如，当 CNC 系统工作在加工控制状态时，为了使操作人员能及时地了解 CNC 系统的工作状态，管理软件中的显示模块必须与控制软件同时运行。当 CNC 系统工作在 NC 加工方式时，管理软件中的零件加工程序输入模块必须与控制软件同时运行。而当控制软件运行时，其本身的一些处理模块也必须同时运行。例如，为了保证加工过程的连续性，即刀具在各程序段之间不停刀，译码、刀具补偿和速度处理模块必须与插补模块同时运行，而插补又必须与位置控制同时进行。

(2) 并行处理的概念　并行处理是指计算机在同一时刻或同一时间间隔内完成两种或两种以上的工作。并行处理最显著的优点是提高了运算速度,但是并行处理不止于设备的简单重复,它还有更多的含义,如时间重叠和资源共享。所谓时间重叠(资源重叠流水处理)是根据流水处理技术,使多个处理过程在时间上相互错开,轮流使用同一套设备的几个部分。而资源共享则是根据"分时共享"的原则,使多个用户按时间顺序使用同一套设备。

目前在 CNC 系统的硬件设计中,已广泛使用资源重复的并行处理方法,如采用多 CPU 的系统体系结构来提高系统的速度,而在 CNC 系统的软件设计中则主要采用资源分时共享和时间重叠流水处理技术。

(3) 资源分时共享　在单 CPU 的 CNC 系统中,主要采用 CPU 分时共享的原则来解决多任务的同时运行。一般来讲,在使用分时共享并行处理的计算机系统中,首先要解决的问题是各任务占用 CPU 时间的分配原则,这里有两方面的含义:其一是各任务何时占用 CPU;其二是允许各任务占用 CPU 时间的长短。

系统在完成初始化以后自动进入时间分配环中,在环中依次轮流处理各任务。而对于系统中一些实时性很强的任务则应按优先级排队,分别放在不同中断优先级上,环外任务可以随时中断环内各任务的执行。

允许每个任务占有 CPU 的时间受到一定限制,通常是这样处理的,对于某些占有 CPU 时间比较多的任务,如插补准备,可以在其中的某些地方设置断点,当程序运行到断点时,自动让出 CPU,待得到下一个运行时间就自动跳到该断点继续执行。

(4) 时间重叠流水处理　当 CNC 系统处在 NC 工作方式时,其数据的转换过程将由零件程序输入、插补准备(包括译码、刀具补偿和速度处理)、插补、位置控制四个子过程组成。如果每个子过程的处理时间分别为 Δt_1、Δt_2、Δt_3、Δt_4,那么,一个零件程序段的数据转换时间将是

$$t = \Delta t_1 + \Delta t_2 + \Delta t_3 + \Delta t_4$$

如果以顺序方式处理每个零件程序段,即第一个零件程序段处理完以后再处理第二个程序段,依此类推。同样,在第二个程序段与第三个程序段的输出之间也会有时间间隔,依此类推。这种时间间隔反映在电动机上就是电动机的时转时停,反映在刀具上就是刀具的时走时停。不管这种时间间隔多么小,这种时走时停的现象在加工工艺上都是不允许的。消除这种间隔的方法是用流水处理技术。

在单 CPU 的 CNC 装置中,流水处理的时间重叠只有宏观的意义,即在一段时间内,CPU 处理多个子过程,但从微观上看,各子过程是分时占用 CPU 时间的。

2. 实时中断处理

CNC 系统控制软件的另一个重要特征是实时中断处理。CNC 系统的多任务性和实时性决定了系统中断成为整个系统必不可少的重要组成部分。CNC 系统的中断管理主

要靠硬件完成,而系统的中断结构决定了系统软件的结构。其中断类型有外部中断、内部定时中断、硬件故障中断及程序性中断等。

(1) 外部中断 主要有纸带光电阅读机读孔中断、外部监控中断(如紧急停、测量仪到位等)、键盘和操作面板输入中断。前两种中断的实时性要求很高,通常把这两种中断放在较高的优先级上,而键盘和操作面板输入中断则放在较低的优先级上。在有些系统中,甚至用查询的方式来处理它。

(2) 内部定时中断 主要有插补周期定时中断和位置采样定时中断。在有些系统中,这两种定时中断合二为一。但在处理时,总是先处理位置控制,然后处理插补运算。

(3) 硬件故障中断 它是各种硬件故障检测装置发出的中断,如存储器出错、定时器出错、插补运算超时等。

(4) 程序性中断 它是程序中出现的各种异常情况的报警中断,如各种溢出、清零等。

2.4.4 CNC系统的控制软件及其工作过程

控制软件是为完成特定CNC(或MNC)系统各项功能所编制的专用软件,又称为系统软件(或系统程序)。因为CNC(或MNC)系统的功能设置与控制方案各不相同,各种系统软件在结构和规模上差别很大。系统程序的设计与各项功能的实现与其将来的扩展有最直接的关系,是整个CNC(或MNC)系统研制工作中关键性的和工作量最大的部分。

前已述及,系统软件一般由输入、译码、数据处理(预计算)、插补运算、速度控制、输出控制、管理程序及诊断程序等部分构成。由于篇幅所限,这里只介绍数据处理的预计算和插补运算。

1. 预计算

为了减轻插补工作的负担,提高系统的实时处理能力,常常在插补运算前先进行数据的预处理,例如,确定圆弧平面、刀具半径补偿的计算等。当采用数字积分法时,可预先进行左移规格化的处理和积分次数的计算等,这样,可把最直接、最方便形式的数据提供给插补运算。

数据预处理即预计算,通常包括刀具长度补偿计算、刀具半径补偿计算、象限及进给方向判断、进给速度换算和机床辅助功能判断等。下面介绍速度计算及控制。

进给速度的控制方法与系统采用的插补算法有关,也因不同的伺服系统而有所不同。在开环系统中,通常采用基准脉冲插补法,其坐标轴的运动速度控制是通过控制插补运算的频率,进而控制向步进电动机输出脉冲的频率来实现的,速度计算的方法是根据编程的进给速度 F 值来确定这个频率值。通常有程序延时法和中断法两种。

(1) 程序延时法 程序延时法又称为程序计时法。这种方法先根据系统要求的进给频率,计算出两次插补运算之间的时间间隔,用 CPU 执行延时子程序的方法控制两次插补之间的时间。改变延时子程序的循环次数,即可改变进给速度。

(2) 中断法 中断法又称为时钟中断法,是指每隔规定的时间向 CPU 发中断请求,在中断服务程序中进行一次插补运算并发出一个进给脉冲。因此,改变了中断请求信号的频率,就等于改变了进给速度。中断请求信号可通过 F 指令设定的脉冲信号产生,也可通过可编程计数器/定时器产生。如采用 Z80CTC 作定时器,由程序设置时间常数,设定时间一到,就向 CPU 发出中断请求信号,改变时间常数 T 就可以改变中断请求脉冲信号的频率。所以,进给速度计算与控制的关键就是如何给定可编程计数器/定时器的时间常数 T。

在半闭环和闭环系统中,则是采用时间分割的思想,根据编程的进给速度 F 值将轮廓曲线分割为采样周期,即迭代周期的进给量——轮廓步长的方法。速度计算的任务是:直线插补时,计算出各坐标轴的采样周期的步长;圆弧插补时,为插补程序计算好步长分配系数(有时也称之为角步距)。另外,在进给速度控制中,一般也都有一个升速、恒速(匀速)和降速的过程,以适应伺服系统的工作状态,保证工作的稳定性。

2. 插补计算

插补计算是 CNC 系统中最重要的计算工作之一。在传统的 NC 装置中,采用硬件电路(插补器)来实现各种轨迹的插补。为了在软件系统中计算所需的插补轨迹,这些数字电路必须由计算机程序来模拟。利用软件来模拟硬件电路的问题在于:三轴或三轴以上联动的系统具有三个或三个以上的硬件电路(如每轴一个数字积分器),计算机是用若干条指令来实现插补工作的,但是计算机执行每条指令都须要花费一定的时间,而当前有的小型或微型计算机的计算速度难以满足 NC 机床对进给速度和分辨率的要求。因此,在实际的 CNC 系统中,常常采用粗、精插补相结合的方法,即把插补功能分成软件插补和硬件插补两部分,计算机控制软件把刀具轨迹分割成若干段,而硬件电路再在段的起点和终点之间进行数据的"密化",使刀具轨迹在允许的误差之内,即软件实现粗插补,硬件实现精插补。下面以三坐标直线插补为例予以说明。

设有空间直线 OA,起点 O 在坐标原点,终点 A 的坐标值为(x_e, y_e, z_e)(见图 2-26)。

假设 MNC 系统每 8 ms 中断一次进行插补计算,每 4 ms 中断一次进行伺服系统控制,且规定伺服控制的中断级别高于插补计算。插补中断时,插补程序计算出 8 ms 中各坐标的位移量,伺服控制中断把插补程序的计算结果输送给硬件伺服系统,控制各坐标轴的位移。

粗插补的任务是根据编程的进给速度 F 和终点坐标值(x_e, y_e, z_e)计算出 8 ms 中各坐标的位移量,这由插补计算软件和伺服控制软件来实现。首先,由编程的进给速度 F(单位为 0.01 mm/min)可计算出刀具每 8 ms 的位移量 ΔL(单位为 0.001 mm),则有

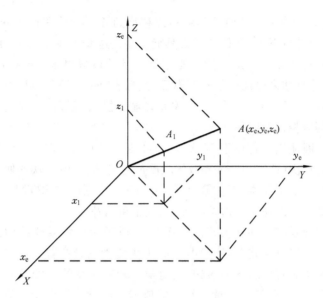

图 2-26 空间直线 OA

$$\Delta L = F \frac{10 \times 8}{60 \times 1\,000} = \frac{F}{750}$$

随后,根据编程的终点坐标值(x_e, y_e, z_e)可计算出直线 OA 在各坐标轴上的分量 x'_e, y'_e, z'_e 的值为

$$x'_e = \frac{x_e}{\sqrt{x_e^2 + y_e^2 + z_e^2}}, \quad y'_e = \frac{y_e}{\sqrt{x_e^2 + y_e^2 + z_e^2}}, \quad z'_e = \frac{z_e}{\sqrt{x_e^2 + y_e^2 + z_e^2}}$$

从而求得每 8 ms 各坐标轴的位移量(简称轮廓进给步长或段值)$\Delta x, \Delta y, \Delta z$ 为

$$\Delta x = \Delta L x'_e, \quad \Delta y = \Delta L y'_e, \quad \Delta z = \Delta L z'_e$$

以上是插补计算的预计算,每个程序段只需计算一次。下面说明插补计算及输出的过程。

设 (x_r, y_r, z_r) 为程序段中尚未插补输出的量(简称剩余量),则它们的初值分别为

$$x_r = x_e, \quad y_r = y_e, \quad z_r = z_e$$

每进行一次插补计算,输出一组段值 $\Delta x、\Delta y、\Delta z$,同时进行一次如下计算:

$$x_r - \Delta x \to x_r, \quad y_r - \Delta y \to y_r, \quad z_r - \Delta z \to z_r$$

求得新的剩余值。当

$$|x_r| < |\Delta x|, \quad |y_r| < |\Delta y|, \quad |z_r| < |\Delta z|$$

都成立时,即为本程序段最后一次插补计算,于是设置相应的标志(用"LASTSG"为 1 来表示),这时输出到伺服系统的段值为剩余值(x_r, y_r, z_r)。在插补运算中计算得到的段值存储在段值寄存器(x_s, y_s, z_s)中。第一个 8 ms,刀具沿着 $X、Y、Z$ 轴由 O 点分别移动到

(x_1,y_1,z_1)点,它们的合成运动使刀具由 O 点移动到 A_1 点;下一个 8 ms,刀具由 A_1 点移动到 A_2 点……如此进行下去,就保证了刀具能按编程速度 F 由 O 点移动到 A 点。

伺服控制软件的任务之一是把段值寄存器中的数值取出来,送到命令值寄存器中。在插补程序中,把计算结果送往段值寄存器后,置标志"READY"为 1,表示已准备好。在伺服控制程序中,仅当"READY"为 1 时,才允许输出段值;否则,立即返回。由于插补中断是 8 ms 一次,伺服控制中断是 4 ms 一次,因此,一次插补中断产生的段值应提供两次输出给伺服控制中断使用。若在第 N 次 4 ms 中断时,"FSTM"标志为 1,表示这是进行本次插补中断里的首次(即第一个 4 ms)伺服段值输出;伺服控制软件便把段值寄存器中存数的一半送往命令值寄存器,而在第 $N+1$ 次 4 ms 中断时,"FSTM"标志为 0,伺服控制软件又把剩余的一半送往命令值寄存器,完成了粗插补。

精插补是由伺服系统硬件来实现的。图 2-27 所示为伺服系统结构图。旋转变压器(或感应同步器)为位置测量装置,测速电动机 T 为速度测量装置。位置检测器产生数字式正、余弦信号,用于旋转变压器的激磁,同时对旋转变压器的反馈脉冲计数。伺服控制软件每 4 ms 计算一次命令值 D_C,读一次反馈值 D_F,同时计算出命令值与反馈值间的差值 ΔD,随后乘以增益系数 K_D,得到速度指令值,向硬件发出速度信息。硬件把这速度信息由数字量转换成模拟量,产生一个速度命令电压 U_P,输出到速度控制单元。命令值 D_C 是数控系统要求该坐标轴在 4 ms 内的位移量,反馈值 D_F 是该坐标轴实际的位移量,它们的差值 ΔD 即为该坐标轴 4 ms 的速度指令。由于硬件伺服控制系统本身的平均作用,使该坐标轴在 4 ms 内以这个速度指令均衡地移动,从而保证刀具轨迹在允许的误差范围内。

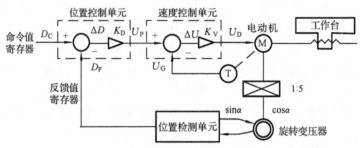

图 2-27 伺服系统结构图

2.4.5 近代 CNC 系统的网络通信接口

随着科学技术的发展,近年来对生产自动化提出了很高的要求,要求生产应有较高的灵活性并能充分利用制造设备资源。因此,应将 CNC 装置和各种系统中的设备、计算机通过工业局部网络(LAN)联网以构成 FMS 或 CIMS。联网时应能保证高速和可靠地传送数据和程序。在这种情况下，一般采用同步串行传送方式，在 CNC 装置中设有专用的通信微处理机的通信接口，负责完成网络通信任务。其通信协议都采用以 ISO 开放式互连系统参考模型的七层结构为基础的有关协议，或 IEEE802 局部网络有关协议。近年来，制造自动化协议（manufacturing automation protocol，MAP）已成为应用于工厂自动化的标准工业局部网的协议。FANUC、Siemens、AB 等公司表示支持 MAP，在它们生产的 CNC 装置中可以配置 MAP2.1 或 MAP3.0 的网络通信接口。

西门子公司开发了总线结构的 SINEC H1 工业局部网络，可用以连接成 FMC 和 FMS。SIN-EC H1 基于以太网技术，其 MAC 子层采用 CSMA/CD(802.3)，协议采用自行研制的自动化协议 SINEC AP1.0(automation protocol)。

为了将 Sinumerik 850 系统（以下简称 850 系统）连接至 SINEC H1 网络，在 850 系统中插入专用的工厂总线接口板 CP535，通过 SINEC H1 网络，850 系统可以与主控计算机交换信息，传送零件程序，接收指令，传送各种状态信息等。主计算机通过网络向 850 系统传送零件程序的过程如图 2-28 所示。西门子的 850 系统是一台多微处理机的高档 CNC 系统。从结构上看 850 系统可以分成三个区域：NC 区、PC 区和 COM 区。NC 区负责传统的数控功能，采用通道概念，可同时处理加工程序达 16 通道，其位置控制可达 24 轴和 6 个主轴。PC 区是内装的可编程控制器。COM 区的主要任务是零件程序和中央数据的存储和管理，它有两个通道：一个用于零件程序在 CRT 上图形仿真；另一个用于所有接口的 I/O 处理。它还包含用户存储子模块，用以存储所配置机床用的特殊专用加工循环。

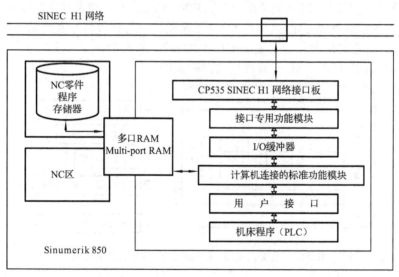

图 2-28 主计算机通过网络向 850 系统传送零件程序的过程

2.5 数控机床用可编程控制器

2.5.1 数控机床用可编程控制器的分类

数控机床用可编程控制器(PLC)分为两大类:一类为内装型(built-in type)PLC;另一类为外置型或独立型(stand-alone type)PLC。

1. 内装型 PLC

内装型 PLC 安装在数控系统内部,具有如下特点。

(1) 内装型 PLC 实际上是数控系统装置本身带有 PLC 功能。内装型 PLC 功能通常是作为可选功能提供给用户的。

(2) 内装型 PLC 可与数控系统共用一个 CPU,也可以单独有一个专用的 CPU。硬件电路可与数控系统电路制作在同一块印刷电路板上,也可单独制成一个附加板,当数控系统需要具有 PLC 功能时,将此板插在数控系统装置上。内装型 PLC 控制电路的电源可与数控系统共用,不需专门配置。

(3) 有些内装型 PLC 可利用数控系统的显示器和键盘进行梯形图或语言的编程调试,无须装配专门的编程设备。

目前,绝大多数数控系统均可选择内装型 PLC。由于大规模集成电路的采用,带与不带内装型 PLC,数控系统的外形尺寸已没有明显差别。内装型 PLC 与数控系统之间的信息交换是通过公共 RAM 区完成的,因此,内装型 PLC 与数控系统之间没有连线,信息交换量大,安装调试更加方便,且结构紧凑,可靠性好。与拥有数控系统后再配置一台通用 PLC 相比,无论在技术上还是在经济上对用户都是有利的。

具有内装型 PLC 的 CNC 与外部连接框图如图 2-29 所示。

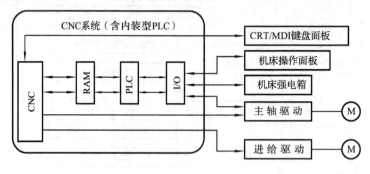

图 2-29 具有内装型 PLC 的 CNC 与外部连接框图

2. 独立型 PLC

独立型 PLC 在数控系统外部,自身具有完备的硬、软件功能,具有如下特点。

(1) 独立型 PLC 本身就是一个完整的计算机系统,它具有 CPU、EPROM、RAM、I/O 接口以及编程器等外部设备的通信接口、电源等。

(2) 独立型 PLC 的 I/O 模块种类齐全,其输入/输出点数可通过增减 I/O 模块灵活配置。

(3) 与内装型 PLC 相比,独立型 PLC 的功能更强,但一般要配置单独的编程设备。独立型 PLC 与数控系统之间的信息交换可采用 I/O 对接方式,也可采用通信方式。I/O 对接方式就是将数控系统的输入/输出点通过连线与 PLC 的输入/输出点连接起来,适应于数控系统与各种 PLC 的信息交换。但由于每一点的信息传递需要一根信号线,所以这种方式连线多、信息交换量小。采用通信方式可克服上述 I/O 对接方式的缺点。但采用这种方式的数控系统与 PLC 必须采用同一通信协议。一般来说数控系统与 PLC 必须是同一家公司的产品。采用通信方式时,数控系统与 PLC 的连线少,信息交换量大而且非常方便。

PLC 在数控机床中有如图 2-30 所示四种常用的配置方式。

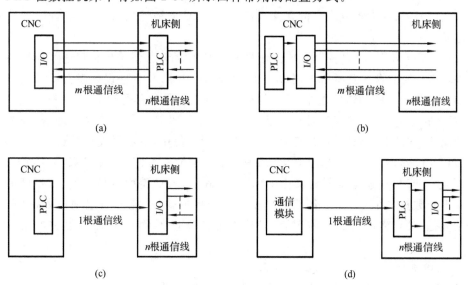

图 2-30 PLC 在数控机床中常用的四种配置方式

第一种配置方式如图 2-30(a)所示,PLC 安装在机床侧,用于完成传统继电器的逻辑控制,PLC 与数控系统之间通过 I/O 点连线对接交换信息,PLC 通过 I/O 点再控制机床的逻辑动作。在这种配置中,PLC 可选用任意一型号的产品,可选择余地大。此时 PLC 需 $n+m$ 根连线,因此,连线较复杂。

第二种配置方式如图 2-30(b)所示,采用内装型 PLC。此时 PLC 仅有 m 根输入/输出连线控制机床,而 PLC 与数控系统之间的信息交换在数控系统内部完成。因此,连线少,易于维修,成本也较低。

第三种配置方式如图 2-30(c)所示,独立型 PLC 安装在靠近 CNC 处(或使用内装型 PLC),但将 PLC 的 I/O 模块安装在机床侧,PLC 与 I/O 模块之间使用远程 I/O 通信线连接(通常 PLC 均有远程 I/O 模块)。这种配置特别适用于重型、大型机床,可使用多个远程 I/O 模块,各远程 I/O 模块安装在靠近各自的控制对象处,从而减少和缩短了连线,简化了强电结构,提高了系统的可靠性。

第四种配置方式如图 2-30(d)所示,使用独立型 PLC,但 PLC 与数控系统之间通过通信线连接,简化了连线,通信信息量也大大增加。

2.5.2 可编程控制器在数控机床中的应用

1. 可编程控制器与外部的信息交换

可编程控制器(PLC)与数控系统(CNC)及机床(MT)的信息交换包括如下四个部分。

(1) MT→PLC 机床侧的开关量信号可通过 PLC 的开关量输入接口输入 PLC 中。除极少数信号外,绝大多数信号的含义及所占用 PLC 的地址均可由 PLC 程序设计人员自行定义。

(2) PLC→MT PLC 控制机床的信号通过 PLC 的开关量输出接口送至 MT 中。所有开关输出信号的含义及所有占用 PLC 的地址均可由 PLC 程序设计者自行定义。

(3) CNC→PLC CNC 送至 PLC 信息可由开关量输出信号(对 CNC 侧)完成,也可由 CNC 直接输入 PLC 的寄存器中。所有 CNC 送至 PLC 的信号含义和地址(开关量或寄存器地址)均已由 CNC 厂家确定,PLC 编程者只可使用,不可更改和增删。

(4) PLC→CNC PLC 送至 CNC 的信息由开关量输入信号(对 CNC 侧)完成,所有 PLC 送至 CNC 的信息地址与含义由 CNC 厂家确定,PLC 编程者只可使用,不可更改和增删。不同数控系统 CNC 与 PLC 之间的信息交换方式、功能强弱差别很大,但其最基本的功能是 CNC 将所需执行的 M、S、T 功能代码送至 PLC,由 PLC 控制完成相应的动作。

2. 数控机床用可编程控制器的功能

可编程控制器在数控机床中主要实现 M、S、T 等辅助功能。

(1) CNC 装置输出 S 代码(如二位代码)进入 PLC,经电平转换(独立型 PLC)、译码、数据转换、限位控制和 D/A 变换,最后送至主轴电动机伺服系统,如图 2-31 所示。其中限位控制是当 S 代码对应的转速大于规定的最高转速时,将其限定在最高转速,当 S 代码对应的转速小于规定的最低速度时,将其限定在最低转速。为了提高主轴转速的稳定性、增大转矩、调整转速范围,还可增加 1~2 级机械变速挡。

(2) 刀具功能 T 由 PLC 实现,这给加工中心的自动换刀的管理带来了很大的方便。自动换刀控制方式有固定存取换刀方式和随机存取换刀方式,它们分别采用刀套编码制和刀具编码制。对于刀套编码的 T 功能处理过程如图 2-32 所示,CNC 装置送出 T 代码

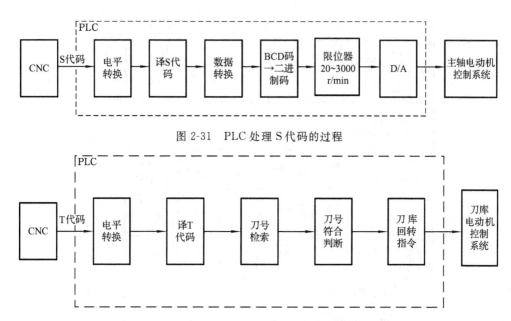

图 2-31 PLC 处理 S 代码的过程

图 2-32 PLC 处理 T 代码(取刀套编码制)的过程

指令给 PLC,PLC 经过译码,在数据表内检索,找到 T 代码指定的新刀号所在的数据表的表地址,并与现行刀号进行判别比较。如不符合,则将刀库回转指令发送给刀库控制系统,直到刀库定位到新刀号位置时,刀库停止回转,并准备换刀。

(3) PLC 完成的 M 功能很广泛,根据不同的 M 代码,可控制主轴的正、反转及停止,主轴齿轮箱的变速,冷却液的开、关,卡盘的夹紧和松开,以及自动换刀装置机械手取刀、归刀等运动。

PLC 向 CNC 传递的信号,主要有机床各坐标基准点信号,M、S、T 功能的应答信号等。

PLC 向机床传递的信号,主要是控制机床执行件的执行信号,如电磁铁、接触器、继电器的动作信号以及确保机床各运动部件状态的信号和故障指示。

机床向 PLC 传递的信号,主要有机床操作面板上各开关、按钮的信号,其中包括机床的启动、停止,机械变速选择,主轴正转、反转、停止,冷却液的开、关,各坐标的点动和刀架、夹盘的松开、夹紧等信号,以及上述各部件的限位开关等保护装置、主轴伺服保护状态监视信号和伺服系统运行准备等信号。

PLC 与 CNC 之间及 PLC 与机床之间信息的多少,主要按数控机床的控制要求设置。几乎所有的机床辅助功能,都可以通过 PLC 来控制。

3. 典型 PLC 程序编制

1) 主轴运动控制

图 2-33 所示为采用 FANUC PMC-L 型 PLC 指令设计的控制主轴运动的局部梯形

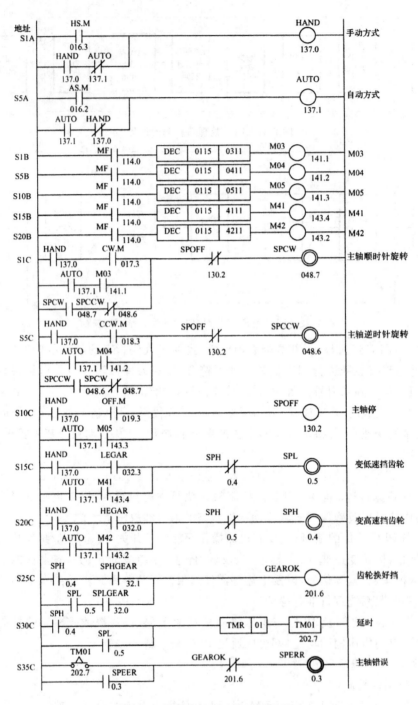

图 2-33 控制主轴运动的局部梯形图

图。其中包括主轴旋转方向控制(顺时针旋转或逆时针旋转)和主轴齿轮换挡控制(低速挡或高速挡)。控制方式分手动和自动两种。当机床操作面板上的工作方式开关选在手动时,HS.M 信号为"1"。此时,自动工作方式信号 AUTO 为"0"(梯级 1 的 AUTO 常闭软接点为"1")。由于 HS.M 信号为"1",软继电器 HAND 线圈接通,使梯级 1 中的 HAND 常开软接点闭合,线路自保,从而处于手动工作方式。主轴运动控制局部梯形图的顺序程序表如表 2-6 所示。

表 2-6 主轴运动控制局部梯形图的顺序程序表

步序	指　　令	地址号、位号	步序	指　　令	地址号、位号
1	RD	016.3	23	RD	114.0
2	RD.STK	137.0	24	DEC	0115
3	AND.NOT	137.1	25	PRM	4111
4	OR.STK	—	26	WRT	143.4
5	WRT	137.0	27	RD	114.0
6	RD	016.2	28	DEC	0115
7	RD.STK	137.1	29	PRM	4211
8	AND.NOT	137.0	30	WRT	143.2
9	OR.STK	—	31	RD	137.0
10	WRT	137.1	32	AND	017.3
11	RD	114.0	33	RD.STK	137.1
12	DEC	0115	34	AND	141.1
13	PRM	0311	35	OR.STK	—
14	WRT	141.1	36	RD.STK	048.7
15	RD	114.0	37	AND.NOT	048.6
16	DEC	0115	38	OR.STK	—
17	PRM	0411	39	AND.NOT	130.2
18	WRT	141.2	40	WRT	048.7
19	RD	114.0	41	RD	137.0
20	DEC	0115	42	AND	018.3
21	PRM	0511	43	RD.STK	137.1
22	WRT	143.3	44	AND	141.2

续表

步序	指 令	地址号、位号	步序	指 令	地址号、位号
45	OR. STK	—	65	AND	032.2
46	RD. STK	048.6	66	RD. STK	137.1
47	AND. NOT	048.7	67	AND	143.2
48	OR. STK	—	68	OR. STK	—
49	AND. NOT	130.2	69	AND. NOT	0.5
50	WRT	048.6	70	WRT	0.4
51	RD	137.0	71	RD	0.4
52	AND	019.3	72	AND	32.1
53	RD. STK	137.1	73	RD. STK	0.5
54	AND	143.3	74	AND	32.0
55	OR. STK	—	75	OR. STK	—
56	WRT	130.2	76	WRT	201.6
57	RD	137.0	77	RD	0.4
58	AND	032.3	78	OR	0.5
59	RD. STK	137.1	79	TMR	01
60	AND	143.4	80	WRT	202.7
61	OR. STK	—	81	RD	202.7
62	AND. NOT	0.4	82	OR	0.3
63	WRT	0.5	83	AND. NOT	201.6
64	RD	137.0	84	WRT	0.3

在"主轴顺时针旋转"梯级中，HAND 为"1"。当主轴旋转方向旋钮置于主轴顺时针旋转位置时，CW.M（顺转开关信号）为"1"，又由于主轴停止旋钮开关 OFF.W 未接通，SPOFF 常闭接点为"1"，使主轴手动控制顺时针旋转。

当逆时针旋钮开关置于接通状态时，主轴逆时针旋转。由于主轴顺转和逆转继电器的常闭触点 SPCW 和 SPCCW 互相接在对方的自保线路中，其各自的常开触点接通，并使之自保并互锁。同时，CW.M 和 CCW.M 是一个旋钮的两个位置，也起互锁作用。

在"主轴停"梯级中，如果把主轴停止旋钮开关接通（即 OFF.M 为"1"），使主轴停，软继电器线圈通电,它的常闭软触点(分别接在主轴顺时针旋转和主轴逆时针旋转梯级中)断开,从而停止主轴转动(正转或逆转)。

工作方式开关选在自动位置时,AS.M 为"1",使系统处于自动方式(分析方法同手动方式)。由于手动、自动方式梯级中软继电器的常闭触点互相接在对方线路中,使手动、自动工作方式互锁。

在自动方式下,通过程序给出主轴顺时针旋转指令 M03,或逆时针旋转指令 M04,或主轴停止旋转指令 M05,分别控制主轴的旋转方向和停止。图 2-33 中 DEC 为译码功能指令。当零件加工程序中有 M03 指令,在输入执行时经过一段时间延时(约几十毫秒),MF 为"1",开始执行 DEC 指令,译码确认为 M03 指令后,M03 软继电器接通,其接在"主轴顺时针旋转"梯级中的 M03 软常开触点闭合,使继电器 SPCW 接通(即为"1"),主轴顺时针旋转(在自动控制方式下)。若程序上有 M04 指令或 M05 指令,控制过程与 M03 指令时类似。

在机床运行的顺序程序中,需执行主轴齿轮换挡时,零件加工程序上应给出换挡指令。M41 代码为主轴齿轮低速挡指令,M42 代码为主轴齿轮高速挡指令。

现以变低速挡齿轮为例,介绍自动换挡控制过程:带有 M41 代码的程序输入执行,经过延时,MF 为"1",DEC 译码功能指令执行,译出 M41 后,使 M41 软继电器接通,其接在"变低速挡齿轮"梯级中的软常开触点 M41 闭合,从而使继电器 SPL 接通,齿轮箱齿轮换在低速挡。SPL 的常开触点接在延时梯级中,此时闭合,定时器 TMR 开始工作。经过定时器设定的延时时间后,如果能发出齿轮换挡到位开关信号,即 SPLGEAR 为"1",说明换挡成功。使换挡成功软继电器 GEAROK 接通(即为"1"),SPERR 为"0",即 SPERR 软继电器断开,没有主轴换挡错误。当主轴齿轮换挡不顺利或出现卡住现象时,SPLGEAR 为"0",则 GEAR 为"0"。经过 TMR 延时后,延时常开触点闭合,使"主轴错误"继电器接通,通过常开触点闭合保持,发出错误信号,表示主轴换挡出错。处于手动工作方式时,也可以进行手动主轴齿轮换挡。此时,应把机床操作面板上的选择开关 LGEAR 置为"1"(手动换低速齿轮挡开关),就可完成手动将主轴齿轮换为低速挡。同样,也可由主轴出错显示来表明齿轮换挡是否成功。

2) 主轴定向控制

数控机床自动加工时,自动交换刀具或镗孔时,有时就要用到主轴定向功能。图 2-34 所示为采用 FANUC PMC-L 型 PLC 指令设计的主轴定向控制的梯形图。其中 M06 是换刀指令,M19 是主轴定向指令,这两个信号并联作主轴定向控制的主指令信号。AUTO 为自动工作状态信号,手动时 AUTO 为"0",自动时为"1",RST 为 CNC 系统的复位信号。ORCM 为主轴定向继电器,其触点输出到机床控制主轴定向。ORAR 为从机床侧输入的"定向到位"信号。

为了检测主轴定向是否在规定时间内完成,设置了定时器 TMR 功能。整定时限为

4.5 s(视需要而定)。当在 4.5 s 内不能完成定向控制时,将发出报警信号。R1 即为报警继电器。4.5 s 的延时数据可通过手动数据输入面板 MDI,在 CRT 上预先设定,并存入第 203 号数据存储单元 TM01,即 1$^{\#}$ 定时继电器。

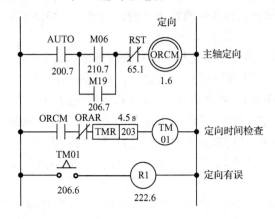

图 2-34 主轴定向控制的梯形图

2.6 华中 I 型数控系统实例

2.6.1 体系结构

华中 I 型数控系统以通用工控机和 DOS、Windows 操作系统为基础,体系结构开放,具有以下优点:第一,大大提高了数控系统的可靠性(工控机 MTBF 可达 30 000 h 以上),避开了我国控制机硬件生产可靠性差的难题;第二,工控机与通用微机完全兼容,采用开放式软件开发平台,可以广泛借用丰富的外部软、硬件资源,使自己的研究工作主要集中在应用软件开发上,用户二次开发容易,且更新换代方便;第三,由于通用微机具有良好的网络通信功能,为 FMC、FMS 及 CIMS 等进一步信息集成提供了良好条件。

华中 I 型数控系统主要技术特征如下。
(1) 高性能价格比的以通用工控机为基础的开放式、模块化体系结构。
(2) 先进的数控软件技术和独创的曲面实时插补算法。
(3) 高精度、高速度。
(4) 友好的用户界面,便于用户学习和使用。
(5) 强大的自动编程功能。
(6) 强大的网络、通信和集成功能。

华中Ⅰ型数控系统是 PC 直接数控,其硬件平台可以是通用 PC 或工业 PC。其体系结构如图 2-35 所示。线框内为标准 PC 配置,系统控制部件包括 DMA 控制器(外部设备如软盘等与内存进行高速据传送)、中断控制器、定时器等,外存包括硬盘和软盘或电子盘(DOS 及系统控制软件装入电子盘,信息不易丢失,系统稳定性高)。由于工业型 CNC 系统没有使用标准 PC 键盘,故键盘画在线框外。

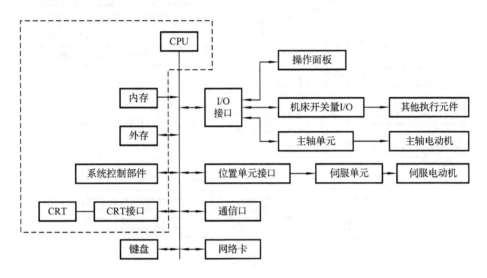

图 2-35 华中Ⅰ型数控系统体系结构

华中Ⅰ型数控系统的位置单元接口根据使用伺服单元的不同而有不同的具体实现方法。当伺服单元为数字式交流单元时,位置单元接口可采用标准 RS232 串口;当伺服单元为模拟式交流伺服单元时,位置单元接口则用位置环板;当用步进电动机作为驱动元件时,位置单元接口则用多功能 NC 接口板。

2.6.2 几种典型伺服单元的实现方法

1. 数字式交流伺服单元的实现方法

如图 2-36 所示,由于数字式交流伺服单元内部含有位置环和速度环,计算机算出的每个采样周期的移动量,只需通过串口板送到相应的伺服单元即可完成位置控制和速度控制,串口板采用台湾产 MOXA C104 四串口板,其标准与 PC 的 RS232C 串口相同,只是口地址不同,每个串口板有四个串口(PC 只有两个串口 COM1 及 COM2),可接四个伺服单元,若控制轴数多于四轴,可用两块甚至多块串口板,位置反馈信息亦通过串口板送回计算机,用于显示坐标轴当前位置、跟随误差等。

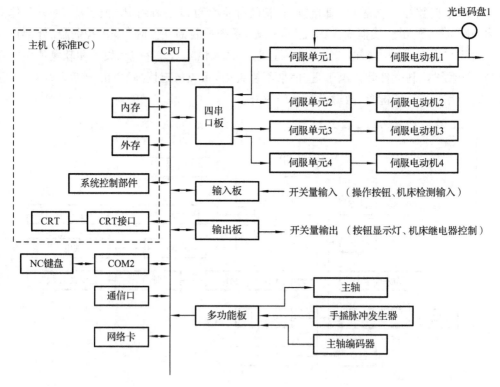

图 2-36 采用数字式交流伺服单元的 CNC 体系结构

2. 模拟式交流伺服单元的实现方法

如图 2-37 所示,由于模拟交流伺服单元内部只有速度环而不含位置环,计算机算出的每个采样周期的移动量,必须与测量装置检测的位置反馈进行比较,经位置调节形成速度指令后才能通过位置环板送到相应的伺服单元。每块位置环板可接三个伺服单元,若控制轴数多于三轴,可用两块甚至多块位置环板。位置反馈信息通过位置环板送回计算机,不仅用于显示坐标轴当前位置、跟随误差等,而且更重要的是参与计算位置环的输出速度指令。系统中的 48 路光电隔离输入板 HC4103、光电隔离输出板 HC4203 以及多功能板 HC4303 与采用数字式交流伺服单元的 CNC 系统相同。

2.6.3 硬件板卡介绍

1. MOXA C104 四串口板

MOXA C104 四串口板本来是为多用户系统(如 UNIX)设计的,内含四个标准 RS232C 串口,可连接四个坐标轴。其串口与 PC 的 COM1、COM2 标准相同,只是口地址不同。

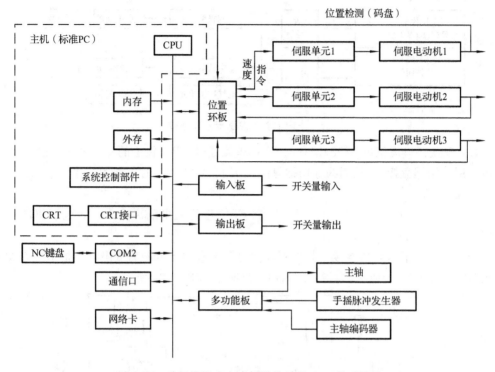

图 2-37 采用模拟式交流伺服单元的 CNC 体系结构

2. HC4103 48 路光电隔离输入板

HC4103 板是光电隔离的 48 路开关量输入板,该板共分六个通道,每个通道有八个开关量(共 6×8=48 路输入),均采用 PC 总线(ISA 总线)标准设计,可适用于各种 PC 组成的工业控制系统。在 CPU 的控制下可直接访问板上六个字节输入通道的任意一个,读取受控现场的开关量状态信息或数字量信息。

HC4103 板由于采用光电隔离技术,使得系统与受控现场直接相连的开关量输入接口线路实现了电隔离,排除了彼此间的公共地线和一切电器联系,从而免除了因公共地线所带来的各种干扰,实现受控现场产生的各种具有破坏性的暂态过程与主机系统完全隔离,保证主控系统能可靠工作在既平稳又安静的环境之中。

2.6.4 数控系统的连接

现以华中 I 型铣床数控系统为例说明数控系统的连接。其总体连接框图如图 2-38 所示。

1. 操作单元与 CNC 单元的互连

(1) CRT 接口规范(VGA) CRT 与 CNC 单元中的 VGA 卡通过 DB15 插头互连。

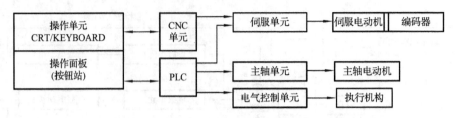

图 2-38 华中Ⅰ型数控系统总体连接框图

(2) 键盘接口规范(RS232) 键盘与 CNC 单元通过 CPU 板上的 COM2 口互连。之所以不采用通用键盘接口,是因为通用键盘线(5 m)在距离较长时不够用。

2. 按钮站

(1) 按钮与 PLC 的连接 其作用是控制开关量的光电隔离输入。光电隔离的作用是保护 CNC 单元和抗干扰。

(2) PLC 与指示灯的连接 其作用是控制开关量的光电隔离输出。当指示灯为发光二极管时如图2-39(a)所示,当指示灯为白炽灯时如图2-39(b)所示。

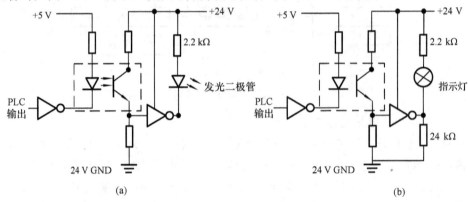

图 2-39 PLC 与指示灯的连接图

3. CNC 与伺服单元的连接

(1) CNC 与数字式伺服单元的连接 CNC 与数字式伺服单元通过四串口卡 C104 相连,接口规范为 RS232,其连接如图 2-40 所示。

(2) CNC 与模拟式伺服单元的连接 CNC 单元与模拟式伺服单元通过位置环板相连,其连接如图2-41所示。

4. PLC 与主轴单元的连接

(1) PLC 与伺服主轴单元的连接 伺服主轴单元主要用于加工中心的控制,此时不仅要控制主轴电动机的转速,还要控制其位置,因而此时主轴电动机必须配备编码器。

(2) PLC 与变频器的连接 当用变频器控制主轴电动机时,只控制主轴电动机的转

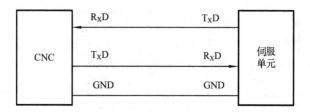

图 2-40　CNC 与数字式伺服单元的连接

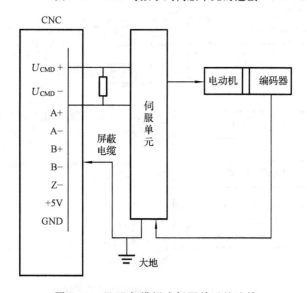

图 2-41　CNC 与模拟式伺服单元的连接

速,不控制位置,适用于铣床主轴的控制。

5. 电气控制单元的连接

(1) 提供各单元及机床动力　电源为三相 380 V,经变压器和整流电路变成交流 220 V、110 V、24 V 及直流 24 V,分别用于接触器、电磁阀、继电器以及指示灯的电源等。

(2) 电气控制回路　接收 PLC 输出信号,经功率放大控制机床的执行机构。

① 电磁阀的控制。

② 辅助电动机(润滑电动机、冷却电动机、液压泵)的控制。

③ 伺服单元和主轴单元的动力控制。

(3) 信号的转换和互连　机床上的检测开关(限位开关、信号开关)控制信号的转换及各控制单元互连。

6. 华中Ⅰ型数控单元的外部连接图

图 2-42 所示为华中Ⅰ型数控单元的外部连接图。

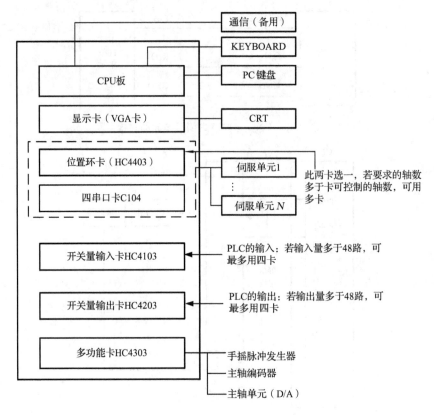

图 2-42 华中 I 型数控单元的外部连接图

思考题与习题

2-1 CNC 系统的单微处理机结构与多微处理机结构有何区别？

2-2 多微处理机结构有哪些功能模块？

2-3 由个人计算机(PC)组成的数控系统有何特点？

2-4 CNC 系统软件有哪些？各完成什么工作？

2-5 试述 CNC 系统软件结构中多任务并行处理的主要方法？

2-6 CNC 系统软件结构有何特点？其中断结构有哪两大类？

第 3 章　　数控加工程序的编制

3.1　数控加工程序编制概述

数控加工程序编制是把加工零件的全部过程、工艺参数和位移数据等,以代码的形式记录在控制介质上,用控制介质上的信息来控制机床运动,实现零件的自动加工。从零件图分析到获得数控机床所需的控制介质的全过程称作数控加工程序的编制。

数控编程方法分为手工编程和自动编程。本章前七节主要介绍手工编程的方法与步骤,自动编程将在 3.8 节作专门介绍。

3.1.1　数控加工程序的内容

通常数控加工程序包含以下内容:
① 程序号、程序段号;
② 工件原点的设置;
③ 所用刀具的刀具号,换刀指令;
④ 主轴的启动、转向及转速指令;
⑤ 刀具的引进、退出路径;
⑥ 加工方法,刀具切削运动的轨迹及进给量(或进给速度)指令;
⑦ 其他辅助功能指令,如冷却液的开、关,工件的松、夹等;
⑧ 程序结束指令。

下面是一个钻孔加工程序的实例。工件如图 3-1 所示,在 80 mm×80 mm 的矩形工件上,加工四个 $\phi 8$ mm 的通孔,用 $\phi 8$ mm 的麻花钻头一次钻通。

其钻孔加工程序如下:
```
P0001
N10 T01 M06 S1000 M03
N20 G54 G90 G00 Z10
N30 G81 G99 X20 Y40 R2 Z−15 F80
N40 X40 Y60
N50 X60 Y40
N60 X40 Y20
N70 G80 G00 Z50 M05 M30
```

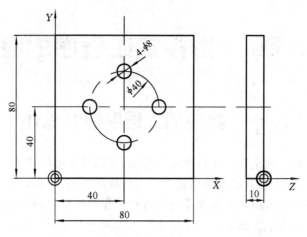

图 3-1 钻孔编程实例

其中：

P0001 是程序号，N10～N70 是程序段号；

N10 程序段的内容是选 1 号刀，换刀，启动主轴顺时针旋转，转速为 1 000 r/min；

N20 程序段的内容是建立工件坐标系与机床坐标系的关系，同时将刀具快移至工件上表面上方 10 mm 处；

N30 程序段的内容是钻孔固定循环，将刀具快速点定位至 $x=20$ mm、$y=40$ mm 处，快移至工件上方 2 mm 处，以 80 mm/min 速度钻孔行程 15 mm，然后快退至工件上方 2 mm 处；

N40 程序段的内容是在 $x=40$ mm、$y=60$ mm 处的位置重复钻孔固定循环，钻第二孔；

N50 程序段的内容是在 $x=60$ mm、$y=40$ mm 处的位置重复钻孔固定循环，钻第三孔；

N60 程序段的内容是在 $x=40$ mm、$y=20$ mm 处的位置重复钻孔固定循环，钻第四孔；

N70 程序段的内容是取消钻孔固定循环，快速退刀至工件上方 50 mm 处，主轴停转，程序结束。

3.1.2 编制数控加工程序的步骤

上述程序是用 G、M 等指令代码编写的，需人工参与编程的全过程，并书写程序单，被称为手工编程。其一般步骤如下。

（1）分析零件图　了解工件材料、毛坯，查看工件几何形状、尺寸、表面粗糙度及热处理等各项技术要求。

(2) 确定零件数控加工工艺　如确定加工内容、加工设备、工装、加工路线、加工余量、切削用量,编制数控加工工序卡、机床调整卡、刀具卡等。

(3) 进行必要的数值计算　如零件图上基点、节点坐标的计算,刀具中心轨迹的计算等。

(4) 编写程序清单　根据数控系统编程手册用机床能识别的指令代码编程。

(5) 程序校验　将程序输入相应数控机床或编程模拟器,对所编程序进行图形模拟以验证其正确性。

(6) 试加工　试加工并检测加工零件是否符合图纸的各项要求,进行必要的修改,进一步确认程序的正确性。

3.2　数控编程基础

3.2.1　数控机床坐标系建立的原则

在数控机床上进行零件的加工,通常使用直角坐标系来描述刀具与工件的相对运动。对数控机床中的坐标系及运动部件运动方向的命名,应符合 JB 3051—1982 的规定。

由于机床结构的不同,有的机床是刀具运动而工件固定,有的机床是刀具固定而工件运动,等等。为编程方便,在描述刀具与工件的相对运动时,一律规定工件静止,刀具相对工件运动。

描述直线运动的坐标系是一个标准的笛卡儿坐标系,各坐标轴及其正方向满足右手定则。如图 3-2 所示,拇指代表 X 轴、食指代表 Y 轴、中指为 Z 轴,指尖所指的方向为各坐标轴的正方向,即增大刀具和工件距离的方向。

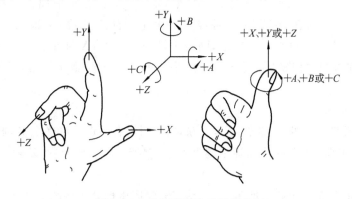

图 3-2　右手定则及右手螺旋定则

规定分别平行于 X、Y、Z 轴的第一组附加轴为 U、V、W 轴,第二组附加轴为 P、Q、R 轴。若有旋转轴时,规定绕 X、Y、Z 轴的旋转运动分别为 A、B、C 方向,其方向满足右手螺旋定则,如图 3-2 所示。若还有附加的旋转运动时用 D、E 定义,其与直线轴没有固定关系。

用 $+X'$、$+Y'$、$+Z'$、$+A'$、$+B'$、$+C'$ 表示工件相对于刀具运动的正方向,与 $+X$、$+Y$、$+Z$、$+A$、$+B$、$+C$ 方向相反。

3.2.2 如何确定机床的坐标系

1. 先确定 Z 轴

对于有单个主轴的机床,Z 轴的方向平行于主轴所在的方向,Z 轴的正方向为刀具远离工件的方向。机床主轴是传递主要切削动力的轴,可以表现为加工过程带动工具旋转,也可表现为带动工件旋转。如车床、内外圆磨床的 Z 轴是带动工件旋转的主轴,而钻床、铣床、镗床的 Z 轴则是带动刀具旋转的主轴。

当机床有几个主轴时,则规定垂直于工件装夹平面的主轴为主要主轴,与该轴平行的方向为 Z 轴的方向。

如果机床没有主轴,如数控悬臂刨床,则规定 Z 轴垂直于工件在机床工作台上的定位表面。

2. 再确定 X 轴

X 轴一般是水平的,平行于工件的装夹平面。对于加工过程不产生刀具旋转或工件旋转的机床,X 轴平行于主切削方向,坐标轴正方向与切削方向一致,例如前面提到的数控悬臂刨床。

对于主轴带动工件旋转的机床,例如数控车床,X 轴分布在径向,平行于横向滑座的移动方向,刀具远离主轴中心线的方向为 X 坐标轴的正方向。

对于主轴带动刀具旋转的机床,例如数控铣床,X 轴在水平面内。如果 Z 轴是水平布置的,例如卧式铣床,则沿主轴轴线方向由主轴向工件看,X 轴正方向指向右;如果 Z 轴是垂直布置的,例如立式铣床,则由主轴向立柱看,X 轴正方向指向右。对于龙门式机床,例如数控龙门铣床,则从与 Z 轴平行的主轴向左侧立柱看,X 轴的正方向指向右。

3. Y 轴及其他

在确定了数控机床的 X、Z 轴及其正方向后,利用右手定则可确定 Y 轴的方向。根据 X、Y、Z 轴及其方向,利用右手螺旋定则即可确定轴线平行于 X、Y、Z 轴的旋转运动 A、B、C 的方向。

车床坐标的分布如图 3-3 所示,立式钻、铣、镗床坐标分布如图 3-4 所示,卧式钻、铣、镗床坐标分布如图 3-5 所示,其中 O-XYZ 坐标系为刀具相对于工件运动的坐标系,对实际上是工件运动的机床,其相应的 X、Y、Z 坐标轴正方向相应分别用 X'、Y'、Z' 来表示。对于立式和卧式加工中心可参照立式和卧式铣床来确定。

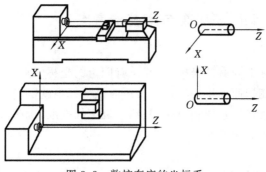

图 3-3 数控车床的坐标系

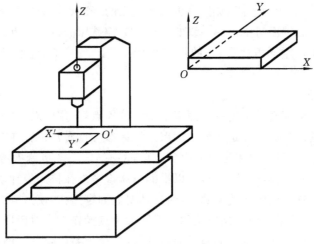

图 3-4 立式钻、铣、镗床的坐标系

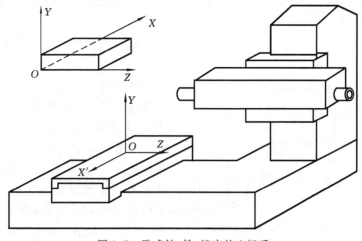

图 3-5 卧式钻、铣、镗床的坐标系

3.2.3 机床坐标系、机床原点、机床参考点

1. 机床坐标系

机床坐标系是机床上固有的坐标系,并设有固定的坐标原点,是按上述机床坐标系建立的原则由数控机床制造商提供的。机床出厂时该坐标系就已确定,用户不能轻易修改。该坐标系与机床的位置检测系统相对应,是数控机床的基准,机床每次通电开机后应首先进行回零操作来建立机床坐标系。

2. 机床原点

机床原点又称为机械原点或机械零点,它是机床坐标系的原点。该点是机床上的一个固定点,其位置由机床制造商确定,是机床坐标系的基准点。数控车床的机床原点一般设在卡盘前端面或后端面与主轴中心线的交点。数控铣床的机床原点,各生产厂不一致,有的设在机床工作台左下角顶点,有的设在机床工作台的中心,还有的设在进给行程的终点。

3. 机床参考点

机床参考点是机床坐标系中一个固定不变的位置点,是用于对机床工作台、滑板与刀具相对运动的测量系统进行标定和控制的点。机床参考点通常设置在机床各运动轴正向极限位置,通过减速行程开关粗定位而由零点脉冲精确定位。机床参考点相对于机床原点其坐标是一个已知定值,也就是说,可以根据机床参考点在机床坐标系中的坐标值间接确定机床原点的位置。机床接通电源后,通常都要做回零操作,使刀具或工作台访问参考点,从而建立机床坐标系。回零操作又称为返回参考点操作。当机床回零后,显示器即显示出机床参考点在机床坐标系中的坐标值,表明机床坐标系已建立。回零操作后,测量系统进行标定,置零或置一个定值。可以说回零操作是对基准的重新核定,可消除由于种种原因产生的基准偏差。

在数控加工程序中可用相关指令使刀具经过一个中间点自动回参考点。

机床参考点已由机床制造商测定后作为系统参数输入数控系统,并记录在机床说明书中,用户不得改变。

一般数控车床的机床原点、机床参考点位置如图 3-6 所示,数控铣床的机床原点、机床参考点位置如图 3-7 所示。但许多数控机床将机床参考点坐标值设置为零,此时机床坐标系的原点也就在机床参考点上。

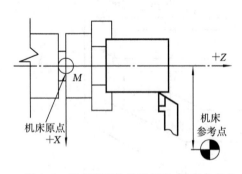

图 3-6 数控车床的机床原点、机床参考点

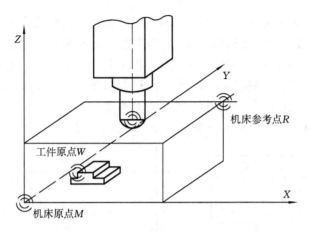

图 3-7 数控铣床的机床原点、机床参考点

3.2.4 工件坐标系、工件原点

工件坐标系是为了编程方便,由编程人员在编制数控加工程序前在工件图样上设置的,也叫编程坐标系,其原点就是工件原点或编程原点。与机床坐标系不同,工件坐标系是由编程人员根据习惯或工件的工艺特点自行设定的。工件坐标系的设置主要考虑工件形状、工件在机床上的装夹方法以及刀具加工轨迹计算等因素,一般以工件图样上某一固定点为原点,按平行于各装夹定位面设置各坐标轴,按工件坐标系中的尺寸计算刀具加工轨迹并编程。加工时,当工件装夹定位后,通过对刀和坐标系偏置等操作建立起工件坐标系与机床坐标系的关系,确定工件坐标系在机床坐标系中的位置。

在图 3-7 中,$M\text{-}XYZ$ 为机床坐标系,机床原点为 M,工件坐标系各坐标轴方向与机床坐标系相同,工件原点为 W。数控装置则根据两个坐标系的相互关系将加工程序中的工件坐标系坐标转换成机床坐标系坐标,并按机床坐标系坐标对刀具的运动轨迹进行控制。因此,采用工件坐标系进行编程时,可以不考虑加工时所采用的具体机床的坐标系及工件在机床上的装夹位置,这给编程人员带来很大方便。

选择工件原点的一般原则是:
① 工件原点选在零件的设计基准上;
② 工件原点尽可能选在尺寸精度高、粗糙度值低的工件表面上;
③ 对于结构对称的零件,工件原点应选在工件的对称中心上;
④ 选择工件原点时应便于各基点、节点坐标的计算,减小编程误差;
⑤ 工件原点的选择应方便对刀及测量。

3.2.5 绝对坐标系、增量坐标系

绝对坐标系是指刀具运动轨迹上所有点的坐标值均从某一固定坐标原点计量的坐标

系。增量坐标系(又称相对坐标系)是指刀具运动轨迹的终点坐标是相对于本次运动的起点计量的坐标系。在编程时要根据零件的加工精度要求及编程方便与否来选用绝对坐标和增量坐标,用标准数控代码G90(绝对坐标)和G91(增量坐标)加以区别。在同一数控加工程序中可用绝对坐标编程,也可用增量坐标编程,还可在不同的程序段中分别使用绝对坐标和增量坐标。在图3-8中,若O点为刀具当前位置,刀具沿直线路径$O \to P1 \to P2 \to P3 \to P4 \to O$,各点的绝对坐标和增量坐标分别如图中列表所示。

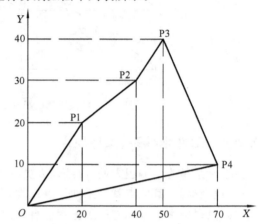

路径	G90		G91	
	X	Y	X	Y
O	0	0	0	0
P1	20	20	20	20
P2	40	30	20	10
P3	50	40	10	10
P4	70	10	20	−30
O	0	0	−70	−10

图 3-8 绝对坐标、增量坐标实例

3.3 数控加工程序格式与标准数控代码

数控加工程序是由一系列机床数控系统能辨识的指令代码有序组合而成的,对于不同的数控系统程序的格式、指令代码并不完全相同,因此,具体使用某一数控机床时要仔细了解其数控系统的编程格式。

3.3.1 数控加工程序格式

1. 程序的组成

(1) 程序号 每一个完整的程序必须有一个编号,放在数控装置存储器中的程序目录中供查找、调用。程序号由地址符和编号数字组成,如前节例子中的"P0001",地址符为P,程序编号为0001。不同的数控系统程序号地址符可能不同,常用地址符有O、P和%。

(2) 程序段 程序段是数控加工程序的主要组成部分。每一程序是由若干个程序段组成的,每一程序段由程序字(或称为指令)组成,程序字由地址符和带符号的数字组成。每个程序段前冠以程序段号,程序段号的地址符为N。例如:

N30 G01 X10 Y−15 F100

其中,N30 为程序段号,G01 X10 Y-15 F100 均为程序字,约定数字中正号省略不写。

(3) 程序结束　每一程序必须有程序结束指令,程序结束一般用辅助功能代码 M02 或 M30 来表示。

2. 数控加工程序格式

不同的数控系统往往有不同的程序段格式。编程时应按照数控系统规定的格式编写,否则,数控系统就会报警。常见的程序的构成与格式如图 3-9 所示。

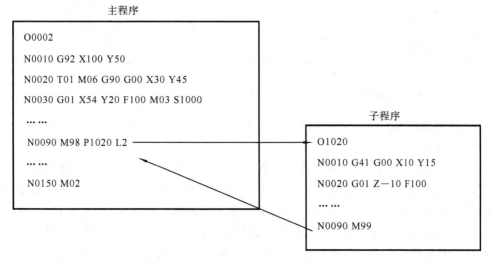

图 3-9　程序的构成与格式

3. 常用地址符及其含义

常用地址符及其含义如表 3-1 所示。应当注意,不同的系统,其所用的地址符及其定义不尽相同。

表 3-1　常用地址符及其含义

功　　能	地　址　符	说　　明
程序号	O、P、%	程序编程地址
程序段号	N	程序段顺序编号地址
坐标字	X、Y、Z	直线运动坐标轴
	A、B、C；U、V、W	附加坐标轴
	I、J、K	圆弧圆心坐标
	R	圆弧半径
准备功能	G	指令动作方式
辅助功能	M、B	机床开关量功能,多由 PLC 实现

续表

功能	地址符	说明
补偿值	H、D	补偿值地址
暂停	P、X	暂停时间指定
重复次数	L、H	子程序或循环程序等的循环次数
切削用量	S、V	主轴转数或切削速度
	F	进给量或进给速度
刀具号	T	刀库中刀具编号

3.3.2 标准数控代码

G、M 代码按 JB 3208—1983 的定义使用,该标准与 ISO 1056—1975(E)等效。

1. 准备功能 G 代码

准备功能以地址符 G 后接两位数字表示,从 G00~G99 共 100 个。G 功能指令用来规定坐标平面、坐标系、刀具和工件的相对运动轨迹、刀具补偿、单位选择、坐标偏置等多种操作。准备功能 G 代码有模态和非模态之分。所谓模态代码,也叫续效代码,是指该指令代码的功能在程序段中一经指定便持续保持有效到被相应的代码取消或被同组代码所取代。而有的 G 代码仅在所指定的程序段有效,称为非模态代码或非续效代码。

标准中对 100 个 G 代码按其功能进行了分组,同一功能组的代码可互相取代,不允许写在同一个程序段中,若误写,则数控装置会取最后一个为有效。

为了用户使用方便,有些数控系统规定在通电以后使一些 G 代码自动生效,例如 G90、G01、G17、G40、G80 等指令开机后自动生效。

近年来数控技术发展很快,市场竞争激烈,许多制造厂发展了具有自己特色的数控系统,对标准中的代码进行了功能上的延伸,或作了进一步的定义,所以,编程时绝对不能死套标准,必须仔细阅读具体机床的编程手册。

准备功能 G 代码及含义如表 3-2 所示。

表 3-2 准备功能 G 代码及含义(符合 JB 3208—1983 标准)

G 代码	功能	功能保持到被取消或被取代	功能仅在所在程序段内有效
G00	快速点定位	a	—
G01	直线插补	a	—
G02	顺时针圆弧插补	a	—
G03	逆时针圆弧插补	a	—

续表

G 代码	功 能	功能保持到被取消或被取代	功能仅在所在程序段内有效
G04	暂停	—	O
G05	不指定	#	#
G06	抛物线插补	a	—
G07	不指定	#	#
G08	加速	—	O
G09	减速(准备停止)	—	O
G10～G16	不指定	#	#
G17	XY 平面选择	c	—
G18	ZX 平面选择	c	—
G19	YZ 平面选择	c	—
G20～G32	不指定	#	#
G33	等螺距螺纹切削	a	—
G34	增螺距螺纹切削	a	—
G35	减螺距螺纹切削	a	—
G36～G39	永不指定	#	#
G40	注销刀具半径补偿或刀具偏置	d	—
G41	刀具半径补偿——左	d	—
G42	刀具半径补偿——右	d	—
G43	刀具偏置——正	#(d)	—
G44	刀具偏置——负	#(d)	—
G45	刀具偏置(第Ⅰ象限)+/+	#(d)	—
G46	刀具偏置(第Ⅳ象限)+/-	#(d)	—
G47	刀具偏置(第Ⅲ象限)-/-	#(d)	—
G48	刀具偏置(第Ⅱ象限)-/+	#(d)	—
G49	刀具偏置(沿 Y 正向)0/+	#(d)	—
G50	刀具偏置(沿 Y 负向)0/-	#(d)	—
G51	刀具偏置(沿 X 正向)+/0	#(d)	—
G52	刀具偏置(沿 X 负向)-/0	#(d)	—
G53	直线偏移,注销	f	—

续表

G 代码	功　　能	功能保持到被取消或被取代	功能仅在所在程序段内有效
G54	(原点沿 X 轴)直线偏移 X	f	—
G55	(原点沿 Y 轴)直线偏移 Y	f	—
G56	(原点沿 Z 轴)直线偏移 Z	f	—
G57	(原点沿 XY 轴)直线偏移 XY	f	—
G58	(原点沿 XZ 轴)直线偏移 XZ	f	—
G59	(原点沿 YZ 轴)直线偏移 YZ	f	—
G60	准确定位 1(精)	h	—
G61	准确定位 2(中)	h	—
G62	快速定位(粗)	h	—
G63	攻丝(攻牙)模式	—	*
G64～G67	不指定	#	#
G68	刀具偏置,内角	#(d)	#
G69	刀具偏置,外角	#(d)	#
G70～G79	不指定	#	#
G80	固定循环取消	e	—
G81～G89	固定循环	e	—
G90	绝对坐标编程	j	—
G91	增量坐标编程	j	—
G92	预置寄存	—	*
G93	时间倒数,进给率	k	—
G94	每分钟进给	k	—
G95	主轴每转进给	k	—
G96	主轴恒线速度	i	—
G97	主轴每分钟转数,注销 G96	i	—
G98～G99	不指定	#	#

注：① #号表示如选作特殊用途,必须在程序格式说明中说明；

② 如在直线切削控制中没有刀具补偿,则 G43～G52 可指定作其他用途；

③ 在表中左栏括号中的字母(d)表示可以被同栏中没有括号的字母 d 所注销或代替,也可被有括号的字母 d 所注销或代替；

④ G45～G52 的功能可用于机床上任意两个预定的坐标；

⑤ 控制机床上没有 G53～G59、G63 功能时,可以指定作其他用途。

2. 辅助功能 M 代码

辅助功能以地址符 M 后接两位数字组成,从 M00～M99 共 100 个。辅助功能 M 代码主要控制机床主轴的启动、旋转、停止,冷却液启停等开关量。辅助功能也分为模态和非模态,并被定义该 M 代码在一个程序段中起作用的时间,有的是在程序段运动指令完成后开始起作用,例如与程序有关的指令 M00、M01、M02、M30 等;有的是与程序段运动指令同时开始起作用,例如主轴转向指令 M03、M04,冷却液开启指令 M07、M08 等。我国 JB 3208—1983 标准中的辅助功能 M 代码及其含义见表 3-3。

表 3-3 辅助功能 M 代码及其含义(符合 JB 3208—1983 标准)

M 代码	功　能	功 能 开 始		功能保持到被取消或被取代	功能仅在所在程序段内有效
		与程序段指令同时开始(前作用)	在程序段指令后开始(后作用)		
M00	程序停止	—	*	—	*
M01	计划停止	—	*	—	*
M02	程序结束	—	*	—	*
M03	主轴顺时针方向	*	—	*	—
M04	主轴逆时针方向	*	—	*	—
M05	主轴停止	—	*	*	—
M06	换刀	#	#	—	*
M07	2 号冷却液开	*	—	*	—
M08	1 号冷却液开	*	—	*	—
M09	冷却液关	—	*	*	—
M10	夹紧	#	#	*	—
M11	松开	#	#	*	—
M12	不指定	#	#	#	#
M13	主轴顺时针方向,冷却液开	*	—	*	—
M14	主轴逆时针方向,冷却液开	*	—	*	—
M15	正运动	*	—	—	*
M16	负运动	*	—	—	*
M17～M18	不指定	#	#	#	#
M19	主轴定向停止	—	*	*	—
M20～M29	永不指定	#	#	#	#

续表

M代码	功能	功能开始 与程序段指令同时开始（前作用）	功能开始 在程序段指令后开始（后作用）	功能保持到被取消或被取代	功能仅在所在程序段内有效
M30	纸带结束	—	*	—	*
M31	互锁旁路	#	#	—	*
M32～M35	不指定	#	#	#	#
M36	进给范围1	*	—	*	—
M37	进给范围2	*	—	*	—
M38	主轴速度范围1	*	—	*	—
M39	主轴速度范围2	*	—	*	—
M40～M45	如有需要作为齿轮换挡；此外不指定	#	#	#	#
M46～M47	不指定	#	#	#	#
M48	注销M49	—	*	*	—
M49	进给率修正旁路	*	—	*	—
M50	3号冷却液开	*	—	*	—
M51	4号冷却液开	*	—	*	—
M52～M54	不指定	#	#	#	#
M55	刀具直线位移，位置1	*	—	*	—
M56	刀具直线位移，位置2	*	—	*	—
M57～M59	不指定	#	#	#	#
M60	更换工件	—	*	—	*
M61	工件直线位移，位置1	*	—	*	—
M62	工件直线位移，位置2	*	—	*	—
M63～M70	不指定	#	#	#	#
M71	工件角度位移，位置1	*	—	*	—
M72	工件角度位移，位置2	*	—	*	—
M73～M89	不指定	#	#	#	#
M90～M99	永不指定	#	#	#	#

注：① #号是指如选作特殊用途，必须在程序说明中说明；

② M90～M99可指定为特殊用途。

常用的 M 代码如下。

M00——程序停止。在完成该指令所在程序段的其他指令后,用以停止主轴、冷却液,并停止进给,按"循环启动"按钮,则继续执行后续的程序段。是非模态前作用 M 指令。常用于在加工过程中测量刀具和工件的尺寸、工件调头装夹、手动换刀、主轴手动变速等手动操作。

M01——计划停止。与程序停止相似,所不同的是只有在机床操作面板有"计划停止"按钮并在程序执行前被按下时才有效,常用于工件关键尺寸的停机抽样检查等情况。

M02——程序结束。表示结束程序执行并使数控系统处于复位状态,停止主轴、冷却液和进给。M02 指令写在最后一个程序段中,是非模态后作用 M 指令。

M03——主轴顺时针方向。启动主轴按右旋螺纹进入工件的方向旋转,是模态前作用 M 指令。

M04——主轴逆时针方向。启动主轴按左旋螺纹进入工件的方向旋转,是模态前作用 M 指令。

M05——主轴停止。该指令是模态后作用 M 指令。

M06——换刀。该指令是手动或自动换刀指令,不包括刀具选择,也可以自动关闭冷却液和主轴。是非模态后作用 M 指令。

M07——2♯冷却液开。2♯冷却液(如雾状)开,是模态前作用 M 指令。

M08——1♯冷却液开。1♯冷却液(如液体)开,是模态前作用 M 指令。

M09——冷却液关。注销 M07、M08、M50、M51,是模态后作用 M 指令。

M30——纸带结束。与 M02 相似,但 M30 表示工件已完成,结束程序执行并返回至程序开头,并停止主轴、冷却液和进给。M30 指令写在最后一个程序段中,是非模态后作用 M 指令。

3. 主轴功能 S 代码

S 指令指定主轴转速,是续效代码,由地址符 S 和后面的数字组成。对不同档次的数控机床 S 指令的含义不同,有的表示主轴转速,单位为 r/min,有的表示转速挡位代号。例如 S1000 表示主轴转速为 1 000 r/min,S10 表示主轴第 10 挡转速。

4. 进给功能 F 代码

在 G01、G02、G03 和循环指令程序段中,用以指定刀具的切削进给速度,为续效代码,由地址符 F 和后面的数字组成。通常单位为 mm/min,当进给速度与主轴转速有关时(如车削螺纹时),单位为 mm/r。例如 F100 表示进给速度为 100 mm/min。

5. 刀具功能 T 代码

刀具功能包括刀具选择功能和刀具补偿功能。在有自动换刀功能的数控机床上,用符号 T 和后面的数字来指定刀具号和刀具补偿号。T 后面的数字的位数和定义由不同的机床厂商自行确定,通常用两位或四位。例如 T0101 表示用 1 号刀并调用 1 号刀补值。

3.3.3 常用 G 代码简介

1. 绝对坐标 G90 与增量坐标 G91

为了计算和编程的方便,一般数控系统都允许以绝对坐标方式和增量坐标方式编程。G90 表示程序段中的坐标尺寸是相对于工件原点的绝对坐标;G91 表示程序段中的坐标尺寸是相对于本次运动起点的增量坐标。

2. 坐标系设定指令 G92

指令格式:G92 X_ Y_ Z_

其中,X、Y、Z 表示刀具当前位置在工件坐标系中的坐标。

G92 指令通过设定刀具起点(即对刀点)与工件坐标系原点的相对位置关系来建立工件坐标系。在程序中利用 G92 指令及刀具当前位置,可以建立新的工件坐标系,实现坐标系的平移。

如图 3-10 所示,假设刀具当前位置在起刀点 P_0,工件原点在 O,则坐标系设定程序为:G92 X100 Z50(直径量编程)。

执行该程序段时,数控系统内部即对 X100 Z50 进行记忆,并在系统内部建立了一个以 O 点为坐标原点的工件坐标系。O 点在对刀点 P_0 的 X 轴负向 100 mm(直径量),Z 轴负向 50 mm 处。

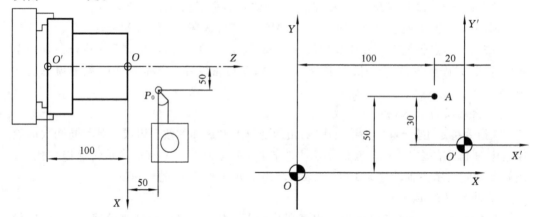

图 3-10 对刀点及工件坐标系设定 G92　　图 3-11 G92 实现工件坐标系平移

若以工件左端面 O' 点为工件原点,设定工件坐标系的程序段应为:G92 X100 Z150。

G92 程序段一般放在整个程序的最前面。若 G92 指令用在程序中间,可实现坐标系的平移,以建立新的工件坐标系。

如图 3-11 所示,原工件坐标系为 XOY,刀具当前位置 A 在原坐标系中的绝对坐标为

X100Y50，新工件坐标系为 $X'O'Y'$，则用指令 G92 X-20 Y30 建立新工件坐标系，实现坐标系平移。

应该注意，G92 只建立工件坐标系并不能使刀具产生运动，所以在执行 G92 前必须将刀具放在程序所要求的位置上。

3. 原点偏置指令 G54、G55、G56、G57

所谓原点偏置是指工件原点在机床坐标系中的坐标。在工件安装、定位、夹紧后，在自动执行数控加工程序前，要通过对刀来设置原点偏置参数，即将工件原点相对于机床原点的各坐标轴分量存入 G54～G57 中的一个，在执行零件加工程序时通过指令 G54～G57 加以调用，从而实现在机床坐标系中按工件坐标系所编程序完成零件加工。G54～G57 实际上是四个存储器地址，其中存储了四个不同的工件原点到机床原点的坐标尺寸。

4. 坐标平面选择指令 G17、G18、G19

G17、G18、G19 指令分别表示选择 XY、XZ、YZ 平面为当前工作平面，如图 3-12 所示，在此平面内进行直线插补、圆弧插补和刀具半径补偿。移动指令和平面选择指令无关，例如选择了 XY 平面为当前工作平面，Z 轴仍旧可以移动，只是两轴联动的插补运动及刀具半径补偿在该定义的平面内进行。对于三轴联动的数控机床，尤其是两轴半联动的数控机床，常需指定当前工作平面。G17、G18、G19 为同组的模态代码，可相互取消，机床通电时 G17 为缺省值。对于两轴控制的数控机床，如车床，则不需要使用平面选择指令。

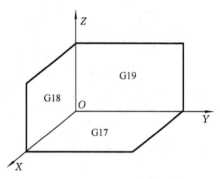

图 3-12　坐标平面选择指令

5. 快速点定位 G00

指令格式：G00 X_ Y_ Z_

其中，X、Y、Z 为快移终点的坐标，可以是绝对坐标或增量坐标。

G00 指令指刀具从当前位置以系统设定的空运行速度快移至程序指定的终点，在移动过程中刀具与工件不接触，不进行切削。一般用在切削加工开始前刀具移近工件或加工后刀具从工件中退出的空行程程序段中。

G00 指令中不需要指定速度，其各坐标轴的快移速度由数控系统参数设定，不同的数控机床各坐标轴联动合成的运动轨迹可能不同。因此，编程前应查阅机床数控系统说明书，了解 G00 指令的运动轨迹，避免刀具与工件或夹具相互干涉。

G00 指令为模态代码，可由同组的运动代码 G01、G02、G03、G33 等取代。

6. 直线插补指令 G01

指令格式：G01 X_ Y_ Z_ F_

其中,X、Y、Z 为直线运动的终点坐标,可以是绝对坐标或增量坐标,F 为沿插补方向的进给速度。

G01 指令指挥刀具从当前位置以 F 指令指定的速度,沿直线运动至定位终点。运动过程中对工件进行切削加工。

G01 指令为模态代码,如果后继的程序段仍是直线插补,G01 可以不写。G01 可由同组的运动代码 G00、G02、G03 等取代。

7. 圆弧插补指令 G02、G03

圆弧插补指令 G02、G03 指挥刀具以 F 指令指定的速度,从当前位置沿圆弧轨迹运动到圆弧终点,并在运动中对工件进行切削加工。G02 为顺时针圆弧插补,G03 为逆时针圆弧插补。圆弧顺、逆方向的判断方法如下:沿与圆弧所在平面相垂直的坐标轴的负方向看,刀具沿圆弧由起点到终点运动方向为顺时针时用 G02,刀具沿圆弧由起点到终点运动方向为逆时针时用 G03。如图 3-13 所示。

圆弧插补需定义插补平面。

指令格式有两种:一种是 I、J、K 格式,由起点、终点及圆心坐标确定一个圆;另一种是 R 格式,由起点、终点及圆弧半径确定一个圆。

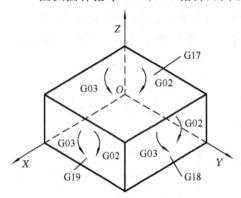

图 3-13 插补平面和 G02、G03

指令格式一:
G17 G02/G03 X_ Y_ I_ J_ F_
G18 G02/G03 X_ Z_ I_ K_ F_
G19 G02/G03 Y_ Z_ J_ K_ F_

其中,X、Y、Z 分别表示圆弧终点的绝对坐标或增量坐标。I、J、K 分别表示圆弧圆心相对于圆弧起点在 X、Y、Z 方向的坐标增量,即从圆弧起点指向圆心的矢量在 X、Y、Z 坐标轴上的分量。

指令格式二:
G17 G02/G03 X_ Y_ R_ F_
G18 G02/G03 X_ Z_ R_ F_
G19 G02/G03 Y_ Z_ R_ F_

其中,R 表示圆弧半径。因为在起点、终点、半径及顺逆均相同的情况下可以作出两段圆弧,为避免产生歧义,规定:当圆弧对应的圆心角 $\alpha \leqslant 180°$ 时,R 取正值;当圆弧对应的圆心角 $\alpha > 180°$ 时,R 取负值。

为编程方便可选择格式一或格式二,但在同一程序段中不可同时使用上述两种格式,特别注意的是,加工整圆时不能用 R 编程。

G02、G03 为模态代码,可互相取代,也可被同组的运动指令 G00、G01、G33 取代。

例如,铣削如图 3-14 所示的曲线轮廓。设 A 点为起刀点,刀心从 A 点沿 A→B→C→D 加工三段圆弧后,快速返回 A 点。

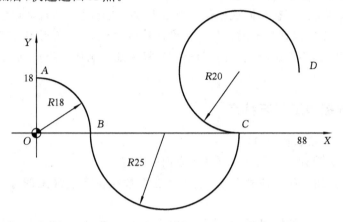

图 3-14　G02、G03 编程举例

用格式一编程的程序如下：

P0002

N0010　G92　X0　Y18

N0020　T01　M06　S500　M03

N0030　G90　G02　X18　Y0　I0　J－18　F100

N0040　G03　X68　Y0　I25　J0

N0050　G02　X88　Y20　I0　J20

N0060　G00　X0　Y18　M02

用格式二编程：

P0002

N0010　G92　X0　Y18

N0020　T01　M03　S500

N0030　G90　G02　X18　Y0　R18　F100

N0040　G03　X68　Y0　R25

N0050　G02　X88　Y20　R－20

N0060　G00　X0　Y18　M02

3.4 数控加工工艺分析

工艺分析与设计是数控加工的前期准备工作。数控加工工艺设计的原则和内容在很多方面与普通机床加工工艺相同或相似。但由于数控机床是一种自动化程度高的高效加工机床,数控加工工艺设计比普通机床工艺设计具体、严密和复杂得多。工艺设计是否合理、先进、准确、周密,不但影响编程的工作量,还极大地影响加工质量、加工效率和设备的安全运行。

3.4.1 数控加工工艺特点

1. 数控加工工艺设计的内容

数控加工工艺设计主要包括以下几个方面的内容。

(1) 通过数控加工和适应性分析,选择适合在数控机床上加工的零件,确定工序内容。

(2) 分析被加工零件的图样,明确加工内容及技术要求,并结合数控设备的功能,确定零件的加工方案,制定数控加工工艺路线。

(3) 设计数控加工工序。如工步的划分,零件的定位,选择夹具、刀具及切削用量等。

(4) 设计和调整数控加工程序,选择对刀点、换刀点,确定刀具补偿量。

(5) 分配数控加工中的容差。

(6) 处理数控机床上部分工艺指令。

2. 数控加工工艺的特点

数控加工与普通机床加工相比较,所遵循的原则基本相同。但由于数控加工的整个过程是自动进行的,因此又有如下特点。

(1) 数控加工工艺内容更具体,更复杂 普通机床加工时,许多具体的工艺问题可以由操作工人根据经验自行考虑和决定。例如,工艺中各工步的划分与安排,刀具的几何角度,走刀路线及切削用量等。而在数控加工时,上述的工艺问题不仅成为数控工艺设计时必须认真考虑的内容,而且还必须作出准确的选择,并编入加工程序中。这也就是说,在数控加工时许多具体的工艺问题和细节,编程人员必须事先设计和安排好。

(2) 数控加工工艺设计更严密 普通机床加工时,操作者可根据加工过程中出现的问题适时地进行调整。而数控机床的自动化程度高,在数控加工的工艺设计中必须注意加工过程中的每一细节。例如,是否需要清理切削后再进刀,换刀点选在何处等问题。在对图形进行数学处理计算和编程时,都要力求准确无误,以使数控加工顺利进行。

(3) 数控加工更注重加工的适应性 要根据数控加工的特点,正确选择加工对象和加工方法。数控加工自动化程度高,质量稳定,便于工序集中,但设备通常价格昂贵。为了充分发挥数控加工的优势、取得较好的经济效益,在选择加工对象和加工方法时要特别慎重,以免造成经济损失。

3.4.2 数控加工的合理性分析

数控加工的合理性包括哪些零件适合数控加工,适合在哪一类数控机床上加工。通常,其合理性应考虑的因素有:能否保证零件的技术要求,能否提高生产率,经济上是否合算等。本节仅从数控加工的特点出发,在数控加工的适应性、可能性与方便性等方面对数控加工的合理性进行分析。

1. 适合数控加工的零件

根据数控加工特点及国内外大量应用实践,一般可按工艺适应程度将零件分为以下三类。

(1) 适应类 最适应数控加工的零件有:形状复杂,加工精度要求高,用普通加工设备无法加工或虽然能加工但很难保证加工精度的零件;用数学模型描述的复杂曲线或曲面轮廓零件;具有难测量、难控制进给、难控制尺寸的不开敞内腔的壳体或盒型零件;必须在一次装夹中完成钻、铣、镗、铰等多道工序的零件。

(2) 较适应类 较适应数控加工的零件有:在普通机床上加工生产率低,劳动强度大,质量难稳定控制的零件;另外毛坯获得困难,不允许报废的零件;在普通机床上加工时有一定难度,受机床调整、操作人员精神及工作状态等多种因素影响,容易产生次品或废品的零件;用于改型比较以便进行性能或功能测试的零件,以满足其尺寸一致性的要求。

(3) 不适应类 不适应数控加工的零件一般是指经过数控加工后,在生产率与经济性方面无明显改善,甚至可能弄巧成拙或得不偿失的零件。这类零件大致有以下几种:生产批量大的零件(当然不排除其中个别工序用数控机床加工);装夹困难或完全靠找正定位来保证精度的零件;加工余量很不稳定,且数控机床上无在线检测系统可自动调整零件坐标位置的零件;必须用特定的工艺装备加工的零件。

2. 数控机床的选择

在实际加工中,要根据机床性能的不同和对零件要求的不同,对数控加工零件进行分类,不同类别的零件分配在不同类别的数控机床上加工,以获得较高的生产率和经济效益。

(1) 回转类零件的加工 这类零件用数控车床来加工。

(2) 平面或曲面轮廓零件的加工 平面轮廓零件的轮廓多由直线和圆弧组成,一般在两坐标联动的数控铣床上加工。复杂曲面轮廓的零件,多采用三轴或三轴以上联动的数控铣床或加工中心加工。为了保证加工质量和刀具受力状况良好,加工中应使刀具回转中心与加工表面处于垂直或相切位置。

(3) 孔系零件的加工　这类零件孔间位置精度要求较高,宜用点位直线控制的数控钻床或数控镗床加工。

(4) 模具型腔的加工　这类零件型腔表面复杂、不规则,表面质量及尺寸要求高,且常采用硬、韧的难加工材料,因此可考虑选用粗铣后数控电火花成型加工。

3.4.3　零件的工艺性分析

零件的工艺性涉及的问题很多,这里主要从编程的角度进行分析,主要考虑编程的可能性与方便性。

通常,编程方便与否,常常是衡量零件数控加工工艺好坏的一个指标。通常从以下两个方面来考虑。

1. 零件图样上的尺寸标注应便于数学计算,符合编程的可能性与方便性的原则

首先,零件图上尺寸标注的方法应适应数控加工的特点,即零件图上应以同一基准标注尺寸,或直接给出坐标尺寸。这样既方便编程,也便于尺寸之间的相互协调,有利于保持设计基准、工艺基准、检测基准和编程原点设置的一致性。其次,构成零件轮廓的几何图素的条件要充分。这样,才能在手工编程时计算各个基点坐标,在自动编程时顺利地定义各几何图素。

2. 零件加工部位的结构工艺性应符合数控加工的特点

首先,零件的内外形状尽量采用统一的几何类型或尺寸。这样,不仅能够减少换刀次数,还有可能应用零件轮廓加工的专用程序。其次,零件内轮廓圆角半径不宜过小,因为工件圆角的大小决定刀具直径的大小,刀具直径过小,在加工平面时,进给次数会相应增多,不仅加工效率低,还影响表面加工质量。

有的数控机床具有镜像加工的能力,对于一些对称性的零件,只需编制其半边的加工程序;而对于具有几个相同几何形状的零件,只需编制某一个几何形状的加工程序。

3.4.4　确定工艺过程和工艺路线

在数控机床上加工零件时,应先根据零件图样对零件的结构形状、尺寸和技术要求进行全面分析,以确定零件加工的工艺过程和工艺路线。制订零件的工艺过程,就是确定零件需要进行数控加工的部位、加工工序、所需机床、刀具、切削用量等。

1. 工序的划分

在数控机床上加工零件常见的工序划分方法有如下几种。

(1) 按粗、精加工划分工序　根据零件的形状、尺寸精度以及刚度和变形等因素,按粗、精加工分开原则划分工序,即先粗后精,以保证零件的加工精度和表面粗糙度。

(2) 按先面后孔的原则划分工序　零件上既有面加工,又有孔的加工时,应先加工面,后加工孔以提高孔的加工精度。

(3) 按所用的刀具划分工序　数控加工中如需用到几把刀,应将一把刀要加工的各部位全部加工完再换刀,减少换刀次数以减少空行程,提高加工效率,减少不必要的定位误差。

2. 工艺路线的确定

零件的加工工艺路线是指切削加工过程中刀具刀位点相对于被加工零件的运动轨迹和运动方向。编程时加工路线的确定原则是:

① 保证被加工零件的精度和表面粗糙度,且效率较高;
② 使数值计算简单,以减少编程工作量;
③ 尽可能减少空行程,并使加工路线最短。

下面结合具体实例分析数控加工工艺路线的确定。

对于孔系的加工,尤其是位置精度要求较高的孔系,要注意孔的加工顺序,尽量避免坐标轴反向间隙造成的孔距误差。如图 3-15 所示,其中图 3-15(a)为零件图,图 3-15(b)、图 3-15(c)分别为两种不同的钻孔走刀路线。在图 3-15(b)中,由于 5、6 两孔的定位方向与 1~4 孔的定位方向相反,Y 方向的反向间隙会造成 5、6 两孔的位置误差。若按图 3-15(c)的路线加工,由于各孔的定位方向一致,从而避免了反向间隙造成的误差。

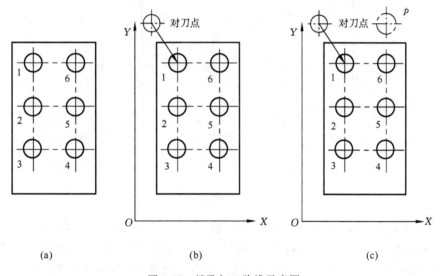

图 3-15　镗孔加工路线示意图

图 3-16 所示为矩形凹槽的加工,有三种不同的加工方法。图 3-16(a)为行切法,该方法加工时不留死角,在减少每次进给重叠量的情况下,进给路线较短,刀具轨迹计算简单,编程方便,但加工后在槽的侧面留有残余量,表面粗糙度差;图 3-16(b)为环切法,表面粗糙度值小,但刀位计算比较复杂,进给路线也比行切法长。图 3-16(c)为先行切最后再环

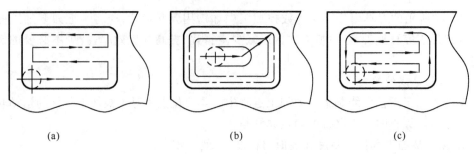

(a)　　　　　　　　　(b)　　　　　　　　　(c)

图 3-16　矩形凹槽加工路线

切光整轮廓表面,其进给路线较短,又能保证表面质量。

铣削平面零件时,一般采用立铣刀的侧刃进行切削。为减少接刀痕迹,保证零件的表面质量,对刀具的切入和切出程序应精心设计。如图 3-17 所示圆台铣削,铣削外表面轮廓时,铣刀的切入和切出沿零件轮廓的延长线或切线方向切入和切出零件表面,而不应沿法向直接切入零件,以避免加工表面产生划痕,确保零件轮廓光滑。

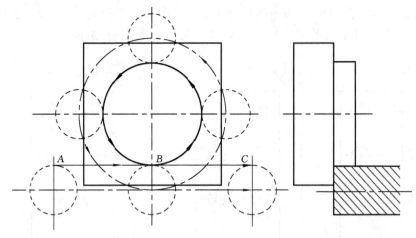

图 3-17　圆台铣削

铣削内轮廓表面时,如图 3-18 铣削内圆腔,精加工时可沿如图所示辅助轮廓由 A 点沿内切圆弧切向切入至 B 点,铣削整圆后沿内切圆弧切出至 C 点。若铣削的内轮廓无法沿切向外延,如图 3-19 所示内凸轮轮廓,这时铣刀可沿零件轮廓的法线方向切入和切出,并将其切入、切出点选在零件轮廓两几何元素的交点处。

另外,在数控加工中每个程序段的运动指令,总是使刀具从本程序段的起点向本程序段的终点运动。运动开始时要升速,到达 $F_{编程}$ 时进行切削,快接近终点时降速,直到终点,如图 3-20 为数控系统的升降速曲线。需说明的是,在升降速过渡过程中,伺服系统的刚度较差,此时刀具就不宜接触工件进行切削。因此在切削加工时,要留足够的刀具引

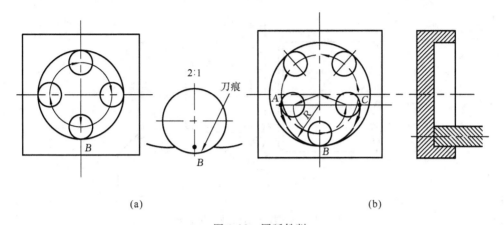

图 3-18 圆弧铣削
(a) 直接进退刀；(b) 过渡圆弧切入切出

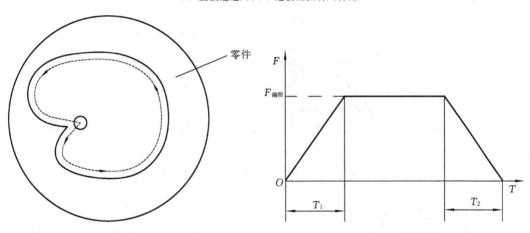

图 3-19 内凸轮轮廓铣削时刀具的切入与切出　　图 3-20 数控系统的升降速曲线

进、退出距离，如图 3-21 所示，一般引进距离 δ_1 取 2～3 mm，退出距离 δ_2 取 δ_1 的 1/4 左右。当加工螺纹时引进距离留 $2P\sim 3P$，P 为螺纹的导程，若螺纹无退刀槽，收尾处的形状与数控系统有关，一般按 45° 退刀收尾。如图 3-21 为车削螺纹时的引进退出距离；图 3-22 所示为孔加工时预停平面至工件上表面的安全距离。

在数控加工过程中，在工件、刀具、夹具、机床系统平衡弹性变形的状态下，在进给停顿时，切削力的减小会改变系统的平衡状态，刀具会在进给停顿处的零件表面留下刀痕，影响零件的表面质量，因此在轮廓切削加工中应尽量避免进给停顿。

用圆柱铣刀加工平面，根据铣刀运动方向不同有顺铣和逆铣之分。如图 3-23(a)、(b)所示，逆铣时铣刀切入过程与工件之间产生强烈摩擦，刀具易磨损(加工精度就会受到影响)，并使加工表面粗糙度变差，同时逆铣时有一个上抬工件的分力，容易使工件振动

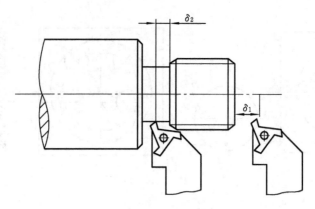

图 3-21 车螺纹时的引进退出距离

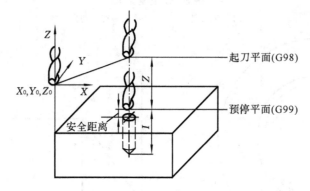

图 3-22 孔加工时预停平面至工件上表面的安全距离

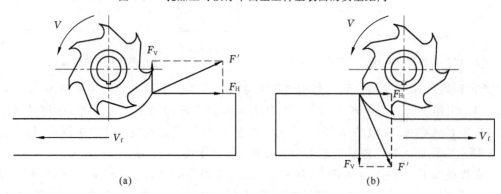

图 3-23 圆柱铣的逆铣和顺铣
(a) 逆铣；(b) 顺铣

和工件夹持的松动。采用顺铣时，切入前铣刀不与零件产生摩擦，有利于提高刀具耐用度、降低表面粗糙度、铣削时向下压力有利于增加工件夹持稳定性。但由于进给丝杠与螺母之间有间隙，顺铣时工作台会窜动而引起打刀。另外，采用顺铣法铣削铸铁件或表面有氧化皮的零件毛坯时，会使刀刃加速磨损甚至崩裂。数控机床采用了丝杠螺母副预紧及间隙补偿等措施，轴向窜动几乎可以消除，因此，数控加工多采用顺铣。

3.4.5 确定零件的安装方法和对刀点、换刀点

1. 零件的安装

在数控机床上安装零件时，应做到以下几点：

① 尽量采用可调式、组合式等标准化、通用化和自动化夹具，必要时才设计使用专用夹具；

② 便于迅速装卸零件，以减少数控机床停机时间；

③ 零件的定位基准应与设计基准重合，以减少定位误差对尺寸精度的影响；

④ 减少装夹次数，尽量做到一次装夹便能完成全部表面的加工；

⑤ 夹紧力应尽量靠近主要支承点和切削部位，以防止夹紧力引起零件变形对加工产生不良影响。

数控加工对夹具的主要要求：一是要保证夹具体在机床上安装准确；二是容易协调零件和机床坐标系的尺寸关系。

2. 对刀点和换刀点的确定

对刀点就是在数控机床上加工零件时，刀具相对于工件运动的起点。由于程序段从该点开始执行，所以对刀点又称为程序起点或起刀点。

对刀点的选择原则是：

① 在机床上容易找正，加工过程中便于测量检查；

② 便于用于数学处理和简化程序编制；

③ 引起的加工误差小。

对刀点可选在工件上，也可选在工件外，比如选在机床上或夹具上，但必须与零件的定位基准有一定的尺寸关系，这样才能确定机床坐标系与工件坐标系的关系。

为了提高加工精度，对刀点应尽量选在零件的设计基准或工艺基准上。如以孔定位的工件，可以选择孔的中心作为对刀点。

对刀点既是程序的起点，也是程序的终点。因此在成批生产中，要考虑对刀点的重复精度，该精度可用对刀点相距机床原点的坐标值(x_0,y_0)来校核。

加工过程中需要换刀时，应规定换刀点。所谓换刀点是指刀架转位换刀时的位置。该点可以是某一固定点，也可以是任意的一点，如加工中心的换刀点是固定的，而数控车床的换刀点则是任意的。

换刀点应设在工件和夹具的外部，以刀架转位时不干涉工件、夹具和机床为准。

3.4.6 选择刀具和切削用量

1. 刀具的选择

数控加工所用刀具应满足安装调整方便、刚度好、精度高和耐用度好的要求,对切削刀具还要求有很好的断屑、排屑性能。这就要求采用新型优质材料制造数控加工刀具,同时还应优选刀具参数。

(1) 车削用刀具 通常有尖形车刀(以直线形切削刃为特征),如各种外圆偏刀、端面车刀、切槽刀等;圆弧形车刀(由圆弧构成主切削刃),主要用于车削各种光滑连接的成型面;还有成形车刀(刀刃的形状与被加工零件的轮廓形状相同),如螺纹车刀。

(2) 铣削用刀具 通常铣削平面时,选择硬质合金刀片铣刀;铣削凸台和凹槽时,选择高速钢立铣刀;加工余量小,且要求表面粗糙度值较小时,常采用镶立方氮化硼刀片或镶陶瓷刀片的端铣刀;铣削毛坯表面或进行孔的粗加工时,可选用镶硬质合金的玉米形铣刀进行强力切削。

在加工中心上,各种刀具分别装在刀库上,按程序规定进行选刀和换刀。因此,必须有一套连接刀具的接杆,以便使各工序用的标准刀具迅速、准确地装到机床主轴或刀库上去。编程人员应了解机床上所用刀杆的结构尺寸及其调整方法、调整范围,以便在编程时确定刀具的径向尺寸和轴向尺寸。

2. 切削用量选择

切削用量包括切削速度 v(m/s)、背吃刀量 a_p(mm)(旧称切削深度)、进给速度或进给量 F(mm/min 或 mm/r)。对于不同的加工方法,需选择不同的切削用量,并编入程序中。具体数值应根据机床说明书中的要求和刀具耐用度,查阅相关切削用量手册,再结合实际经验采用类比的方法来确定。

(1) 背吃刀量 a_p 在机床、夹具、刀具和零件等的刚度允许条件下,尽可能选较大的背吃刀量,以减少走刀次数,提高生产率。对于表面粗糙度和精度要求较高的零件,要留足够的精加工余量。一般精加工余量取 0.2~0.5 mm。

(2) 切削速度 v 编程时主轴转速 n(r/min)是根据最佳的切削速度 v 选取的,有

$$n = \frac{1\,000\,v}{\pi D}$$

其中:D 为工件或刀具直径(mm);v 为切削速度(m/min),其值取决于刀具和工件材料,查切削用量手册。

(3) 进给速度 F 根据零件的加工精度和表面粗糙度要求以及工件和刀具材料选择。当加工精度和表面粗糙度要求高时,进给速度选小些,一般选 20~50 mm/min。最大进给速度则受机床刚度和进给系统的性能限制,并与脉冲当量有关。

3.4.7 数控加工专用工艺文件编写

数控加工专用工艺文件既可为数控编程提供依据和方便,又可指导操作人员进行正确操作,同时也是生产组织、技术管理、质量管理、计划调度的重要依据。因此,必须认真编制。数控加工专用工艺文件尚无统一的标准、格式、规范和要求,一般主要有工序卡、刀具调整单、加工程序说明卡、加工程序单、机床调整单等。表 3-4、表 3-5 是几种工艺文件的示例,仅供参考。

表 3-4 数控加工工序卡

序号	加工内容	刀具号	刀具名称	刀具直径/mm	刀具材料	切削速度/(m/min)	主轴转速/(r/min)	进给量/(mm/r)	进给量/(mm/min)
1	铣上平面	1	端面铣刀	63	YT14	120	600	0.2	120
2	铣右平面	1	端面铣刀	63	YT14	120	600	0.2	120
3	铣下平面	1	端面铣刀	63	YT14	120	600	0.2	120
4	铣左平面	1	端面铣刀	63	YT14	120	600	0.2	120
5	钻右平面 2-M8 中心孔	10	中心钻	1.5	W18Cr4V	10	1 500	—	50
6	…	…	…	…	…	…	…	…	…

表 3-5 刀具调整单

零件号	W0002-2		零件名称		齿轮箱		工序号	3	
工步号	刀码号	刀具号	刀具类别	直径		长度		备注	
				设定值/mm	测定值/mm	设定值/mm	测定值/mm		
1-10		T02	合金立铣刀	30.00	29.97	—	—		
2-14		T03	端面铣刀	—	—	150.50	150.40		
…	…	…	…	…	…	…	…		
制表		日期		测量员		日期			

3.5 数控车床编程

3.5.1 数控车床概述

1. 数控车床加工特点

数控车床是一种比较理想的回转体零件自动化加工机床,具有直线插补和圆弧插补功能。不仅可以方便地进行圆柱面、圆锥面、球面的切削,而且可加工由任意平面曲线组成的复杂轮廓回转体零件,还能车削任何等节距的直螺纹、锥螺纹和端面螺纹。有些数控车床还能车削增节距、减节距以及要求等节距、变节距之间平滑过渡的螺纹。

2. 数控车床夹具

数控车床上的夹具主要有两类:一类用于盘类或短轴类零件,工件毛坯装夹在带可调卡爪(三爪、四爪)的卡盘中,由卡盘带动工件旋转;另一类用于轴类零件,毛坯装在主轴顶尖和尾座顶尖间,工件由主轴上的拨动卡盘带动旋转。

3. 数控车床刀具

与普通机床加工方法相比,数控加工对刀具提出了更高的要求,不仅需要刚度好、精度高,而且要求尺寸稳定、耐用度高,断屑和排屑性能好;同时要求安装、调整方便,以满足数控机床高效率的要求。数控机床刀具常采用适应高速切削的刀具材料(如高速钢、超细粒度硬质合金等),并使用可转位刀片。

数控车床常用的车刀一般分为尖形车刀、圆弧形车刀及成形车刀三类。

(1) 尖形车刀 该刀是以直线形切削刃为特征的车刀,刀尖由直线形的主副切削刃构成,如90°外圆车刀、左右端面车刀、车槽(割断)刀、刀尖倒棱很小的各种外圆和内孔车刀。

尖形车刀几何参数的选择方法与普通车床刀具选择相同,但应结合数控自动加工的特点对刀具路线、加工干涉等进行全面考虑,同时兼顾刀尖本身的强度。

(2) 圆弧形车刀 该类刀是以一圆度或线轮廓误差很小的圆弧形切削刃为特征的车刀,其刀位点不在圆弧切削刃上,而是在该圆弧的圆心上。

圆弧形车刀可以用于车削内、外表面,尤其适合于车削各种光滑连接(凹形)的成形面。选择车刀圆弧半径时应考虑两点:一是车刀切削刃的圆弧半径应小于或等于零件凹形轮廓上的最小曲率半径,以免发生加工干涉;二是该半径不宜选择太小,否则不但制造困难,还会因刀尖强度太弱或刀体散热能力差而导致车刀损坏。

(3) 成形车刀 成形车刀也称样板车刀,其加工零件的轮廓形状完全由车刀刀刃的形状和尺寸决定。数控车削加工中,常见的成形车刀有小半径圆弧车刀、非矩形车槽刀和螺纹车刀等。在数控加工中,应尽量少用或不用成形车刀。

在数控车削加工中,广泛采用不重磨机夹可转位车刀。这种刀具的特点为:刀片各刃可转位轮流使用,减少换刀时间;刀刃不重磨,有利于采用涂层刀片;断屑槽型压制而成,尺寸稳定,节省硬质合金;刀杆刀槽的制造精度高。

4. 刀具补偿功能

数控车床的刀具补偿分为两种情况,即刀具的位置补偿和刀尖圆弧半径补偿。

1) 刀具的位置补偿

刀具的位置补偿是指车床实际车刀刀尖位置与编程刀位点位置(工件轮廓)存在差值

时,可通过刀具补偿值设定,使刀具位置在 X、Z 轴方向加以补偿。

通常在以下三种情况下,需要进行刀具位置补偿。

(1) 采用多把刀具连续车削零件表面时,一般以其中的一把刀具为基准刀,并以该刀的刀尖位置为依据建立工件坐标系。这样,当其他刀具转位到加工位置时,由于刀具几何尺寸的差异,刀尖在空间并非同一点,因此,必须对刀尖的位置偏差进行补偿,设置刀具偏置。

(2) 对于同一把刀具,重磨后很难准确安装到程序原设定的位置,需对刀设置刀具偏置。

(3) 每把刀具在其加工过程中,都会有不同程度的磨损,而磨损后的刀尖位置与磨损前实际位置有偏差,需进行补偿。

由此可见,加工前需要对刀具轴向和径向偏移量进行修正,即进行刀具位置补偿。补偿方法是在程序中事先给定各刀具及其刀具补偿号,按实际需要将每把刀补号中的 X 向、Z 向刀补值(即刀尖离开刀具基准点的 X 向、Z 向距离)输入数控装置。当程序调用刀补号时,该刀补值生效,使刀尖从偏离位置恢复到编程轨迹上,从而实现刀具位置补偿。

2) 刀尖圆弧的半径补偿

在数控车削中,为了提高刀具寿命、减小加工表面的粗糙度,车刀的刀尖都不是理想尖锐的,总有一个半径很小的圆弧。在编程和对刀时,是以理想尖锐的车刀刀尖为基准的。为了解决刀尖圆弧可能引起的加工误差,应该进行刀尖圆弧的半径补偿。

(1) 车削端面和内、外圆柱面 图 3-24 所示是一带圆弧的刀尖及其方位。编程和对刀使用的刀尖点是理想刀尖点,由于刀尖圆弧的存在,实际切削点是刀尖圆弧和切削表面的相切点。车端面时,刀尖圆弧的实际切削点与理想刀尖点的 Z 坐标相同;车外圆面和内孔时,实际切削点与理想刀尖点的 X 坐标值相同。因此,车端面和内、外圆柱面时不需要进行刀尖圆弧半径补偿。

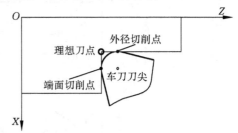

图 3-24 带圆弧的刀尖及其方位

(2) 车削锥面和圆弧面 当加工锥面和圆弧面时,即加工轨迹与机床轴线不平行时,实际切削点与理想刀尖点之间在 X、Z 坐标方向都存在位置偏差,刀尖圆弧半径对加工精度的影响如图 3-25 所示。如果以理想刀尖点编程,会出现少切或过切现象,造成加工误差。刀尖圆弧半径越大,加工误差就越大。

编制零件的加工程序时,使用刀具半径补偿指令,并在操作面板上手动输入刀尖圆弧半径值,数控装置便可控制刀具自动偏离工件轮廓一个刀具圆弧半径,从而加工出所要求的零件轮廓。

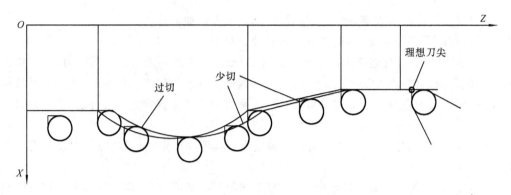

图 3-25 刀尖圆弧半径对加工精度的影响

(3) 刀尖半径补偿参数 刀具半径的补偿方法是通过操作面板输入刀具参数表中，并且在程序中通过启用刀具半径补偿功能来实现的。刀具半径补偿参数包括刀尖圆弧半径参数和车刀形状与位置参数。车刀的不同形状决定车刀刀尖圆弧所处的位置不同。车刀形状与位置参数用刀尖方位代码 T 表示，它表示车刀理想刀尖相对于刀尖圆弧中心的方位，如图 3-26 所示。其中 M 点为理想刀尖点，C 点为刀尖圆弧中心，T1~T8 表示理想刀尖点相对于刀尖圆弧中心的八种位置，T0 或 T9 则表示理想刀尖点取在刀尖圆弧中心，即不进行刀尖圆弧半径补偿。

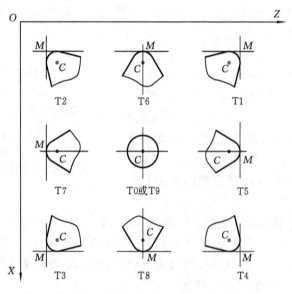

图 3-26 车削刀尖圆弧半径的补偿方向

因此在车削加工时，应设置相应刀具的补偿值，即 X、Z 方向的位置偏差、刀尖圆弧半径以及刀尖方位代号。

3.5.2 数控车床编程基础

由于不同数控车床所用车削数控系统不同,数控指令的功能、编程格式都不尽相同。编程时必须查阅相关机床数控系统编程手册,用机床所能识别的代码编程。但是掌握一种数控车削系统的编程与加工方法,对学习和掌握其他数控车床的编程与操作有触类旁通的功效。本节以 CJK6032 数控车床 HNC-21T 数控车削系统为例,介绍数控车床的基本功能、指令系统、编程方法,并结合典型零件的编程与加工给出综合实例。

1. 数控车床的坐标系

如图 3-27 所示,数控车床的 Z 轴与主轴轴线重合,刀具远离工件的方向为 Z 轴的正方向。X 轴分布在径向,平行于转塔刀架的径向移动方向,远离主轴中心线的方向为 X 轴正方向。

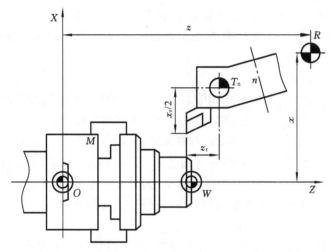

图 3-27 数控车床的坐标系

机床坐标系是机床固有的坐标系,机床原点(机床零点)M 在机床出厂时由厂家已设定,一般定在主轴中心线(即 Z 轴)和主轴安装卡盘面的交点上。机床参考点是由机床制造厂在机床装配、调试时确定的一个点,一般设置在 X 轴、Z 轴正向的极限位置,作为机床坐标系的测量起点。机床参考点可以与机床零点重合,也可以不重合,其两点间距离由机床参数设定。数控装置上电时,通过机动或手动回参考点以建立机床坐标系。

为了编程方便,数控车床的工件坐标系原点,一般取在主轴轴线与工件左端面或右端面的交点处。加工程序中的 X、Z 等坐标字地址为工件坐标系中的坐标。

对刀点是零件程序加工的起始点,对刀的目的是确定工件原点在机床坐标系中的位置。对刀点可以与工件原点重合,也可在任何便于对刀之处,但该点与工件原点之间必须有明确的尺寸关系。加工开始时要通过对刀设置工件坐标系在机床坐标系中的位置,编程中可用 G92 指令,也可用 G54~G59 原点偏置指令选择工件坐标系。

2. 数控车床编程特点

(1) 在一个程序段中,根据图样上标注的尺寸,可以用绝对坐标或增量坐标编程,也可二者交替混合编程。

(2) 有的数控车床用 X、Z 表示绝对坐标指令,用 U、W 表示增量坐标指令,不用 G90、G91 指令。

(3) 由于回转体零件图样尺寸和测量值都是直径值,因此,在 X 方向用绝对坐标编程时,X 值以直径量表示;用增量坐标编程时,以径向实际位移量的两倍值表示。

(4) 为提高工件的径向尺寸精度,X 向的脉冲当量取 Z 向脉冲当量的一半。

(5) 为了提高刀具寿命和工件表面质量,车刀刀尖常磨成一个半径不大的圆弧,当编制圆头车刀程序时,需要进行刀尖圆弧半径补偿。

(6) 由于毛坯常用棒料或锻件,加工余量较大,所以数控装置常具备不同形式的固定循环功能,以简化粗车编程。

3. 零件程序的结构

一个零件程序必须包括起始符和结束符。程序的执行顺序是按程序段的输入顺序,而不是程序段号的顺序。书写程序时建议按升序书写程序段号。

程序编号地址符为 % 或 O,其后跟程序编号,一般范围为 1~9999。

程序结束用 M02 或 M30,分号后可加注释,或将注释内容用 ( ) 括起来。

程序以磁盘文件的方式读写,文件名格式为:O××××(地址 O 后面必须有四位数字或字母)。本系统通过文件名来调用程序,进行加工或编辑。

4. 辅助功能 M 代码

华中世纪星 HNC-21T 数控系统辅助功能 M 代码如表 3-6 所示,其中,带"*"号的 M 指令为系统上电时的缺省值。

表 3-6　华中世纪星 HNC-21T 数控系统辅助功能 M 代码

代码	模态	功　能	代码	模态	功　能
M00	非	程序停止	M03	是	启动主轴顺转(正转)
M02	非	程序结束	M04	是	启动主轴逆转(反转)
M30	非	程序结束并返回至程序起点	M05*	是	主轴停止
			M07	是	切削液打开
M98	非	调用子程序	M08	是	切削液打开
M99	非	子程序结束	M09*	是	切削液关闭

上述 M 代码功能除 M98、M99 指令外,其余代码功能与前节所述 M 代码功能相同,在此不再重复。

(1) M98　调用子程序,其指令格式为:

M98 P_ L_

其中:P 后面写被调用的子程序的程序号,L 为重复调用的次数。

(2) M99 子程序结束,子程序的格式为:

％××××

……

M99

在子程序开头,必须规定子程序号,以作为调用入口地址。在子程序结束时用 M99,以控制执行该子程序后返回主程序。

5. 主轴功能 S 代码

主轴功能 S 控制主轴转速,指令格式为:S_

地址 S 后的数字表示主轴的转速,其单位为 r/min。启动恒切削速度功能时,S 后的数字表示切削速度,单位为 m/min。(G96 恒切削速度有效,G97 取消恒切削速度)。

S 是模态代码,只有在主轴速度可调时有效,主轴转速通过机床操作面板上的主轴倍率开关进行修调。

6. 进给速度 F 代码

F 指令表示切削工件时刀具相对于工件的合成进给速度,F 的单位取决于 G94 或 G95,其中 G94 有效时,F 的单位为 mm/min;G95 有效时,F 的单位为 mm/r。

当工作在 G01、G02 或 G03 方式下,编程的 F 值一直有效,直到被新的 F 值所取代为止,而工作在 G00 方式时,快速点定位的速度取决于各轴的最高速度,与编程 F 值无关。

进给速度 F 可通过机床操作面板上的倍率开关进行修调,执行螺纹加工指令时,倍率开关失效,进给倍率固定在 100%。

7. 刀具功能 T(亦称 T 机能)

T 代码用于选刀,其后的 4 位数字分别表示选择的刀具号和刀具补偿号。

执行 T 指令,转动刀架选用指定的刀具,同时调用刀补寄存器中的补偿值。

当一个程序段同时包含 T 代码与刀具移动指令时,先执行 T 指令而后执行运动指令。

8. 准备功能 G 代码

华中世纪星 HNC-21T 数控系统准备功能 G 代码见表 3-7。

表 3-7 华中世纪星 HNC-21T 数控系统准备功能 G 代码

G 代码	组别	功　　能	G 代码	组别	功　　能
G00	01	快速点定位	G65	00	宏指令简单调用
G01		直线插补	G66	12	宏指令模态调用
G02		顺时针圆弧插补	G67		宏指令模态调用取消
G03		逆时针圆弧插补	G71	06	内/外径车削复合固定循环
G04	00	暂停（延时）	G72		端面车削复合固定循环
G20	08	英制输入（in）	G73		封闭轮廓车削复合固定循环
G21 *		公制输入（mm）	G76		螺纹车削复合固定循环
G28	00	自动返回参考点	G80	01	内/外径车削单一固定循环
G29		从参考点返回	G81		端面车削单一固定循环
G32	01	单行程螺纹切削	G82		螺纹车削单一固定循环
G40 *	07	刀尖圆弧半径补偿注销	G90 *	13	绝对坐标编程
G41		刀尖圆弧半径补偿（左刀补）	G91		增量坐标编程
G42		刀尖圆弧半径补偿（右刀补）	G92	00	工件坐标系设定
G52	00	局部坐标系设定	G94 *	14	每分钟进给量（mm/min）
G54	11	工件坐标系 1 选择（零点偏置 1）	G95		每转进给量（mm/r）
G55		工件坐标系 2 选择（零点偏置 2）	G96	17	恒线速度切削
G56		工件坐标系 3 选择（零点偏置 3）	G97 *		恒线速度切削取消
G57		工件坐标系 4 选择（零点偏置 4）	—		—
G58		工件坐标系 5 选择（零点偏置 5）	—		—
G59		工件坐标系 6 选择（零点偏置 6）	—		—

注：00 组中的 G 代码是非模态的，其他组的 G 代码是模态的。有"*"号者为缺省值。

3.5.3 数控车床编程

本节主要介绍数控程序中常用的 G 代码功能及格式，并举例说明数控车削加工程序的编程方法。

1. 有关单位设定的 G 功能

1）尺寸单位选择 G20，G21

G20 表示英制尺寸，单位为 in；G21 表示公制尺寸，单位为 mm。G20、G21 为模态代码，可相互注销。G21 为缺省值。

2）进给速度单位的设定 G94、G95

G94 表示每分钟进给量，对于线性轴，依 G20/G21 设定 F 的单位为 mm/min 或 in/min；对于旋转轴，F 的单位为（°）/min。

G95 为每转进给量，即主轴每转一圈刀具的进给量。依 G20/G21 设定 F 的单位为 mm/r 或 in/r。

G94、G95 为模态代码,可相互注销。G94 为缺省值。

2. 与坐标系设定有关的 G 代码

1) 绝对坐标 G90 与增量坐标 G91

G90 表示运动指令中的 X、Z 坐标为绝对坐标;G91 表示运动指令中的 X、Z 坐标为增量坐标。也可以用地址符 U、W 表示运动指令中分别平行于 X、Z 轴方向的增量坐标,此时不用 G91。表示增量坐标的地址符 U、W 不能用于循环指令 G80、G81、G82、G71、G72、G73、G76 程序段中,但可用于定义精加工轮廓的程序中。

G90、G91 为模态代码,可相互注销。G90 为缺省值。

2) 工件坐标系设定 G92

格式:G92 X_ Z_

其中:X、Z 是定义刀具当前位置在工件坐标系中的坐标。G92 指令用于建立工件坐标系,刀具并不产生运动。G92 指令为非模态代码。

3) 坐标系选择 G54~G59

使用 G54~G59 指令可以在六个预设的工件坐标系中选择一个作为当前工件坐标系。工件坐标系的坐标原点在机床坐标系中的坐标值即零点偏置值,在程序运行前,用 MDI 方式输入,在程序中写上相应的 G54~G59 代码加以调用。

工件坐标系一旦选定,程序段中绝对值编程时的指令值均为相对此工件坐标系原点的值。

G54~G59 为模态代码,可相互注销。G54 为缺省值。

4) 直径方式编程 G36 和半径方式编程 G37

数控车床加工回转体零件,其 X 轴尺寸通常用直径方式编程。G36 为缺省值。

3. 基本运动指令

1) 快速点定位 G00

格式:G00 X/U_ Z/W_

G00 指令刀具从当前位置以机床本身所具有的最高速度定位至终点,其中,X、Z 和 U、W 分别表示定位终点的绝对坐标和增量坐标。G00 指令中无须设定 F 值,快移速度由机床参数对各轴分别设定,可用操作面板上的倍率开关进行修调。

G00 一般用于加工前快速定位或加工后快速退刀。

G00 为模态代码,可由 G01、G02、G03 或 G32 功能注销。

2) 直线插补 G01

格式:G01 X/U_ Z/W_ F_

G01 指令刀具从当前位置以 F 所设定的速度沿直线移动至终点,其中,X、Z 和 U、W 分别表示定位终点的绝对坐标和增量坐标,F 为沿直线方向的合成进给速度。

G01 为模态代码,可由 G00、G02、G03 或 G32 功能注销。

3) 圆弧插补指令 G02、G03

格式一：G02/G03 X/U_ Z/W_ I_ K_ F_

格式二：G02/G03 X/U_ Z/W_ R_ F_

G02 指令刀具从当前位置沿顺圆（G02）或逆圆（G03）以 F 指定的速度运动至终点。其中：X、Z 和 U、W 分别表示圆弧终点的绝对坐标和增量坐标；I、K 为圆心相对于起点的增量坐标，无论是增量方式还是绝对值方式编程，I、K 均以增量表示（即圆心坐标减起点坐标），I 为半径值；R 为圆弧半径；F 为沿圆弧方向的合成进给速度。

G02、G03 模态代码，可由 G00、G01 或 G32 功能注销。

需注意的是，圆弧的顺、逆应该沿与圆弧所在平面相垂直的 Y 坐标的反方向观察来判断；程序段中同时编程有 R 与 I、K 时，R 有效。

4）倒角加工

格式一：G01 X/U_ Z/W_ C/R_ F_

在两段直线的相交点处若有一个倒棱，只要此倒棱与两直线夹角的平分线相垂直，可用 C 指令简化编程。其中，X、Z 和 U、W 分别表示未倒角情况下直线假想的定位终点 G 的绝对坐标和增量坐标，c 表示 G 点相对于倒角起点 B 的距离。c 总是编在前一条直线所属的程序段当中，同时此程序段的目标点是二直线的交点，如图 3-28(a)所示。

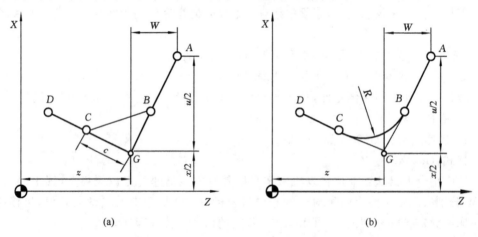

(a)   (b)

图 3-28 直线与直线相交倒棱或倒圆角

两直线的交点处若有一个与二直线相切的过渡圆弧，可用 R 编程，同样 R 总是编在前一条直线所属的程序段当中，同时此程序段的目标点是二直线的交点，如图 3-28(b)所示。

格式二：G02/G03 X/U_ Z/W_ R_ RL=_ / RC=_ F_

当圆弧与直线相交点处有一倒棱，用 RL=编程，RL=表示倒棱终点 C 相对于未倒棱情况下圆弧假想的定位终点 G 的距离,如图 3-29(a)所示;当圆弧与直线相交点处有一过渡圆弧时,用 RC＝编程,RC＝表示过渡圆弧的半径值。如图 3-29(b)所示。

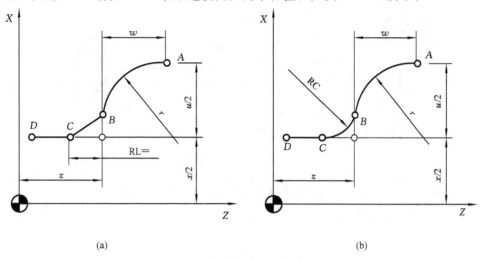

图 3-29 圆弧与直线相交倒棱、倒圆角

5) 螺纹切削 G32

格式:G32 X/U_ Z/W_ R_ E_ P_ F_

如图 3-30 所示,其中 X、Z 和 U、W 分别表示螺纹终点的绝对坐标和增量坐标;程序段中地址 X 省略为圆柱螺纹车削,地址 Z 省略为端面螺纹车削,地址 X、Z 都不省略为圆锥螺纹车削。

F 为螺纹导程,即主轴每转一圈,刀具相对于工件的进给量;R、E 分别表示螺纹 Z 向及 X 向的退尾量,其为正时表示沿 Z、X 正向回退;为负时表示沿 Z、X 负向回退,一般 R 取 2 倍的螺距,E 取螺纹的牙型高,当有退刀槽时,R、E 可省略。P 表示主轴基准脉冲处距离螺纹切削起点的主轴转角。

例 3-1 如图 3-31 所示,车削 M16×1 的螺纹部分,螺纹大径为 $\phi16$ mm,总背吃刀量为 0.65 mm,三次进给背吃刀量(半径值)分别为 $a_{p1}=0.3$ mm、$a_{p2}=0.2$ mm、$a_{p3}=0.15$ mm,进、退刀段分别取:$\delta_1=2$ mm、$\delta_2=1$ mm,进刀方法为直进法。

解 编写螺纹加工程序如下:

%3605
N01 G92 X100 Z50
N02 T0101 M06
N03 G00 X15.4 Z2 M03 S500
N04 G32 Z-26 F1

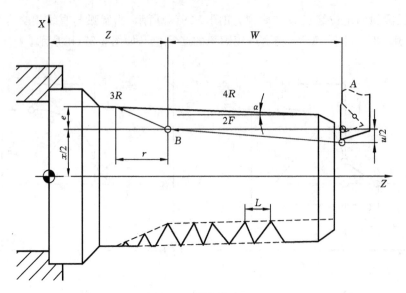

图 3-30 螺纹指令 G32

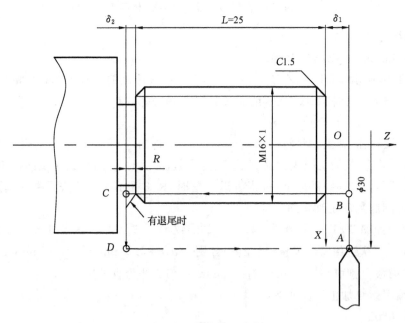

图 3-31 螺纹加工实例

N05 G00 X35
N06 Z2
N07 X15

N08 G32 Z-26 F1
N09 G00 X35
N10 Z4
N11 G00 X14.7
N12 G32 Z-26 F1
N20 G00 X35
N21 X100 Z50
N22 M30

4．回参考点控制指令

1）自动返回参考点 G28

格式：G28 X/U_ Z/W_

G28 指令使所有编程轴都快速定位至中间点，然后再从中间点回到参考点。

其中：X、Z 表示中间点的绝对坐标；U、W 表示中间点相对于起点的增量坐标。

一般，在自动换刀前或消除机械误差时调用 G28 指令，在执行该指令前应撤销刀尖圆弧半径补偿。G28 不仅产生坐标轴移动，而且记忆中间点的坐标值，以供 G29 调用。

G28 为非模态代码。

2）自动从参考点返回 G29

格式：G29 X/U_ Z/W_

G29 指令使所有编程轴都经 G28 定义的中间点，快速定位至指定的终点。

其中：X、Z 表示定位终点的绝对坐标；U、W 表示定位终点相对于中间点的增量坐标。

G29 为非模态代码。

5．暂停指令 G04

格式：G04 P_

其中：P 为暂停时间，单位为秒(s)。G04 可使刀具进给作短暂停留，以光整加工表面。G04 在前一程序段的进给速度降到零之后才开始暂停动作。在执行含 G04 指令的程序段时，先执行暂停功能。

G04 为非模态代码。

6．简单循环

切削循环通常是指用一个 G 指令程序段完成多个程序段指令的加工操作，以简化编程。

1）内(外)径切削循环 G80

格式：G80 X/U _ Z/W_ I_ F_

G80 指令刀具自起点 A 快进至点 B，以 F 设定的速度沿直线进给切削至点 C，再沿直

线进给切削至点 D,最后快退至点 A 完成一个切削循环,如图 3-32 所示。其中 X、Z 表示定位终点 C 的绝对坐标,U、W 表示定位终点 C 相对于起点 A 的增量坐标。I 表示切削起点 B 与切削终点 C 的半径差,即 I=起点 B 半径-终点 C 半径,切削圆柱面时,I 可省略。

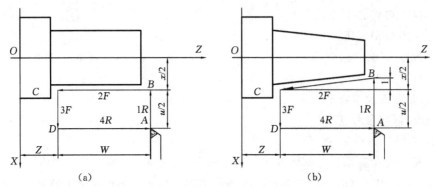

图 3-32 内(外)径切削循环
(a) 圆柱面;(b) 圆锥面

2) 端面切削循环 G81

格式:G81 X/U _ Z/W_ K_ F_

G81 指令刀具自起点 A 快进至点 B,以 F 设定的速度沿直线进给切削至点 C,再沿直线进给切削至点 D,最后快退至点 A 完成一个切削循环,如图 3-33 所示。其中 X、Z 表示定位终点 C 的绝对坐标,U、W 表示定位终点 C 相对于起点 A 的增量坐标。K 表示切削起点 B 相对于切削终点 C 的 Z 向有向距离,即 K=起点 B 的 Z 坐标-终点 C 的 Z 坐标,切削圆柱面时,K 可省略。

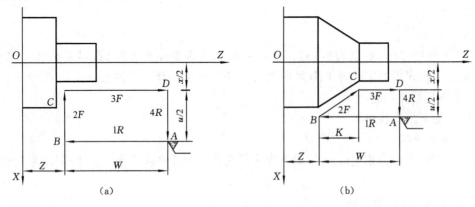

图 3-33 端面切削循环
(a) 圆柱面;(b) 圆锥面

3) 螺纹切削循环 G82

格式:G82 X/U_ Z/W_ R_ E_ I_ F_

该指令指挥刀具自起点 A 快进至点 B,沿直线按螺纹切削至点 C,F 为导程,再按 R、E 所定义的退尾量,沿斜线进给切削至点 D,最后快退至点 A 完成一个切削循环,如图 3-34 所示。

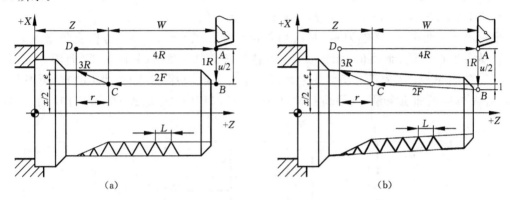

图 3-34 螺纹切削循环
(a) 直螺纹;(b) 锥螺纹

其中,X、Z 表示本次循环螺纹终点 C 的绝对坐标,U、W 表示终点 C 相对于起点 A 的增量坐标。R、E 分别为螺纹 Z、X 方向的退尾量,有退刀槽时,R、E 可省略。I 表示螺纹起点 B 相对于螺纹终点 C 的半径差,即 I=起点 B 的半径－终点 C 的半径,加工直螺纹时,I 可省略。

F:螺纹导程。

例 3-2 车削如图 3-31 所示的工件,用螺纹简单循环指令 G82 编程如下。

解 程序如下:

%3605
N10 G90 G92 X30 Z2
N20 M03
N30 M06 T0302
N40 G82 X15.4 Z-26 F1
N50 G82 X15 Z-26 F1
N60 G82 X14.7 Z-26 F1
N70 T0300
N80 M05
N90 M02

需要指出的是,简单循环指令 G80、G81、G82 均为非模态代码。

7. 复合循环指令

有 G71、G72、G73、G76 四种复合循环指令,其功能是通过指定精加工路线和粗加工的吃刀量,系统自动计算粗加工路线和走刀次数,一条指令完成全部粗车循环。

1) 内(外)径粗车复合循环 G71

G71 U(Δd) R(e) P(ns) Q(nf) X(Δu) Z(Δw) F_ S_ T_

其中:Δd 为切削深度(背吃刀量、每次切削量),半径值,无正负号,方向由矢量 AA' 决定;e 为每次退刀量,半径值,无正负;ns 为精加工路线中第一个程序段(即图 3-35 中 AA' 段)的顺序号;nf 为精加工路线中最后一个程序段(即图 3-35 中 BB' 段)的顺序号;Δu 为 X 方向精加工余量,直径编程时为 Δu,半径编程为 $\Delta u/2$;Δw 为 Z 方向精加工余量。

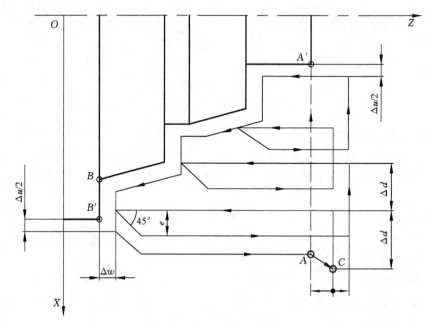

图 3-35 G71 粗车循环指令

使用 G71 编程时的说明如下。

① G71 程序段实现粗加工,本身不进行精加工,其粗加工是按后续程序段 $ns \sim nf$ 给定的精加工编程轨迹 $A \to A' \to B \to B'$,沿平行于 Z 轴方向进行。

② G71 程序段不能省略除 F、S、T 以外的地址符。G71 程序段中的 F、S、T 只在循环时有效,精加工时处于 ns 到 nf 程序段之间的 F、S、T 有效。

③ 循环中的第一个程序段(即 ns 段)必须包含 G00 或 G01 指令,即 $A \to A'$ 的动作必

须是直线或点定位运动,但不能有 Z 轴方向上的移动。

④ 在 ns 到 nf 程序段中,不能包含有子程序。

⑤ G71 循环时可以进行刀具位置补偿,但不能进行刀尖圆弧半径补偿。因此在 G71 指令前必须用 G40 取消原有的刀尖圆弧半径补偿。在 ns 到 nf 程序段中可以含有 G41 或 G42 指令,对精车轨迹进行刀尖圆弧半径补偿。

⑥ 点 A 为粗车起点,执行 G71 程序段前由 G00 或 G01 将刀具送至该点;A' 为精车起点,精加工开始程序段 ns,由 G00 指令将刀具送至该点。

例 3-3 用 G71 指令编程。如图 3-36 所示,粗车背吃刀量 $\Delta d = 3$ mm,退刀量 $e = 1$ mm,X、Z 轴方向精加工余量均为 0.3 mm。

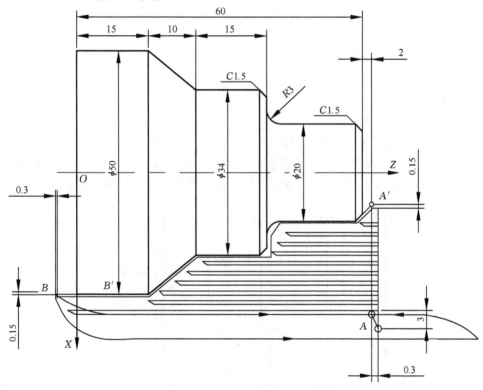

图 3-36 G71 编程实例

解 程序如下:
```
%6309
N10 G90 G92 X70 Z90
N20 M06 T0101
N30 M03 S500
```

N40 G00 X58 Z62
N50 G71 U3 R1 P60 Q140 X0.3 Z0.3 F200
N60 G40 G00 X13 Z62 F500
N70 G01 X20 Z58.5
N80 X20 Z43
N90 G03 X26 Z40 R3
N100 G01 X31
N110 X34 Z38.5
N120 Z25
N130 X50 Z15
N140 Z-2
N150 G00 X70 Y90 G40
N160 M05
N170 M02

2) 端面粗车复合循环 G72

格式：G72 U(Δd) R(e) P(ns) Q(nf) X(Δu) Z(Δw) F_ S_ T_

指令 G72 与 G71 的区别仅在于其切削方向平行于 X 轴，在 ns 程序段中不能有 X 方向的移动指令，其他相同，如图 3-37 所示。G72 适合于盘类零件的粗车加工。

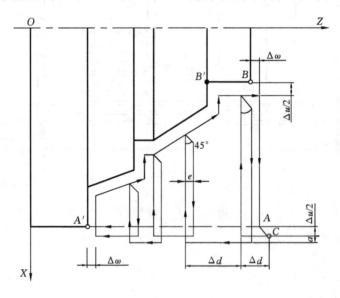

图 3-37 端面粗车复合循环 G72

3) 封闭轮廓复合循环 G73

格式：G73 U(Δi) W(Δk) R(d) P(ns) Q(nf) X(Δu) Z(Δw) F_ S_ T_

Δi 为 X 轴方向粗车的总退刀量，半径值；Δk 为 Z 轴方向粗车的总退刀量；d 为粗车循环次数；

其余同 G71。

在 ns 程序段可以有 X、Z 方向的移动，如图 3-38 所示。G73 适用于已初成形毛坯的粗加工。

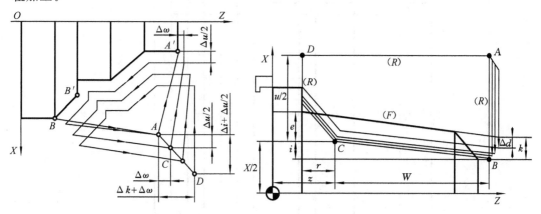

图 3-38　平行于工件轮廓的粗车循环　　　图 3-39　螺纹车削循环 G76

4) 螺纹车削复合循环 G76

格式：G76C(c)R(r)E(e)A(a)X(x)Z(z)I(i)K(k)U(d)V(Δd_{min})Q(a_{p1})P(p)F(l)

如图 3-39 所示，其中：c 为螺纹精加工次数；r 为螺纹 Z 向退尾长度；e 为螺纹 X 向退尾长度；a 为螺纹牙型角；i 为螺纹两端的半径差；起点 B 的半径－终点 C 的半径；k 为螺纹牙型高度（半径值）；d 为精加工余量；Δd_{min} 为最小背吃刀量（半径值）；a_{p1} 为第一次切削背吃刀量（半径值）；p 为主轴基准脉冲处距离切削起始点的主轴转角；l 为螺纹导程。

8. 子程序

在一个零件的加工程序中，若有一定量的连续的程序段在几处完全重复出现，则可将这些重复的程序串单独抽出来，按一定的格式做成子程序。

(1) 子程序的格式　子程序格式与主程序基本一样，子程序是以子程序名（如%0100）开始，以 M99 指令结束，并返回主程序，其余部分的编写与主程序完全相同。

(2) 指令格式：

主程序中调用子程序：M98 P_ L_

其中，P 后紧跟调用的子程序编号，L 为调用次数。

子程序结束返回主程序用 M99 指令。

说明:子程序可以由主程序调用,也可以调用下一级子程序。

例 3-4 车削如图 3-40 所示零件的外圆及环槽。1 号刀为外圆刀;2 号刀为割槽刀,刀刃宽 3 mm,刀位点取在左刀尖处。对刀点距工件原点 $X=50$ mm,$Z=20$ mm。

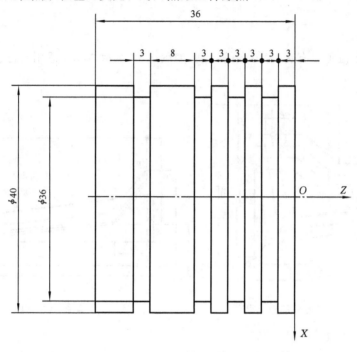

图 3-40 子程序实例

程序如下:

```
%3612                    ;主程序
N01 G54 T0101 M06
N02 M03 S500
N03 G90 G00 X40 Z2
N04 C01 Z-36 F100        ;车 φ40 mm 外圆
N05 G00 X50 Z20
N06 T0202 M06            ;换槽刀
N07 G00 X42 Z0
N08 M98 P0020 L3         ;调用%0020 子程序三次
N09 Z-5
N10 M98 P0020 L1
N11 G90 X50 Z20
```

```
N12 M05
N13 M02
%0020                      ;子程序
N01 G91 G00 X0 Z-6         ;增量编程
N02 G01 X-6 F15            ;割槽
N03 G04 X2                 ;槽底暂停2s
N04 G00 X6
N05 M99                    ;子程序结束,返回主程序
```

3.5.4 数控车床编程实例

例 3-5 用 G71 和 G76 指令编写车削如图 3-41 所示工件的加工程序。毛坯直径为 $\phi 28$ mm。工件外圆分粗、精车,精车余量在 X 轴方向为 0.4 mm(直径值),在 Z 轴方向为 0.1 mm。粗车时背吃刀量为 1 mm,退刀量为 0.7 mm。根据普通螺纹标准和加工工艺,M16 粗牙普通螺纹的大径尺寸为 15.8 mm,螺距为 2 mm,总背吃刀量为 1.3 mm(半径值),用高速钢螺纹车刀低速车削,进退刀段取 $\delta_1 = 2$ mm、$\delta_2 = 1$ mm。1 号刀为 90°外圆车刀,基准刀;2 号刀为车槽刀,主切削刃宽 3 mm,左刀尖为刀位点;3 号刀为 60°螺纹车刀;4 号刀为切断刀,主切削刃宽 3 mm,刀头长 30 mm,左刀尖为刀位点。

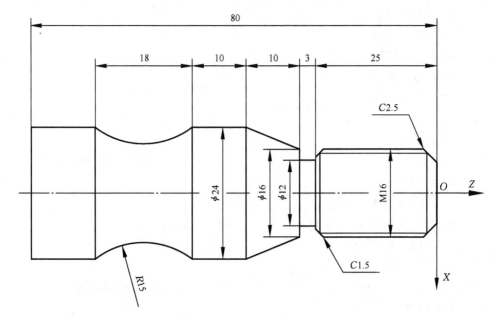

图 3-41 车削编程综合实例

％6313

N10 G92 X70 Z30

N20 M06 T0100

N30 M03 S500

N40 G90 G00 X28 Z2   ;精车起点

N50 G71 U1 R0.7 P70 Q130 X0.4 Z0.1 F150   ;粗车循环

N70 G00 X6.8 Z2   ;精车起点,开始精加工

N80 G01 X15.8 Z-2.5 F100

N90 X15.8 Z-28

N100 X24 Z-38

N110 Z-48

N120 G02 X24 Z-66 R15

N130 G01 Z-80

N140 G00   X70   Z30

N150 M06 T0202   ;换槽刀,割槽

N160 S200

N170 G00 X30 Z-28

N180 G01 X20 F300

N190 X12 F50

N200 G04 X1

N210 G01 X12.8

N220 X18.8 Z-25   ;倒角 C1.5

N230 G00 X70 Z30

N240 T0200

N250 M06 T0303   ;换螺纹刀,螺纹加工

N260 S150

N270 G00 X24 Z2

N280 G76 C3 X13.2 Z-26 K1.3 U0.3 V0.05 Q0.4 F2

N350 G00 X70 Z30

N360 T0300

N370 M06 T0404   ;换切断刀,切断

N380 S200

N390 G00 X30 Z-83

N400 G01 X-1 F50

N410 G00 X30
N420 G00 X70 Z30
N430 T0400
N440 M05
N450 M02

3.6 数控铣床编程

3.6.1 数控铣床概述

1. 数控铣床的加工对象

数控铣床与普通铣床一样,可以进行平面轮廓、槽、曲面等的铣削加工以及钻孔、镗孔及攻螺纹等加工,加工面的形成靠刀具的旋转与工件的移动。从铣削加工的角度考虑,数控铣床的主要加工对象有以下三类。

(1) 平面类零件　加工面平行、垂直于水平面或其加工面与水平面的夹角为定角的零件称为平面类零件。目前,在数控铣床上加工的绝大多数零件属于平面类零件。平面类零件的特点是,各个加工单元面是平面,或者可以展开成为平面。

(2) 变斜角类零件　加工面与水平面的夹角呈连续变化的零件称为变斜角类零件。这类零件多数为飞机零件,如飞机上的整体梁、框、缘条与肋等;此外,还有检验夹具与装配型架等。变斜角零件的变斜角加工面不能展开为平面,但在加工中,加工面与铣刀圆周接触的瞬间为一条直线。最好采用 4 坐标或 5 坐标数控铣床摆角加工,在没有上述机床时,也可在 3 坐标数控铣床上进行 2.5 坐标近似加工。

(3) 曲面(立体)类零件　加工面为空间曲面的零件称为曲面类零件。零件的特点是加工面不能展开为平面、加工面与铣刀始终为点接触。此类零件的加工一般采用 3 坐标以上数控铣床。

2. 常用刀具

1) 对刀具的要求

(1) 铣刀刚度要好　一是为提高生产效率而采用大切削用量的需要;二是为适应数控铣床加工过程中难以调整切削用量的特点。当工件各处的加工余量相差悬殊时,普通铣床遇到这种情况通常采取分层铣削方法加以解决,而数控铣削必须按程序规定的走刀路线前进,遇到余量过大时无法像普通铣床那样由操作人员及时调整,只能通过修改程序或修改刀具半径补偿值重新走刀。但这样会使余量少的地方走空刀,降低了生产效率。

(2) 铣刀的耐用度要高　当刀具的耐用度低时,刀具磨损较快,不仅影响工件的加工精度和表面质量,而且要频繁地换刀和对刀,影响加工效率。

除上述两点外,铣刀切削刃几何角度参数的选择及排屑性能等也非常重要,切屑黏刀形成积屑瘤在数控铣削中是十分忌讳的。总之,根据加工工件材料的热处理状态、切削性能及加工余量,选择刚度好、耐用度高的铣刀,是充分发挥数控铣床的加工效率并获得满意加工质量的前提。

2) 常用铣刀种类

(1) 盘铣刀 一般采用在盘状刀体上机夹刀片或刀头组成,常用于铣较大的平面。

(2) 端铣刀 端铣刀是数控铣床加工中最常用的一种铣刀,广泛用于加工平面类零件。端铣刀除用其端刃铣削外,也常用其侧刃铣削,有时端刃、侧刃同时进行铣削,端铣刀也可称为圆柱铣刀。

(3) 成型铣刀 成型铣刀一般都是为特定的工件或加工内容专门设计制造的,适用于加工平面类零件的特定形状(如角度面、凹槽面等),也适用于特形孔或台。

(4) 球头铣刀 适用于加工空间曲面类零件,有时也用于平面类零件有较大转接凹弧的补加工。

(5) 鼓形铣刀 主要用于对变斜角类零件的变斜角面的近似加工。

除上述几种类型的铣刀外,数控铣床也可使用各种通用铣刀。但因不少数控铣床的主轴内有特殊的拉刀装置,或者因主轴内孔锥度有别,须配过渡套和拉杆。

3) 数控铣床刀具的选用

数控铣床主轴转速较普通机床的主轴转速高 1~2 倍,某些特殊用途的数控铣床主轴转速高达每分钟数万转,因此,数控铣床刀具的强度与耐用度至关重要。一般来说,数控铣床用刀具应具有较高的耐用度和刚度,具有良好的断屑性能和可调节、易更换等特点,刀具材料应有足够的韧度。数控铣床铣削加工平面时,应选用不重磨硬质合金端铣刀或立铣刀。铣削较大平面时,一般用端铣刀。粗铣时选用较大的刀盘直径和走刀宽度可以提高加工效率,但铣削变形和接刀刀痕等应不影响精铣精度。加工余量大且不均匀时,刀盘直径要选小些;精加工时刀盘直径要选大些,使刀头的旋转切削直径最好能包容加工面的整个宽度。

加工凸台、凹槽和箱口面时主要用立铣刀和镶硬质合金刀片的端铣刀。铣削时先铣槽的中间部分,然后用刀具半径补偿功能铣槽的两边。

铣削平面零件的内外轮廓一般采用立铣刀。刀具的结构参数可以参考如下:

① 刀具半径 R 应小于零件内轮廓的最小曲率半径 ρ,一般取 $R=(0.8\sim0.9)\rho$;

② 零件的加工高度 $H\leqslant(1/4\sim1/6)R$,以保证刀具有足够的刚度。

铣削型面和变斜角轮廓外形时常用球头刀、环形刀、鼓形刀和锥形刀。

3.6.2 数控铣床指令系统

同数控车床一样,数控铣床编程指令也随数控系统的不同而不同,在使用编程指令系统之前,必须认真阅读其编程手册。但一些常用指令,如某些准备功能、辅助功能指令,还是符合 ISO 标准的。下面以华中 HNC-1M 铣削数控系统为例,介绍数控铣床的指令系统。

1. 辅助功能 M 代码

HNC-1M 铣削数控系统的辅助功能 M 代码,与前节所述华中车削数控系完全一样,见表 3-6,在此不再重述。

2. S、F、T、G 代码

1) 主轴功能 S 代码

格式:S_

控制主轴转速,其后的数值表示主轴速度(r/min)或主轴速度代号。S 是模态代码。

2) 进给速度 F 代码

格式:F_

F 指令表示切削工件时刀具相对于工件的合成进给速度,F 的单位取决于 G94 或 G95,其中,G94 有效时,F 的单位为 mm/min;G95 有效时,F 的单位为 mm/r。

当工作在 G01、G02 或 G03 方式下,编程的 F 值一直有效,直到被新的 F 值所取代为止;而工作在 G00 方式时,快速点定位的速度取决于各轴的最高速度,与编程 F 值无关。

进给速度 F 可通过机床操作面板上的倍率开关进行修调,执行螺纹加工指令时,倍率开关失效,进给倍率固定在 100%。

3) 刀具功能 T 代码

格式:T _

T 代码用来选刀,其后的数值表示刀具号,同时调用刀补寄存器中对应的刀具参数。T 为模态代码。

4) 准备功能 G 代码

华中 HNC-1M 铣削数控系统准备功能 G 代码如表 3-8 所示。

3.6.3 数控铣床常用 G 代码

1. 坐标系选择指令

1) 直接机床坐标系编程指令 G53

格式:G00 G90 G53 X_ Y_ Z_

表 3-8 华中 HNC-1M 铣削数控系统准备功能 G 代码

G 代码	组别	功 能	G 代码	组别	功 能
G00	01	快速点定位	G55	11	工件坐标系 2 选择(零点偏置 2)
G01		直线插补	G56		工件坐标系 3 选择(零点偏置 3)
G02		顺时针圆弧插补	G57		工件坐标系 4 选择(零点偏置 4)
G03		逆时针圆弧插补	G58		工件坐标系 5 选择(零点偏置 5)
G04	00	暂停(延时)	G59		工件坐标系 6 选择(零点偏置 6)
G07		虚轴指定	G60	00	单方向定位
G09		准停校验	G61	12	精确停止校验方式
G11	07	单段允许	G64		连续方式
G12		单段禁止	G65	00	子程序调用
G17 *	02	XY 平面选择	G68	05	旋转变换
G18		ZX 平面选择	G69		旋转变换取消
G19		YZ 平面选择	G73	06	深孔钻削循环
G20	08	英制输入(in)	G74		逆攻丝循环
G21 *		公制输入(mm)	G76		精镗循环
G22		脉冲当量输入(mm/p)	G80		固定循环取消
G24	03	镜像功能开	G81		定心钻削循环
G25 *		镜像功能关	G82		锪孔循环
G28	00	自动返回参考点	G83		深孔钻削循环
G29		从参考点返回	G84		右旋攻丝循环
G33	01	单行程螺纹切削	G85		镗孔循环
G40 *	09	刀具半径补偿注销	G86		镗孔循环
G41		刀具半径补偿(左刀补)	G87		反镗孔循环
G42		刀具半径补偿(右刀补)	G88		镗孔循环
G43	10	刀具长度正补偿	G89		镗孔循环
G44		刀具长度负补偿	G90 *	13	绝对坐标编程
G49		刀具长度补偿取消	G91		增量坐标编程
G50 *	04	缩放功能关	G92	13	绝对坐标编程
G51		缩放功能开	G94 *	14	每分钟进给量(mm/min)
G52	00	局部坐标系设定	G95		每转进给量(mm/r)
G53	11	直接机床坐标系编程	G98	15	固定循环返回起刀平面
G54 *		工件坐标系 1 选择(零点偏置 1)	G99		固定循环返回预停平面

注:00 组中的 G 代码是非模态的,其他组的 G 代码是模态的。有"*"号者为缺省值。

其中:X_ Y_ Z_ 为刀具在机床坐标系中的坐标,执行该指令时,刀具移动到机床坐标系中坐标值为 X、Y、Z 的点上。G53 为非模态代码,仅在它所在的程序段和绝对坐标指令 G90 有效时有效。

如当刀具要移到机床上某一预定点(如换刀点)时,可使用该指令。如:
G00 G90 G53 X－200 Y－150 Z－50
表示将刀具快速移至机床坐标系中(－200,－150,－50)的点上。

注意:当执行 G53 指令时,应取消刀具长度补偿、刀具半径补偿、刀具位置偏置,机床坐标系必须在 G53 指令执行前已建立,即在机床电源接通后,至少回过一次参考点(手动或自动)。

2) 工件坐标系设定指令 G54～G59

G54～G59 为工件坐标系选择,也可称为原点偏置指令,相当于数控系统的六个存储单元地址,用以保存六个工件原点在机床坐标系中的坐标。使用 G54～G59 指令可以在六个预设的工件坐标系中选择一个作为当前工件坐标系。当工件有多个工件原点或在工作台上同时加工多个零件时,可以由 G54～G59 分别建立工件坐标系,在程序运行前,用 MDI 方式输入,在程序中写上相应的 G54～G59 代码加以调用。

工件坐标系一旦选定,程序段中绝对值编程时的指令值均为相对此工件坐标系原点的值。

G54～G59 为模态代码,可相互注销。G54 为缺省值。

3) 工件坐标系设定指令 G92

格式:G92 X_ Y_ Z_

其中:X_ Y_ Z_表示数控机床中,刀具当前位置在工件坐标系中的坐标。一般将 G92 指令写在程序的第一段,设定开始运行程序时,刀具起始位置与工件原点的相对位置。加工前,通过对刀操作,将刀具停在相对工件原点为程序要求的位置。G92 指令用于建立工件坐标系,刀具并不产生运动,系统通过执行 G92 指令找到刀具与工件原点的关系,又根据刀具在机床坐标系中的位置,从而建立工件原点与机床坐标系之间的尺寸关系。G92 为非模态代码。

另外,若将 G92 指令用于程序中间,可以建立新的工件坐标系,实现坐标系平移。

2. 进给运动控制指令

1) 快速点定位 G00

格式:G00 X_ Y_ Z_

2) 方向定位指令 G60

格式:G60 X_ Y_ Z_

G60 和 G00 的功能相似,只是 G60 在快速定位至编程终点时,先快速定位至一个中间点,再以一定的速度移到定位终点。中间点距定位终点的方向及距离由机床的控制系统预先设定。该指令为非模态代码。

3) 直线插补 G01

格式:G01 X_ Y_ Z_ F_

4）圆弧插补指令 G02、G03

G17 平面内的指令格式为

格式一：G17 G02/G03 X_ Y_ I_ J_ F_

格式二：G17 G02/G03 X_ Y_ R_ F_

其中：X、Y 为圆弧终点的绝对坐标或增量坐标；I,J 为圆心相对于圆弧起点的增量坐标，无论是 G90 或 G91 均为增量坐标；R 为圆弧半径，当圆心角≤180°时为正，当圆心角＞180°时为负；整圆不能用 R 编程。

5）螺旋线插补指令 G02、G03

格式：G17 G02/G03 X_ Y_ Z_ I_ J_ F_

螺旋线插补指令格式与圆弧插补指令相比，仅多一个参数 Z，是指刀具在沿 XY 平面进行圆弧进给运动的同时，在 Z 方向作进给运动，从而合成空间的螺旋线进给。

在 XZ 及 YZ 平面上的螺旋线进给运动与 XY 平面指令格式相似，只需要对坐标轴字母作相应的调整即可。加工图 3-42 所示的螺旋线，其指令为

G03 G17 X0 Y30 Z10 I-30 J0 F100

6）虚轴指定指令 G07 及正弦线插补

格式：G07 X/Y/Z 0/1

该指令为虚轴设定与取消指令，可指定 X 或 Y 或 Z 运动轴为虚轴，选项 0 表示设定为虚轴，选项 1 取消虚轴。一旦某坐标轴设定为虚轴，该轴参与插补运算但其进给运动被机床锁住。

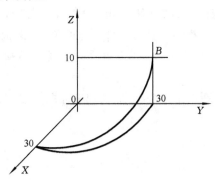

图 3-42 螺旋线插补

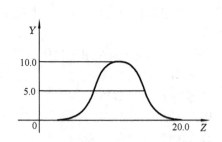

图 3-43 正弦线插补

例如，指令：G07 X0

G90 G03 G17 Y0 I0 J5 Z20 F100

G07 X1

G90 G03 G17 Y0 I0 J5 Z20 F100 原是一条螺旋线进给指令，因为 X 轴设定为虚轴，故 X 方向没有运动，相当于将一条螺旋线向 YZ 平面投影，就得到一条如图 3-43 所示

的正弦插补轨迹。

G07 只在自动操作状态下起作用,手动操作无效。

3. 刀具补偿指令

1) 刀具半径补偿指令 G41、G42、G40

刀具半径补偿功能要求数控系统能够根据工件轮廓和刀具半径,自动计算出刀具中心轨迹。在编程时,编程人员不必根据刀具半径人工计算刀具中心的轨迹,就可以直接按照零件图样要求的轮廓来编制加工程序。加工时,数控系统能自动地计算相对于零件轮廓偏移刀具半径的刀心轨迹,包括内、外轮廓转接处的缩短、延长等处理,并执行之。

格式:G41/G42 G00/G01 X_ Y_ D_   ;启用刀具半径补偿功能
　　　G40 G00/G01 X_ Y_   ;撤销刀具半径补偿功能

其中:G41、G42 为启用刀具半径的补偿功能;G41 为左刀补;G42 为右刀补,如图 3-44 所示。沿着刀具的前进方向来看,如果刀具中心落在轮廓线的左侧用 G41,如果刀具中心落在轮廓线的右侧用 G42;D 表示刀具半径补偿值寄存器的地址号,刀具半径补偿值在加工前用 MDI 方式输入到相应的寄存器中,加工时用 D 指令调用;G40 为撤销刀具半径的补偿功能,使刀具中心与编程轨迹重合。G41、G42 为模态代码,总是与 G40 配合使用,机床初始状态为 G40。

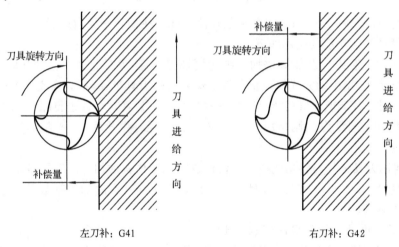

左刀补:G41　　　　　　　　　　　　右刀补:G42

图 3-44　G41/G42 指令

使用刀具半径补偿功能时要注意:①G41、G42 只能写在 G00、G01 的程序段中,不能写在 G02、G03 的程序段中;②刀具半径补偿功能有三个步骤,即启用刀补、刀补执行以及撤销刀补。在使用 G41(或 G42)且刀具接近工件轮廓时,数控装置表明是从刀具中心坐标转变为刀具外圆且与轮廓相切点的坐标。而使用 G40 且刀具退出时则相反。应注意启用刀补、撤销刀补最好在刀具接近工件和从工件退出后进行,以防止刀具与工件干涉而

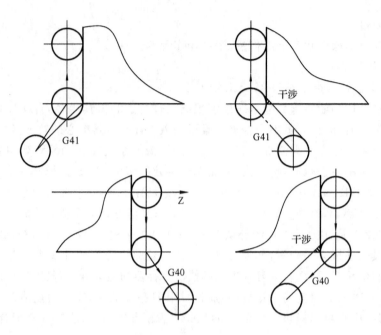

图 3-45 刀具的切入、切出

过切或碰撞,如图 3-45 所示;③刀具半径补偿功能应在插补平面内进行。

刀具半径补偿功能的应用如下。

(1)当刀具磨损、刀具重磨或加工中途更换刀具后,刀具直径发生变化时,可利用刀具半径补偿功能,用手动方式在控制面板上输入新的刀具半径,不必修改加工程序。

(2)利用刀具半径补偿功能,可用同一程序、同一刀具对零件进行粗精加工。若刀具半径为 r,精加工余量为 δ,则粗加工时,输入刀具半径补偿量为 $r+\delta$,精加工时输入刀具半径补偿量为 r。

(3)利用刀具半径补偿功能还可方便地进行阴阳模具的加工。若用 G42 指令加工阳模轨迹,则可用 G41 指令加工阴模轨迹,这样,可以用同一程序加工基本尺寸相同的内外两种轮廓的模具。

2)刀具长度补偿指令 G43、G44、G49

刀具长度补偿指令用于刀具的轴向补偿,使刀具沿轴向的位移在编程位移的基础上加上或减去补偿值。即

$$\text{刀具 } Z \text{ 向实际位移量} = \text{编程位移量} \pm \text{补偿值}$$

利用刀具长度补偿功能,编程时可按假定的标准刀具长度编程,不必考虑刀具的实际长度,当实际加工时,通过对刀,将实际刀具长度相对于标准刀具的长度进行补偿。一般地,当前刀比标准刀长,补偿值为正;否则为负。

格式:G43/G44 G00/G01 Z_ H_   ;启用刀具长度补偿功能

G49 G00/G01 Z_　　　　　　　　　　　　　　;撤销刀具长度补偿功能

其中:G43、G44 为启用刀具长度补偿;G43 为刀具长度正补偿,刀具 Z 向实际位移量＝编程位移量＋补偿值;G44 为刀具长度负补偿,刀具 Z 向实际位移量＝编程位移量－补偿值;H 为刀具长度补偿值寄存器的地址号,刀具长度补偿值存于此,在加工前用 MDI 方式输入到相应的寄存器中,加工时用 H 指令调用;G49 为刀具长度补偿撤销指令。

G43、G44 为模态代码,总是与 G49 配合使用,机床初始状态为 G49。

例 3-6　使用 G43 编程实例如图 3-46 所示。当前刀具磨损,比标准刀具短 4 mm,刀具长度补偿值 H01＝－4 mm,程序如下:

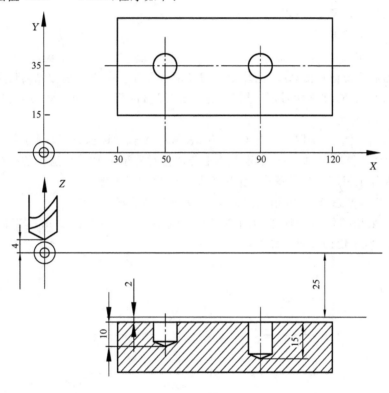

图 3-46　使用 G43 编程实例

```
%3702
G54 G90 G00 X0 Y0 Z27
M03 S400
G00 X50 Y35
G43 Z10 H01;              启用刀具补偿
G01 Z-10 F30
```

```
G00 Z10
X90 Y35
G01 Z-15
G00 G49 Z100 M05            ;撤销刀具补偿
X0 Y0
M30
```

4. 图形变换功能指令

1) 镜像功能指令 G24、G25

指令格式:G24 X_/Y_/Z_
        M98 P_ L_
        G25

其中:G24 为启用镜像功能;G25 为取消镜像功能;X_/Y_/Z_表示镜像轴的位置。当零件相对于某一轴具有对称形状时,只对其中的一部分进行编程,利用镜像功能和子程序,就能加出零件的对称部分。

说明:所谓镜像,就是取反。如 G24 X0,表示对 X 轴做镜像,即该指令之后的程序段中的 X 坐标由系统取反,加工出的镜像图形与原像对称于 Y 轴。用这样的指令可以简化编程,将原像加工程序设为子程序,用 M98 指令调用加工镜像。

G24、G25 为模态指令,可相互注销,G25 为缺省值。

例 3-7 采用镜像功能加工如图 3-47 所示零件,工件轮廓深 2 mm,工件上表面为 Z0,起刀点在 X0Y0Z100,程序如下:

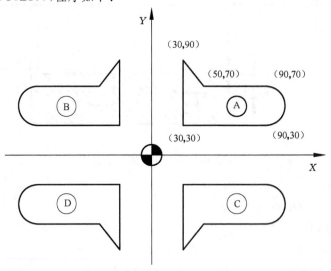

图 3-47 镜像功能实例

```
%3703                          ;主程序
T01 M06
M03 S500
G54 G90 G00 X0 Y0 Z100
G00 G43 Z2 H01                 ;启用刀长补正
M98 P0010 L1                   ;调子程序,加工原像 A
G24 X0                         ;启用 X 轴镜像
M98 P0010 L1                   ;加工 B
G24 Y0                         ;启用 Y 轴镜像
M98 P0010 L1                   ;加工 D
G25 X0                         ;取消 X 轴镜像
M98 P0010 L1                   ;加工 C
G25 Y0                         ;取消 Y 轴镜像
G49 G00 Z100                   ;取消刀长补正
M05
M30
%0010                          ;子程序
G00 G41 X30 Y30 D01            ;启用刀具半径补偿
G01 Z-2 F50                    ;至工件轮廓深度,开始轮廓铣削
Y90
X50 Y70
X90
G02 X90 Y30 I0 J-20
G01 X30
G00 Z2
G40 G00 X0 Y0                  ;取消刀具半径补偿
M99                            ;返主程序
```

2) 图形缩放功能指令 G51、G50

指令格式:G51 X_ Y_ P_
　　　　　M98 P_
　　　　　G50

其中:X_ Y_ 为缩放中心的坐标,G51 启动缩放功能后,其后程序段中的坐标值以(X_,Y_)为缩放中心,按指定的缩放比例 P 进行计算,若省略 X_ Y_,则以工件原点为缩放中心。例如:G51 P2 表示以编程原点为缩放中心,将图形放大一倍;G51 X15 Y10 P2 则表

示以给定点(15,10)为缩放中心,将图形放大一倍。

其他平面内缩放变换指令格式相同,只要把坐标轴作相应的变更即可。

使用 G51 指令可用一个程序加工出形状相同,尺寸成一定比例的相似工件。G50 是取消缩放功能。G51、G50 为模态指令,可互相注销,G50 为缺省值。

3) 图形旋转功能指令 G68、G69

指令格式:G68 X_ Y_ R_

　　　　 M98 P_

　　　　 G69

其中:X_ Y_ 为旋转中心的坐标,G68 启动旋转功能后,其后程序段中的坐标值以(X_,Y_)为旋转中心,按指定的角度 R 进行旋转。R 为旋转角度,单位是度,$0°\leqslant R\leqslant 360°$。若省略 X_ Y_ ,则以工件原点为旋转中心。例如,G68 R60 表示以编程原点为旋转中心,将图形旋转 60°;G68 X15 Y10 R60 则表示以给定点(15,10)为旋转中心,将图形旋转 60°。

其他平面内旋转变换指令格式相同,只要把坐标轴作相应的变更即可。

G69 的功能是取消旋转,G69 为缺省值。G68、G69 为模态指令,可互相注销。

5. 孔加工固定循环指令 G73~G89

孔加工是最常用的加工工序,现代数控系统一般都配备有钻孔、镗孔和攻丝加工工序的固定循环指令。所谓孔加工固定循环是指一条指令包含了钻孔、镗孔或攻丝等某种孔加工工序的若干个固定顺序的动作。

孔加工固定循环根据加工工艺及具体的动作不同,有 G73~G89 多个不同的指令,其中 G80 为取消孔加工固定循环指令。孔加工固定循环指令为模态代码,一旦某个孔加工循环指令有效,在随后所有的位置均采用该孔加工循环指令进行孔加工,直到用 G80 指令取消孔加工固定循环为止。一般孔加工固定循环指指令包含以下六项基本动作,如图 3-48 所示。

动作 1:$A \rightarrow B$ 刀具在 XY 平面运动,由所在位置快速定位至欲加工孔位置(x,y)上方。

动作 2:$B \rightarrow R$ 刀具沿 Z 向快速定位至参考平面,即 R 平面。

动作 3:$R \rightarrow E$ 孔加工(一般以 F 速度工进,钻孔、镗孔或攻螺纹等)。

动作 4:E 点,孔底动作(如进给暂停、主轴停、主轴准停、主轴反转、刀具偏移等)。

动作 5:$E \rightarrow R$ 刀具快速退回到参考平面 R。

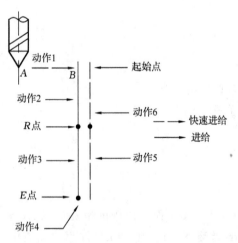

图 3-48 孔加工固定循环

动作6：E→B 刀具快速退回到初始平面。

其中，在孔加工完毕时，刀具进行动作5或动作6取决于指令G99、G98。G99、G98为模态代码，控制孔加工固定循环结束时刀具退回到参考平面(G99)还是初始平面(G98)，G98为缺省值。

下面分别加以介绍华中HNC-1M数控系统主要孔加工固定循环指令。

1) 钻孔循环指令G81

指令格式：G90/G91 G98/G99 G81 X_ Y_ R_ Z_ F_ L_

其中：X_ Y_为孔位置，G90时表示孔位置的绝对坐标，G91时表示孔位置相对钻孔循环起点的增量坐标；

R_为参考平面的位置，G90时表示R平面的Z坐标，G91时表示R平面相对起始平面的增量坐标；

Z_为孔底的位置，G90时表示孔底的Z坐标，G91时表示孔底相对R平面的增量坐标；

F_为钻孔时的进给速度，单位为mm/min；

L_为本条指令的执行次数，在G91时有效，可用于加工多个孔间距均匀一系列孔，以简化编程。

G81的动作过程如下：

① 钻头在初始平面由当前位置快速定位至孔中心(X_，Y_)；

② 沿Z向快速定位至R平面(R_)；

③ 以F速度钻孔至孔深(Z_)；

④ 快速退回至R平面(G99)或起始平面(G98)。

注意：G81指令一般用于加工孔深小于5倍直径的通孔。

2) 钻孔循环指令G82

指令格式：G90/G91 G98/G99 G82 X_ Y_ R_ Z_ P_ F_ L_

其中：P_为钻孔至孔底时钻头在孔底光整加工的停留时间，单位为ms，其余参数的意义同G81。

G82指令功能与G81指令功能基本相同，只是多了刀具在孔底光整加工的停留时间P，即当钻头加工到孔底时，刀具不作进给运动而主轴保持旋转状态，使孔底更光滑。G82一般用于扩孔或沉头孔加工。

3) 深孔钻固定循环指令G83

加工孔深大于5倍直径的孔，由于是深孔加工，为利于排屑，采用间断进给(分多次进给)。图3-49所示为G83深孔钻固定循环的动作，每次进给深度为Q，退至R平面再快进留安全距离d(由系统内部设定)，再进给一个深度Q，如此反复直至加工至孔深。最后一次进给深度≤Q。

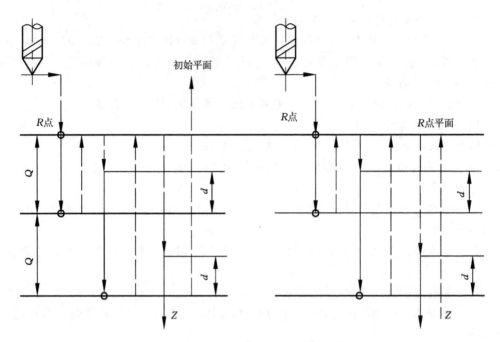

图 3-49　G83 深孔钻固定循环

指令格式：G90/G91 G98/G99 G83 X_ Y_ R_ Z_ Q_ F_ L_

其中：Q 为每次进给的深度，编程时无符号。

4）高速深孔钻固定循环指令 G73

图 3-50 所示为 G73 深孔钻固定循环的动作，该指令与 G83 指令不同之处在于每次进给深度为 Q，退刀量为 d（由系统内部设定），而非退回 R 平面，最后一次进给深度≤Q。由于退刀距离短，加工效率比 G83 指令高。

指令格式：G90/G91 G98/G99 G73 X_ Y_ R_ Z_ Q_ F_ L_

其中：Q 为每次进给深度，无符号；其余各参数的意义同 G81。

5）右旋攻螺纹固定循环指令 G84

指令格式：G90/G91 G98/G99 G84 X_ Y_ R_ Z_ F_ L_

攻螺纹过程要求主轴转速 S 与进给速度 F 按螺纹导程成严格的比例关系。因此，编程时要求根据螺纹导程 P 及主轴转速 S 选择合适的进给速度 F，即 $F=S\times P$；其余各参数含义同 G81 指令。

G84 指令加工右旋螺纹，进给时主轴正转，到孔底主轴反转并以同样的进给速度退刀。该指令执行前不必启动主轴，当执行该指令时，数控系统将自动启动主轴正转。

6）左旋攻螺纹固定循环指令 G74

指令格式：G90/G91 G98/G99 G74 X_ Y_ R_ Z_ F_ L_

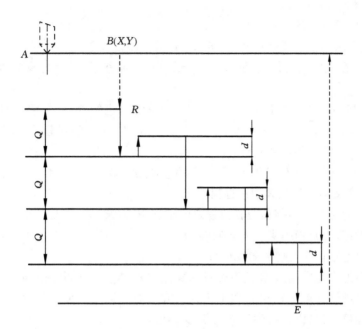

图 3-50　G73 深孔钻固定循环

G74 指令用于加工左旋螺纹,与 G84 指令的区别是进给时主轴反转,至孔底后主轴正转刀具退出,其余各参数含义同 G84。

7) 镗孔加工固定循环指令 G85

指令格式:G90/G91 G98/G99 G85 X_ Y_ R_ Z_ F_

其中各参数含义同 G81 指令。G85 动作过程如下:

① 镗刀在初始平面由当前位置快速定位至孔中心(X_ ,Y_);

② 沿 Z 向快速定位至参考平面(R_);

③ 以 F 速度镗孔加工,深度为 Z;

④ 镗刀以进给速度退回至 R 平面(G99)或起始平面(G98)。

8) 镗孔加工固定循环指令 G86

指令格式:G90/G91 G98/G99 G86 X_ Y_ R_ Z_ F_

其各参数含义同 G81 指令。

G86 指令与 G85 指令的区别是在到达孔底后,主轴停止,并快速退出。

9) 镗孔加工固定循环指令 G89

指令格式:G90/G91 G98/G99 G89 X_ Y_ R_ Z_ P_ F_

其中:P_ 为刀具在孔底的暂停时间,单位为 ms;其余各参数含义同 G81 指令。

G89 指令与 G85 指令的区别是在镗刀到达孔底后,进给暂停,暂停时间由参数 P 设定,单位为 ms。

10) 精镗孔固定循环指令 G76

指令格式：G90/G91 G98/G99 G76 X_ Y_ R_ Z_ P_ Q_ F_

其中：P_为刀具在孔底的暂停时间，单位为 ms；Q_为偏移量，其余各参数含义同 G85 指令。

G76 指令与 G85 指令的区别是在刀具到达孔底后，进给暂停、主轴准停（定向停止）、刀具沿刀尖相反的方向偏移 Q 值然后快速退回至 R 平面(G99)或起始平面(G98)。

11) 反镗孔固定循环指令 G87

指令格式：G90/G91 G98/G99 G87 X_ Y_ R_ Z_ Q_ F_

其各参数含义同 G76。其动作过程如下：

① 镗刀在初始平面由当前位置快速定位至孔中心(X_ ,Y_)；
② 主轴准停、刀具沿刀尖反方向偏移 Q；
③ 刀具快速定位至孔底，深度为 Z；
④ 刀具沿刀尖正向偏移 Q 使刀位点回到孔中心(X_,Y_)，主轴正转；
⑤ 镗刀以进给速度 F 沿 Z 向以退出孔的方向加工至 R 平面；
⑥ 主轴准停，刀具沿刀尖的反方向偏移 Q 值；
⑦ 镗刀快速退回初始平面；
⑧ 刀具沿刀尖正向偏移 Q。

3.6.3 数控铣床编程实例分析

例 3-8 如图 3-51 所示，毛坯为 100 mm×100 mm×50 mm 的 45 钢，要求编制数控铣床加工程序。

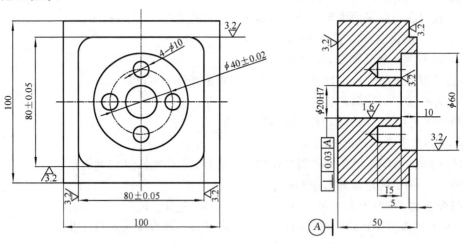

图 3-51 铣削加工综合实例

1. 分析零件图样

毛坯为 100 mm×100 mm×50 mm 的 45 钢,零件四周及上、下表面已加工。欲加工:①80 mm×80 mm×5 mm 方形凸台,公差±0.05 mm;②ϕ60 圆腔,深 10 mm;③均布在 ϕ40 圆周上的 4 个 ϕ10 的孔;④中间 ϕ20H7 的通孔。图样尺寸完整,在数控铣床上用平虎钳一次装夹完成全部加工要素。

2. 工艺设计

1) 选择加工方法

所有孔均先用中心钻定中心,然后再钻孔。为保证 ϕ20H7 孔的精度,根据其尺寸,选择铰削作为其最终加工方法。各加工表面选择的加工方案如下:

① 80 mm×80 mm×5 mm 方形凸台　粗铣→精铣;

② ϕ60 圆腔　粗铣→精铣;

③ ϕ10 的孔　钻中心孔→钻孔;

④ ϕ20H7 的孔　钻中心孔→钻孔→扩孔→铰孔。

2) 确定加工顺序

按先粗后精的原则安排加工顺序,考虑到数控铣床换刀影响加工效率,尽量减少换刀次数,用最少的刀完成加工,并且一把刀的加工内容编为一个独立程序。

粗铣、精铣 80 mm×80 mm×5 mm 方台→粗铣、精铣 ϕ60 圆腔→钻 4 个 ϕ10 孔以及 ϕ20H7 孔的中心孔→钻 4 个 ϕ10 孔→钻 ϕ20H7 孔的底孔至 ϕ19→扩 ϕ20H7 孔→铰 ϕ20H7 孔。表 3-11 所示为数控加工工序卡片。

3) 确定装夹方案

加工该零件需限制 6 个自由度。在数控铣床上用平虎钳一次装夹完成全部加工要素。A 面定位限制 3 个自由度,一侧面限制另外的 2 个自由度。由于 ϕ20H7 孔有垂直度要求,装夹时注意找平、找正。

4) 选择刀具

各工步刀具直径根据加工余量和孔径确定(见表 3-9)。

5) 选择切削用量

在机床说明书允许的切削用量范围内查表选取切削速度和进给量,然后算出主轴转速和进给速度(见表 3-9)。

6) 编制加工程序

以工件对称中心为工件原点,工件上表面为 Z0,起刀点均为 X0Y0Z100。

程序清单如下。

%3717　　　　　　　　　　　　　　　　　　　;粗铣、精铣 80 mm×80 mm×5 mm 方形凸台

(说明:粗加工程序与精加工程序相同,根据工序卡片在加工时调整主轴及进给轴倍率开关。)

表 3-9 数控加工工序卡片

工步号	工步内容	刀具规格	切削用量		刀补号	程序号
			主轴转速 /(r/min)	进给速度 /(mm/min)		
1	粗铣 80 mm×80 mm×5 mm方形凸台至 81 mm×81 mm×5 mm	φ25 立铣刀	500	70	H01、D01	%3717
2	精铣 80 mm×80 mm×5 mm方形凸台至 80 mm×80 mm×5 mm	φ25 立铣刀	600	45	H01、D02	%3717
3	粗铣 φ60 圆腔至 φ58	φ25 立铣刀	500	70	D03	%3718
4	精铣 φ60 圆腔至 φ60	φ25 立铣刀	600	45	D04	%3718
5	钻 4×φ10 及 φ20H7 孔的中心孔	φ3 中心钻	1 200	40		%3719
6	钻 4×φ10 孔	φ10 麻花钻	300	50		%3720
7	钻 φ20H7 孔的底孔至 φ19	φ19 麻花钻	200	40		用 MDI 方式加工
8	扩 φ20H7 孔至 φ19.85	φ19.85 扩孔刀	200	40		
9	铰 φ20H7 孔	φ20H7 铰刀	100	50		
编制		审核	批准		日期	

```
T01 M06
M03 S500
G54 G90 G00 X0 Y0 Z100
G00 X-40 Y-70
G01 Z-5 F100
G41 X-40 Y-40 D01 F70      ;精铣时将 D01 改为 D02 即可
Y40
X40
Y-40
X-60
G00 Z100
G00 G40 X0 Y0
M30
%3718                       ;粗铣、精铣 φ60 圆腔至 φ60
```

```
T02 M06
M03 S500
G54 G90 G00 X0 Y0 Z100
G00 Z2
G00 G41 X30 Y0 D03
G03 X30 Y0 I-30 J0 Z-10 M08        ;螺旋下刀至圆腔深 10 mm
G03 X30 Y0 I-30 J0                 ;精铣圆腔
G01 G40 X0 Y0
S600
G01 G41 X20 Y10 D04 F40            ;精铣圆腔
G03 X0 Y30 R20
X0 Y30 I0 J-30
X-20 Y10 R20
G01 G40 X0 Y0
G00 Z100
M30

%3719                              ;钻 4×φ10 及 φ20H7 孔的中心孔
T03 M06
M03 S1200
G54 G00 G90 X0 Y0 Z100
G82 G99 X0 Y0 R2 Z-3 P10 F50 M08
X20 Y0
X0 Y20
X-20 Y0
X0 Y-20
G80 G00 X0 Y0 Z100
M30
%3720                              ;钻 4×φ10 孔
T04 M06
M03 S300
G54 G00 G90 X0 Y0 Z100
G82 G99 X20 Y0 R-8 Z-25 P10 F50 M08
X0 Y20
```

```
X-20 Y0
X0 Y-20
G80 G00 X0 Y0 Z100
M30
```

3.7 加工中心编程

加工中心是将数控铣床、数控镗床、数控钻床的功能集于一体的、并装有刀库和自动换刀装置的数控镗铣床。加工中心配置有刀库,在加工过程中由程序控制选用和更换刀具。加工中心与其他数控机床相比结构较复杂,控制系统功能较齐全。加工中心至少可控制三个坐标轴,有的多达十几个坐标轴。其控制功能最少可实现两轴联动控制,多的可实现五轴、六轴联动,从而保证刀具能进行复杂表面的加工。加工中心除具有直线插补和圆弧插补功能外,还具有各种加工固定循环、刀具半径自动补偿、刀具长度自动补偿、在线监测、刀具寿命管理、故障自动诊断、加工过程图形显示、人机对话和离线编程等功能。

加工中心按主轴形式一般可分为立式、卧式和立卧式三种。立式加工中心主轴是垂直布置的,主要用于 Z 轴方向尺寸相对较小的零件加工;卧式加工中心的主轴是水平布置的,一般具有回转工作台,特别适合于箱体类零件的加工,一次装夹,可对箱体的四个表面进行铣削、钻削、攻螺纹等加工;立卧可转换的加工中心,零件一次装夹后,能完成除定位基准面外的五个面的加工。此外,还有用于精密加工的龙门形加工中心等。

3.7.1 加工中心的程序编制

除换刀程序外,加工中心的编程方法与数控铣床基本相同。

不同的加工中心,其换刀程序是不同的,通常选刀和换刀分开进行。换刀完毕启动主轴后,方可进行下面程序段的加工内容。选刀可与机床加工重合起来,即利用切削时间进行选刀。多数加工中心都规定了换刀点位置,即换刀点位置是固定的。主轴只有定位到这个位置,机械手才能松开以执行换刀动作。一般立式加工中心规定换刀点的位置在机床 Z 轴机械零点处。卧式加工中心规定在机床 Y 轴机械零点处。换刀程序可采用下列两种方法设计。

```
方法一:N10 G91 G28 Z10 T02         ;返回参考点,选 T02 号刀
       N11 M06                     ;主轴换上 T02 号刀
方法二:N10 G01 Z~T02                ;切削过程中选 T02 号刀
       ...
       N017 G28 Z10 M06            ;返回参考点,换上 T02 号刀
       N018 G01 Z~T03              ;切削加工同时选 T03 号刀
```

1. 钻孔程序的编制

例 3-9 如图 3-52 所示，沿任意一条直线钻等距的孔。若使用配备 FANUC 6M 的立式加工中心（两坐标联动），编制加工程序。

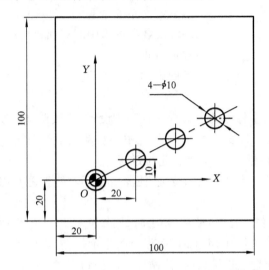 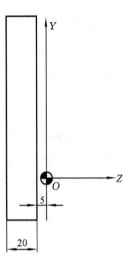

图 3-52 沿直线等距离的孔

编制加工如下。

```
O0001
N10   G92 X400.0 Y300.0 Z320.0      ;用 G92 设置建立加工坐标系。
N20   M06                           ;机床换刀。机床启动后主轴上装的是
                                     φ10 钻头，刀库的相应刀位上应放装有中
                                     心钻。执行 M06 就是把中心钻换到主轴
                                     上为下面程序钻定位孔做准备。
N30   G90 G00 X0 Y0                 ;XY 平面定位
N40   Z0                            ;Z 向定位
N50   M03 S500                      ;主轴启动
N60   G81 G99 R-5.0 Z-10.0 F50      ;钻深为 5 mm 的中心孔
N70   G91 X20.0 Y10.0 L03           ;重复三次钻三个中心孔
N80   M05                           ;主轴旋转停止
N90   G28 Z0                        ;Z 轴以自身点为中间点回机床原点
N100  M06 T01                       ;换钻孔刀
N110  M03 S500                      ;主轴启动
N120  G00 X0 Y0                     ;XY 平面定位
```

```
N130 G90 G43 Z0 H11          ;刀具快速接近工件,并且在此过程中实现
                              刀具长度补偿
N140 G91 G81 G99 X20.0 Y-10.0 R-5.0 Z-30.0 F50 L04
                             ;重复四次钻四个孔
N150 M05 G28 Z0              ;Z轴以自身为中间点回机床原点
N160 M01                     ;选择停止
N170 M99 P20                 ;返回到N20程序段
```

程序的特点如下。

(1) 使用G92建立工件坐标系,坐标系的偏置量在程序中设置,修改调整方便。

(2) 有两次自动换刀,并使用刀具长度补偿,体现加工中心自动加工的功能。

(3) 使用中心钻(N60程序段)预钻定位孔,使孔定位准确。

(4) 使用相对值指令(N70、N140)给出了孔的位置,使固定循环功能重复使用至钻完为止。

(5) 使用了M01(N160)程序暂停。注意:使用M01时,操作面板M01的程序暂停开关应放在接通的位置。这样,当程序执行到M01时,面板上的指示灯亮,告诉操作者程序处于任选停止,可以装卸工件。待处理工作结束时,按循环启动按钮,程序继续执行。

(6) 程序结尾使用M99 N20,这也是程序结束的方法。它使程序自动返回到N20的程序段去继续执行,运行不停止。

2. 镗孔程序的编制

例3-10 图3-53所示为轴承支座工件。工艺为:在卧式加工中心上一次装夹,使用反镗固定循环等功能,不转动工作台,以保证同轴度要求。镗三个孔的程序(FANUC11系统)如下。

```
O0002
N1 M06 T11
N2 G00 G90 G54 X0 Y0 Z0
N3 M03 S350 M08
N4 G76 G99 R-5.0 Z-75.0 Q0.3 F40    ;精镗φ35H9孔,Q0.3表示刀头移动
                                     量为0.3 mm
N5 M05 M09
N6 G30 Y0 M06 T2
N7 M03 M08
N8 G43 H2 G00 Z0
N9 G76 G99 Z-25.0 R-5.0 Q0.3 F40
N10 M05 M09
```

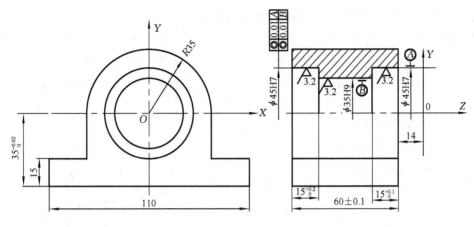

图 3-53 轴承支座

N11 G30 G49 Y0 M06 T3
N12 G00 G43 H3 Z0
N13 M03 M08
N14 G87 G99 R-75.0 Z-55.0 Q6.0 F40
N15 G49 G30 Y0
N16 M05 M09
N17 M30

程序特点如下。

(1) 使用 G54 设加工坐标系,加工前通过偏置画面,用参数设置。

(2) 有三次换刀指令,实现镗不同孔的目的。卧式加工中心换刀时 Y 轴必须回参考点,立式加工中心换刀时 Z 轴回参考点,回参考点的指令代码要按机床使用说明规定使用。

(3) 用刀长偏置来处理不同长度的镗刀,使其到达工作点位置一致。使用刀具长度补偿后,必须立即用 G49 注销,需要时再重新设置。

(4) 使用反镗固定循环(N14)时 Q 值要满足下面的不等式,以防移动量不够,碰撞工件。

$$\frac{D_1-D_2}{2} < Q < \frac{D_2-D}{2}$$

式中:Q 为让刀量;D_1 为大孔的直径;D_2 为小孔的直径;D 为镗杆直径。

(5) 程序结束时用 M30,使程序执行完后自动复位到程序起始位置。

3. 铣削程序的编制

例 3-11 平面图形直线与圆弧加工程序的编制,图 3-54 所示为磁钢瓦型块模具图。

用立式加工中心(FANUC 0MC 系统)加工此模具的程序如下。

O0003
N10 G90 G54 G80 G40
N20 M06   ;使用 φ20 立铣刀
N30 M03 S800
N40 G00 X15.0 Y30.0
N50 G43 Z0 H11
N60 G01 G42 X15.0 Y47.7 F80 D01
                       ;D01=10.2
N70 X20.0 Y67.08
N80 G03 X-20.0 R70.0
N90 G01 X-15.0 Y47.7
N100 G02 X15.0 R50.0
N110 G01 G40 X5.0 Y30.0
N120 G42 X15.0 Y47.7 D02   ;D02=10.0
N130 X20.0 Y67.081
N140 G03 X-20.0 R70.0
N150 G01 X-15.0 Y47.7
N160 G02 X15.9 R50.0
N170 G01 G40 X5.0 Y30.0
N180 G00 Z100.0
N190 M01
N200 M99 P20

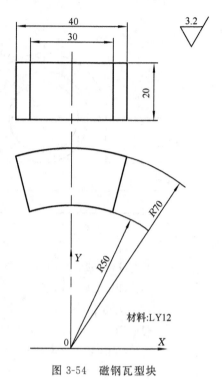

图 3-54 磁钢瓦型块

程序特点如下。

(1) 同一把刀使用两次半径补偿功能,实现对工件的粗加工和精加工。
(2) 程序可循环使用,进行批量加工。
(3) 半径补偿功能在用完之后要及时取消;否则,会在其他程序段中产生位置的偏移。这种偏移用程序复位功能是注销不了的。
(4) 这个程序可以简化。只要引入子程序调用即可将程序变得很简单。

3.7.3 加工中心编程综合实例

例 3-12 支承板简图如图 3-55 所示。试编制其在加工中心加工的内容、工艺方案及

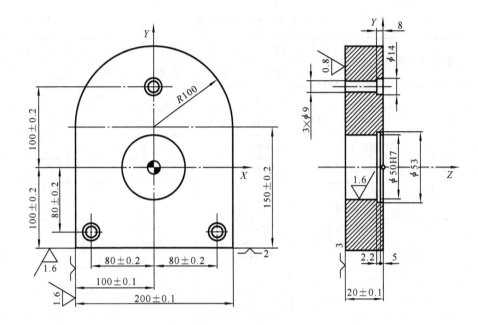

图 3-55 支承板简图

数控加工程序卡片。

在加工中心上加工的内容如下。

(1) 加工 R100 圆弧。

(2) 加工 ϕ50H7 孔及孔中 2.2×ϕ53 槽。

(3) 加工三个 ϕ9 孔及三个 ϕ14 孔。

1. 工艺方案制订

在加工中心工序之前,该件已将 200±0.1 mm 尺寸两面,20±0.1 mm 尺寸两面及 150±0.2 mm 尺寸的下面在前面工序中完成,ϕ50H7 孔已铸出,毛坯孔为 ϕ47。

选用的加工中心主要参数如下。

(1) 工作台面积:630 mm×630 mm。

(2) 机床行程:X—810,Y—530,Z— 510。

(3) 工件以 20±0.1 mm 尺寸左面、150±0.2 mm 尺寸上面,100±0.1 mm 尺寸左面定位。

2. 加工中心工步设计

加工方法,工步设计,刀、辅具及切削用量选择见表 3-10 所示的数控加工程序卡片。

表 3-10 数控加工程序卡片

数控加工程序卡片		产品型号	XHJ716	零件名称	支承板	程序号	O5021
		零件图号	50012	材料	铸铁	编制	
工步号	工步内容	刀 具		辅具	切削用量		量检具
		T码	种类规格	刀长	S	F	a_p	
1	精铣 $R100$ 圆弧	T1	立铣刀 $\phi50$	—	—	500	80	—
2	粗镗 $\phi50H7$ 孔至 $\phi49$	T2	镗刀 $\phi49$	—	—	400	80	—
3	半精镗 $\phi50H7$ 孔至 $\phi49.8$	T3	镗刀 $\phi49.8$	—	—	450	50	—
4	铣 2.2×53 槽	T4	锯片铣刀	—	—	200	60	—
5	精镗 $\phi50H7$	T5	精镗刀 $\phi50H7$	—	—	400	60	塞规 $\phi50H7$
6	钻 $3-\phi9$ 孔	T6	钻头 $\phi9$	—	—	800	80	—
7	钻 $3-\phi14$ 孔	T7	键槽铣刀 $\phi14$	—	—	800	80	—

3. 程序设计（略）

3.8　自动编程简介

程序编制的效率与准确程度是数控机床加工的关键。因此，在数控机床出现不久，人们就开始了对自动编程方法的研究。随着计算机技术和算法语言的发展，首先采用语言程序，经过不断的发展，现在已出现了多种成熟的图形交互自动编程系统。

3.8.1　语言程序编程系统

1. 语言程序编程系统的组成

所谓"语言程序"就是用专用的语言和符号来描述零件图纸上的几何形状及刀具相对零件运动的轨迹、顺序和其他工艺参数等，这个程序称为零件源程序。零件源程序编好后，输入计算机，为了使计算机能够识别和处理由相应的数控语言编写的零件源程序，事先必须针对一定的加工对象，将相应的编译程序存放在计算机内，这个程序通常称为数控程序系统或数控软件。数控软件分两步对零件源程序进行处理：第一步是计算刀具中心相对于零件运动的轨迹，由于这部分处理不涉及具体 NC 机床的指令格式和辅助功能，因此具有通用性；第二步是针对具体数控机床的功能产生控制指令的后置处理程序，后置处理程序是不通用的。由此可见，经过数控程序系统处理后输出的程序才是控制数控机床的零件加工程序。整个数控自动编程的过程如图 3-56 所示。可见，为实现自动编程，数

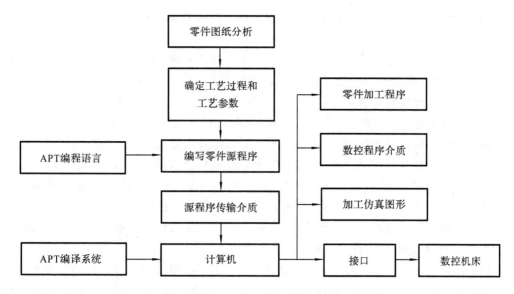

图 3-56 数控自动编程的过程

控自动编程语言和数控程序系统是两个重要的组成部分。

现在国际上流行的数控自动编程语言有上百种,其中流传最广、影响最深、最具有代表性的是美国 MIT 研制的 APT 系统(automatically programmed tools)。此外,还有德国的 EXAPT、日本的 FAPT 和 HAPT、法国的 IFAFT、意大利的 MODAAPT,我国的 SKC、ZCX 等。我国原机械工业部 1982 年发布的 NC 机床自动编程语言标准(JB3112—1982)采用了 APT 的词汇语法;1982 年国际标准化组织 ISO 发布的 NC 机床自动编程语言(ISO4342—1985)也是以 APT 语言为基础的。

3.8.2 图形交互自动编程系统

APT 语言编程具有许多优点:程序简练,走刀控制灵活等。但它开发得比较早,受当时条件的限制,虽然经过多次改进,仍有许多不便之处:采用语言定义零件几何形状不易描述复杂的几何图形,缺乏直观性;缺乏对零件形状、刀具运动轨迹的直观显示;难以和 CAD 数据库及 CAPP 系统有效地连接;不易实现高度的自动化和集成化。

图形交互式自动编程建立在计算机绘图基础之上的,在编程时编程人员首先对零件图样进行工艺分析,确定构图方案,然后即可利用自动编程软件本身的自动绘图 CAD 功能,在显示器上以人机对话方式构建几何图形,最后利用软件的 CAM 功能,生成 NC 加工程序。这种编程方法具有速度快、精度高、直观性好、使用方便、利于检查等优点。在编程过程中,图形数据的节点数据计算、程序的编制及输出都是由计算机自动完成的。因此该系统编程的速度快、效率高、准确性高。

因此,图形交互式自动编程是一种先进的自动编程技术,是自动编程软件的发展方向。

图形交互式自动编程是建立在 CAD 和 CAM 基础上的,其处理过程包括:零件图纸及加工工艺分析,几何造型,刀具位置的点轨迹计算及生成,后置处理,程序输出。其处理过程与语言式自动编程有所不同,以下对其主要处理过程作简要介绍。

(1) 几何造型　几何造型就是利用 CAD 软件的图形编辑功能交互地进行图形构建,编辑修改,曲线、曲面造型等工作,将零件被加工部位的几何图形准确地绘制在计算机屏幕上,与此同时,在计算机内自动形成零件图形数据库。这就相当于在 APT 语言编程中,用几何定义语句定义零件几何图形的过程。其不同点就在于它不是用语言,而是用计算机交互绘图的方法,将零件的图形数据输入到计算机中。这些图形数据是下一步刀具轨迹计算的依据。在自动编程过程中,软件将根据加工要求提取这些数据。进行分析判断和必要的数学处理,以形成加工的刀具位置数据。

(2) 刀具走刀路径的产生　图形交互自动编程的刀具轨迹的生成是面向屏幕上的图形交互进行的。首先调用刀具路径生成功能;然后根据屏幕提示,用光标选择相应的图形目标,点取相应的坐标点,输入所需的各种参数。软件将自动地从图形中提取编程所需的信息,进行分析判断,计算节点数据,并将其转换为刀具位置数据,存入指定的刀位文件中或直接进行后置处理并生成数控加工程序,同时在屏幕上模拟显示出零件图形和刀具运动轨迹。

(3) 后置处理　后置处理的目的是形成各个机床所需的数控加工程序文件。由于各种机床使用的控制系统不同,其数控加工程序指令代码及格式也有所不同。为了解决这个问题,软件通常为各种数控系统设置一个后置处理用的数控指令对照表文件。在进行后置处理前,编程人员应根据具体数控机床指令代码及程序的格式事先编辑好这个文件,然后,后置处理软件利用这个文件,经过处理,输出符合数控加工格式要求的 NC 加工文件。

(4) 程序输出　由于在图形交互式自动编程过程中,可在计算机内自动生成刀具位置的点轨迹图形文件和数控加工程序文件,所以程序的输出可以通过计算机的各种外部设备进行。如打印机可以打印出数控加工程序单,并可在程序单上用绘图机绘出刀具位置的点轨迹图,使机床操作者更直观地了解加工的走刀过程;对于有标准通信接口的数控机床可以和计算机直接联机,由计算机将加工程序直接送至数控机床。

3.8.3　典型 CAD/CAM 软件介绍

CAD/CAM 系统软件是实现图形交互式数控编程必不可少的应用软件。随着 CAD/CAM 技术的飞速发展和推广应用,国内外不少公司与研究单位先后推出了各种 CAD/CAM 支撑软件。目前,国内市场上销售比较成熟的 CAD/CAM 支撑软件就有十几种,既有国外的也有国内自主开发的,这些软件在功能、价格、使用范围等方面有很大的差别。由于 CAD/CAM 软件技术复杂,售价高,并且涉及企业多方面的应用,企业在选型时应慎重,并往往要花费很多的精力和时间。因此,原机械工业部于 1998 年专门组织了一批 CAD/CAM 方面的专家教授,对当前国内市场上销售和应用比较普遍的 CAD/CAM 支撑软件进行了一次测评。根据有关信息,本书列举一些典型的 CAD/CAM 软件,以供选型时参考。

1. CAXA-ME 系统

CAXA-ME 是我国北京北航海尔软件有限公司自主开发研制,基于微机平台,面向机械制造业的全中文三维复杂形面加工的 CAD/CAM 软件。它具有 2~5 轴数控加工编程功能,较强的三维曲面拟合能力,可完成多种曲面造型,特别适合于模具加工的需要,并具有数控加工刀具路径仿真、检测功能,适合于多种数控机床的通用后置处理。

2. UG(unigraphics)系统

UG 系统由美国 END 公司经销。它最早由美国麦道航空公司研制开发,从二维绘图、数控加工编程、曲面造型等功能发展起来。UG 软件从推出至今已近 20 年。目前,在我国已推出 18 个版本。UG 本身以复杂曲面造型和数控加工功能见长,是同类产品中的佼佼者,并具有较好的二次开发环境和数据交换能力。它可以管理大型复杂产品的装配模型,进行多种设计方案的对比分析、优化,为企业提供产品设计、分析、加工、装配、检验、过程管理、虚拟运作的全数字化支持,具有多级化的产品开发能力。

3. MDT(mechanical desktop)系统

MDT 是 Autodesk 公司在 PC 平台上开发的三维机械 CAD/CAM 系统,以三维设计为基础,集设计、分析、制造,以及文档管理等多种功能为一体,为用户提供了从设计到制造一体化的解决方案。由于该软件与国内普及率最高的 CAD 软件——AutoCAD 出自同一个公司,两者之间完全融为一体。对 AutoCAD 老用户来说,可方便地实现由二维向三维过渡。因此,在国内应用比较广泛。

4. MasterCAM 系统

MasterCAM 是美国专门从事 CNC 程序软件的专业化公司——CNC software INC. 研制开发的,使用于微机 PC 级的 CAD/CAM。它是世界上装机量较多的 CNC 自动编程软件,一直是数控编程人员的首选软件之一。

MasterCAM 系统除了可自动产生 NC 程序外,本身亦具有较强的绘图(CAD)功能,即可直接在系统上通过绘制所加工零件图,然后再转换成 NC 零件加工程序。亦可将如同 CAD、CADKEY、Mi-CAD 等其他 CAD 绘图软件绘制的零件图形,经由一些标准或特定的转换档,像 DXF(drawing exchange file)档、CADL(cadkey advanced design language)档及 IGES(initial graphic exchange specification)档等,转换至 MasterCAM 系统内,再产生 NC 程序。还可用 BASIC、FORTRAN、PASCAL 或 C 语言设计,并经由

ASCII 档转换至 MasterCAM 系统中。

MasterCAM 是一套使用性相当广泛的 CAD/CAM 系统，为了适合于各种数控系统的机床加工，MasterCAM 系统本身提供了百余种后置处理 PST 程序。所谓 PST 程序，就是将通用的刀具轨迹文件 NCI(NC intermediary)转换成特定的数控系统编程指令格式的 NC 程序。并且每个后置处理 PST 程序也可通过编辑方式修改，以适合于各种数控系统编程格式的要求。

MasterCAM 具有铣削、车削及激光加工等多种数控加工程序制作功能。

3.9　程序编制中的数学处理

根据零件图要求，按照既定的加工路线和编程允许误差，计算出数控系统所需的输入数据，称为数学处理或数值计算。具体地说，数学处理就是计算出零件轮廓上或刀具中心轨迹上一些点的坐标数据。

数学处理的内容繁简悬殊甚大。点位控制系统只需进行简单的尺寸计算，而轮廓控制系统就复杂得多。对于不同的轮廓，编程差别也很大，如两坐标比多坐标轮廓编程简单。下面介绍平面轮廓零件编程时的数值计算。

3.9.1　数学处理的主要内容

1. 基点坐标的计算

零件的轮廓曲线一般由许多不同的几何元素组成，如由直线、圆弧、二次曲线等组成。通常把各个几何元素间的连接点称为基点，如两条直线的交点、直线与圆弧的切点或交点、圆弧与圆弧的切点或交点、圆弧与二次曲线的切点和交点等。大多数零件轮廓由直线和圆弧组成，这类零件的基点计算较简单，用零件图上已知尺寸数值就可计算出基点坐标，如若不能，可用联立方程式求解方法求出基点坐标。

2. 节点坐标的计算

数控系统均具有直线和圆弧插补功能，有的还具有抛物线插补等功能。当加工由双曲线、椭圆等组成的平面轮廓时，就得用许多直线或圆弧段逼近其轮廓。直线或圆弧段相邻两线段的交点称为节点。编程时就要计算出各线段长度和节点坐标值。

3. 刀具中心轨迹的计算

全功能的数控系统具有刀具补偿功能。编程时，只要计算出零件轮廓上的基点或节点坐标，给出有关刀具补偿指令及其相关数据，数控装置就可自动进行刀具偏移计算，算出所需的刀具中心轨迹坐标，控制刀具运动。

有的经济型数控系统没有刀具补偿功能，则一定要按刀具中心轨迹数据编制加工程序，这就需要进行刀具中心轨迹的计算。

4. 辅助计算

由刀具起点到切入点的切入程序,由零件切削终点到切出点的切出程序等辅助程序段的数值计算,需算出辅助程序段所需的数据。

3.9.2 数控编程的误差控制

数控编程的误差 $\nabla_{程}$ 主要由三部分组成,即

$$\nabla_{程} = f(\nabla_{逼}, \nabla_{插}, \nabla_{圆})$$

式中:$\nabla_{逼}$ 为采用近似方法逼近零件轮廓曲线时所产生的误差,称为逼近误差;

$\nabla_{插}$ 为采用插补线段逼近零件轮廓曲线时产生的误差,称为插补误差;

$\nabla_{圆}$ 为数据处理时,将小数脉冲圆整成整数时产生的误差,称为圆整误差。

1. 逼近误差

采用近似方法逼近零件轮廓曲线时所产生的误差称为逼近误差,也称为一次逼近误差。生产中经常需要仿制已有零件的备件而又无法测绘零件外形的准确数学表达式,这时只能实测一组离散点的坐标值,用样条曲线或曲面拟合后编程。近似方程所表示的形状与原始零件之间有误差,即为逼近误差。

2. 插补误差

采用直线或圆弧段逼近零件轮廓曲线所产生的误差称为插补误差,也称二次逼近误差。减少这一误差的最简单的方法是加密插补点,但这样会增加程序段的数量。若构成零件轮廓曲线的几何要素或列表曲线的逼近方程式曲线与数控系统的插补功能相同时,则没有该插补误差。

3. 圆整误差

数控机床的最小位移量是脉冲当量,小于一个脉冲当量的数据只能用四舍五入的办法处理,这就产生圆整误差,其最大值为脉冲当量的一半。

在数控加工误差中,除了编程误差之外,还有很多其他误差,如控制系统误差、进给传动系统误差、零件定位误差、对刀误差、刀具磨损误差及工件变形误差等。其中,进给传动系统误差与定位误差是加工误差的主要来源,并且是不可避免的,它由系统结构本身精度所决定。要控制整个加工误差,程序误差一般控制在零件公差的 $1/5 \sim 1/10$ 以内。

3.9.3 非圆曲线轮廓零件的数学处理

非圆曲线轮廓零件的种类很多,但不管是哪一种类型的非圆曲线零件,编程时所做的数学处理都是相同的。一是选择插补方式,即采用直线还是圆弧逼近非圆曲线;二是插补节点坐标计算。

1. 用直线逼近零件轮廓曲线

常用的计算方法有：等间距法、等弦长法、等误差法和比较迭代法等。

(1) 等间距法(见图3-57(a))　该法是使一坐标的增量相等,然后求出曲线上相应的节点,将相邻节点连成直线,用这些直线段组成的折线代替原来的廓形曲线。坐标增量取得愈小,则$\nabla_插$愈小,这使得节点增多,程序段也就增多,编程费用也高。但等间距法计算较简单。

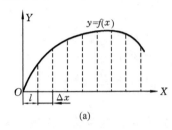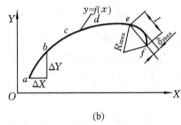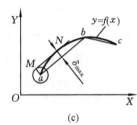

图3-57　直线逼近曲线

(2) 等弦长法(见图3-57(b))　该法是使所有逼近直线段长度相等。总的来看,它比等间距法的程序段数少一些。当曲线曲率半径变化较大时,所求节点数将增多,所以此法适用于曲率变化不很大的情况。

(3) 等误差法(见图3-57(c))　该法是使逼近线段的误差相等,且等于$\nabla_插$,所以此法较上面两种方法更合理,特别适合曲率变化较大的复杂曲线轮廓。下面介绍用等误差法计算节点坐标的方法。

设零件轮廓曲线的数学方程为$y=f(x)$,步骤如下:

① 以起点a为圆心,以允许误差$\nabla_插$为半径作圆,称为允差圆,其圆方程已知;

② 作允差圆与曲线$y=f(x)$的公切线MN,公切线的斜率K可求;

③ 过a点作公切线的平行线,其斜率为K,该直线与曲线$y=f(x)$的交点b即为第一个节点,则得到插补直线段ab;

④ 求直线插补节点b的坐标。

⑤ 再从b点开始重复上述的步骤,依次得到其余各节点坐标值。

用等误差法,虽然计算较复杂。但可在保证$\nabla_插$的条件下,得到最少的程序段数目。此种方法的不足之处是:直线插补段的连接点处不光滑,使用圆弧插补段逼近,可以避免这一缺点。

2. 用圆弧逼近零件轮廓曲线

零件轮廓曲线用$y=f(x)$表示,并使圆弧逼近误差小于或等于$\nabla_插$。常采用彼此相交圆弧法、相切圆弧法。前者如圆弧分割法、三点作圆法等。后者的特点是相邻各圆弧段彼此相切,逼近误差小于或等于$\nabla_插$。

图 3-58 中虚线表示工件廓形曲线,在曲线的一个计算单元上任选四个点 A、B、C、D,其中点 A 为给定的起点。AD 段(一个计算单元)曲线用两相切圆弧$\widehat{M}$和$\widehat{N}$逼近。具体来说,点 A 和 B 的法线交于点 M,点 C 和 D 的法线交于点 N,分别以点 M 和 N 为圆心、以 MA 和 ND 为半径作两圆弧,则圆弧$\widehat{M}$和$\widehat{N}$相切于 MN 的延长线上的点 G。

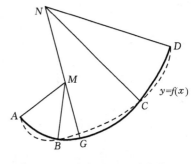

图 3-58 用相切圆逼近轮廓线

曲线与圆弧 M、N 的最大误差分别发生在 B、C 两点,两圆相切于点 G,应满足的条件为

$$|R_M - R_N| = \overline{MN}$$

满足 $\nabla_{插}$ 要求

$$|\overline{AM} - \overline{BM}| \leqslant \nabla_{插}$$
$$|\overline{DN} - \overline{CN}| \leqslant \nabla_{插}$$

应该指出的是,在曲线有拐点和凸点时,应将拐点和凸点作为一个计算单元(每一计算单元为四个点)的分割点。

思考题与习题

3-1 什么是机床坐标系、工件坐标系、机床原点、机床参考点和工件原点?

3-2 手工编程的一般步骤是什么?

3-3 什么是模态、非模态指令?举例说明。

3-4 一个完整的数控加工程序由哪些部分组成?

3-5 数控加工的工件定位、安装时应遵循哪些基本原则?

3-6 如何确定数控加工的切削用量?

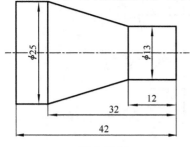

题 3-10 图

3-7 数控加工中应注意哪些工艺问题?

3-8 数控车削刀具一般分为哪几种类型?

3-9 试述数控车削加工的主要对象。

3-10 编制如题 3-10 图所示零件的加工程序(毛坯 $\phi25$ 棒料,45 钢)。

3-11 编制如题 3-11 图所示零件的加工程序(毛坯 $\phi25$ 棒料,45 钢)。

3-12 编制如题 3-12 图所示零件的加工程序,螺

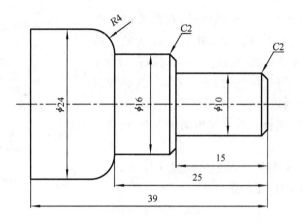

题 3-11 图

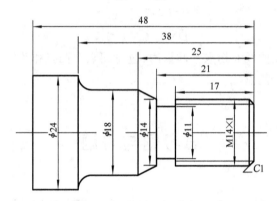

题 3-12 图

纹部分分别用 G32、G82、G76 三种方式编程。（毛坯 φ25 棒料，45 钢）。

3-13 使用 G41、G42 刀具半径补偿指令时应注意哪些问题？

3-14 用 φ6 的立铣刀加工如题 3-14 图所示异形槽，深度 5 mm，试编写加工程序。

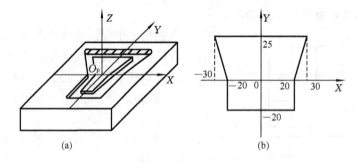

题 3-14 图

3-15 用 φ4 的立铣刀加工如题 3-15 图所示三个字母,深度 3 mm,试编写加工程序。

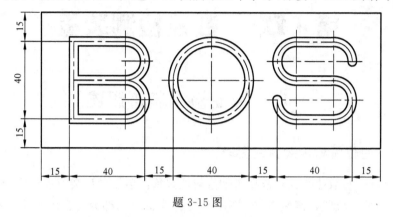

题 3-15 图

3-16 用 φ10 的立铣刀精铣如题 3-16 图所示的内、外表面,用刀具半径补偿功能编写加工程序。

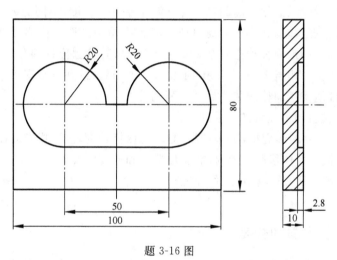

题 3-16 图

第4章 数控检测装置

4.1 数控检测装置概述

4.1.1 对位置检测装置的要求

在数控机床中,数控装置是依靠指令值与位置检测装置的反馈值进行比较,以此来控制工作台运动的。位置检测装置是 CNC 系统的重要组成部分。在闭环系统中,它的主要作用是检测位移量,并将检测的反馈信号和数控装置发出的指令信号相比较,若有偏差,经放大后控制执行部件,使其向着消除偏差的方向运动,直到偏差为零为止。为了提高数控机床的加工精度,必须提高测量元件和测量系统的精度,不同的数控机床对测量元件和测量系统的精度要求、允许的最高移动速度各不相同。现在检测元件与系统的最高水平是:被检测部件的最高移动速度至 240 m/min 时,其检测位移的分辨率(能检测的最小位移量)可达 1 μm,相当于 24 m/min 时可达 0.1 μm。最高分辨率可达 0.01 μm。因此,研制和选用性能优越的检测装置是很重要的。

数控机床对位置检测装置的要求如下:
(1) 受温度、湿度的影响小,工作可靠,能长期保持精度,抗干扰能力强;
(2) 在机床执行部件移动范围内,能满足精度和速度的要求;
(3) 使用维护方便,适应机床工作环境;
(4) 成本低。

4.1.2 检测装置的分类

按工作条件和测量要求的不同,测量方式亦有不同的划分方法,位置检测装置分类如表 4-1 所示。

表 4-1 位置检测装置分类

位置检测装置	按检测信号的类型分类	数字式测量	光栅,光电码盘,接触式码盘
		模拟式测量	旋转变压器,感应同步器,磁栅
	按测量装置编码方式分类	增量式测量	光栅,增量式光电码盘
		绝对式测量	接触式码盘,绝对式光电码盘
	按检测方式分类	直接测量	光栅,感应同步器,编码盘(测回转运动)
		间接测量	编码盘,旋转变压器

1）数字式测量和模拟式测量

数字式测量是以量化后的数字形式表示被测的量。数字式测量的特点是测量装置简单，信号抗干扰能力强，且便于显示处理。模拟式测量是将被测的量用连续的变量表示。如用电压变化、相位变化来表示。

2）增量式测量和绝对式测量

增量式测量的特点是只测量位移增量，即工作台每移动一个测量单位，测量装置便发出一个测量信号，此信号通常是脉冲形式。绝对式测量的特点是被测的任一点的位置都由一个固定的零点算起，每一测量点都有一对应的测量值。

3）直接测量和间接测量

测量传感器按形状可以分为直线型和回转型。若测量传感器所测量的指标就是所要求的指标，即直线型传感器测量直线位移，回转型传感器测量角位移，则该测量方式为直接测量。若回转型传感器测量的角位移只是中间量，由它再推算出与之对应的工作台直线位移，那么，该测量方式为间接测量，其测量精度取决于测量装置和机床传动链两者的精度。

数控机床检测元件的种类很多，在数字式位置检测装置中，采用较多的有光电编码器、光栅等。在模拟式位置检测装置中，多采用感应同步器、旋转变压器和磁栅等。随着计算机技术在工业控制领域的广泛应用，目前，感应同步器、旋转变压器和磁栅在国内已很少使用，许多公司已不再经营此类产品。然而旋转变压器由于其抗振、抗干扰性好，在欧美仍有较多的应用。数字式的传感器使用方便可靠（如光电码盘和光栅等），因而应用最为广泛。

在数控机床上除位置检测外，还有速度检测，其目的是精确地控制转速。转速检测装置常用测速发电机，回转式脉冲发生器。本章主要介绍各种常用的位置检测元件的结构和工作原理，以及其应用的有关情况。

4.2　旋转变压器

旋转变压器是一种常用的转角检测元件，由于它结构简单，工作可靠，且其精度能满足一般的检测要求，因此被广泛应用在数控机床上。

旋转变压器的结构和两相绕线式异步电动机的结构相似，可分为定子和转子两大部分。定子和转子的铁芯由铁镍软磁合金或硅钢薄板冲成的槽状芯片叠成。它们的绕组分别嵌入各自的槽状铁芯内。定子绕组通过固定在壳体上的接线柱直接引出。转子绕组有两种不同的引出方式。根据转子绕组两种不同的引出方式，旋转变压器分为有刷式和无刷式两种结构形式。

有刷式旋转变压器，它的转子绕组通过滑环和电刷直接引出，其特点是结构简单，体积小,但因电刷与滑环是机械滑动接触的,所以旋转变压器的可靠性差,寿命也较短。而无刷式旋转变压器却避免了上述缺陷,在此仅介绍无刷式旋转变压器。

4.2.1 旋转变压器的结构和工作原理

旋转变压器又称为分解器,是一种控制用的微型旋转式的交流电动机,它将机械转角变换成与该转角呈某一函数关系的电信号的一种间接测量装置。在结构上与两相线绕式异步电动机相似,由定子和转子组成。图 4-1 所示是一种无刷旋转变压器的结构,左边为分解器,右边为变压器。变压器的作用是将分解器转子绕组上的感应电动势传输出来,这样就省掉了电刷和滑环。分解器定子绕组为旋转变压器的原边,分解器转子绕组为旋转变压器的副边,励磁电压接到原边,励磁频率通常为 400 Hz、500 Hz、1 000 Hz、5 000 Hz。旋转变压器结构简单,动作灵敏,对环境无特殊要求,维护方便,输出信号的幅度大,抗干扰性强,工作可靠。由于旋转变压器上述特点,可完全替代光电编码器,被广泛应用在伺服控制系统、机器人系统、机械工具、汽车、电力、冶金、纺织、印刷、航空航天、船舶、兵器、电子、矿山、油田、水利、化工、轻工和建筑等领域的角度、位置检测系统中。

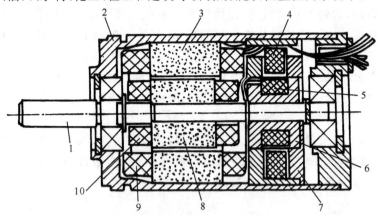

图 4-1 无刷旋转变压器的结构图

1—电动机轴;2—外壳;3—分解器定子;4—变压器定子绕组;5—变压器转子绕组;
6—变压器转子;7—变压器定子;8—分解器转子;9—分解器定子绕组;10—分解器转子绕组

旋转变压器是根据互感原理工作的。它的结构设计与制造保证了定子与转子之间的空隙内的磁通分布呈正(余)弦规律,当定子绕组上加交流励磁电压(为交变电压,频率为 2~4 kHz)时,通过互感在转子绕组中产生感应电动势,如图 4-2 所示。其输出电压的大小取决于定子与转子两个绕组轴线在空间的相对位置 θ 角。两者平行时互感最大,副边的感应电动势也最大;两者垂直时互感为零,感应电动势也为零。感应电动势随着转子偏转的角度呈正(余)弦变化,故有

$$U_2 = KU_1\cos\theta = KU_m\sin\omega t\cos\theta \tag{4-1}$$

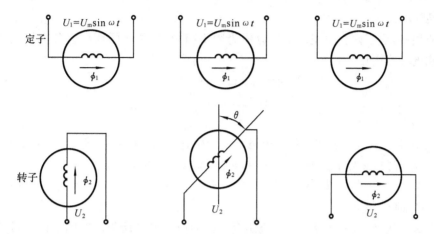

图 4-2 两级旋转变压器的工作原理

式中:U_2 为转子绕组感应电势;U_1 为定子的励磁电压;U_m 为定子励磁电压的幅值;θ 为两绕组轴线之间的夹角;K 为变压比,即两个绕组匝数比 N_1/N_2。

4.2.2 旋转变压器的应用

使用旋转变压器作位置检测元件,有两种方法:鉴相型应用和鉴幅型应用。

一般采用的是正弦、余弦旋转变压器,其定子和转子中各有互相垂直的两个绕组,如图 4-3 所示。

1) 鉴相型应用

在这种状态下,旋转变压器的定子两相正交绕组即正弦绕组 S 和余弦绕组 C 中分别加上幅值相等、频率相同而相位相差 90°的正弦交流电压,如图 4-3 所示,即

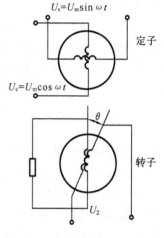

图 4-3 四级旋转变压器

$$U_s = U_m \sin\omega t \quad (4-2)$$
$$U_c = U_m \cos\omega t \quad (4-3)$$

因为此两相励磁电压会产生旋转磁场,所以在转子绕组中(另一绕组短接)感应电动势为

$$U_2 = U_s \sin\theta + U_c \cos\theta$$

上式可变换为

$$U_2 = KU_m \sin\omega t \cdot \sin\theta + KU_m \cos\omega t \cdot \cos\theta = KU_m \cos(\omega t - \theta)$$

测量转子绕组输出电压的相位角 θ,便可测得转子相对于定子的空间转角位置。在实际应用时,把对定子正弦绕组励磁的交流电压相位作为基准相位,与转子绕组输出电压相位作比较,来确定转子转角的位移。

2) 鉴幅型应用

在这种应用中,定子两相绕组的励磁电压为频率相同、相位相同而幅值分别按正弦、余弦规律变化的交变电压,即

$$U_s = U_m \sin\theta \sin\omega t \quad (4-4)$$

$$U_c = U_m \cos\theta \sin\omega t \quad (4-5)$$

励磁电压频率为 2~4 kHz。

定子励磁信号产生的合成磁通在转子绕组中产生感应电动势 U_2,其大小与转子和定子的相对位置 θ_m 有关,并与励磁的幅值 $U_m\sin\theta$ 和 $U_m\cos\theta$ 有关,即

$$U_2 = KU_m \sin(\theta - \theta_m) \sin\omega t \quad (4-6)$$

如果 $\theta_m = \theta$,则 $U_2 = 0$。

从物理意义上理解,$\theta_m = \theta$ 表示定子绕组合成磁通 Φ 与转子绕组的线圈平面平行,即没有磁力线穿过转子绕组线圈,故感应电动势为零。当 Φ 垂直于转子绕组线圈平面时,即 $\theta_m = \theta \pm 90°$ 时,转子绕组中感应电动势最大。

在实际应用中,根据转子误差电压的大小,不断修改定子励磁信号的 θ(即励磁幅值),使其跟踪 θ_m 的变化。当感应电动势 U_2 的幅值 $KU_m\sin(\theta-\theta_m)$ 为零时,说明 θ 角的大小就是被测角位移 θ_m 的大小。

4.3 感应同步器

感应同步器是一种电磁式位置检测元件,按其结构特点一般分为直线式和旋转式两种。直线式感应同步器由定尺和滑尺组成;旋转式感应同步器由转子和定子组成。前者用于直线位移测量,后者用于角位移测量。它们的工作原理都与旋转变压器相似。感应同步器具有检测精度比较高、抗干扰性强、寿命长、维护方便、成本低、工艺性好等优点,广泛应用于数控机床及各类机床数显改造。本节仅以直线式感应同步器为例,对其结构特点和工作原理进行介绍。

4.3.1 感应同步器的结构和工作原理

直线式感应同步器用于直线位移的测量,其结构相当于一个展开的多极旋转变压器。它的主要部件包括定尺和滑尺,定尺安装在机床床身上,滑尺则安装于移动部件上,随工作台一起移动。两者平行放置,保持 0.2~0.3 mm 的间隙,如图 4-4 所示。

标准的感应同步器定尺长 250 mm,是单向、均匀、连续的感应绕组;滑尺长 100 mm,尺上有两组励磁绕组,一组叫正弦励磁绕组,如图 4-4 中 A 所示,一组叫余弦励磁绕组,如图 4-4 中 B 所示。定尺和滑尺绕组的节距相同,用 τ 表示。当正弦励磁绕组与定尺绕组对齐时,余弦励磁绕组与定尺绕组相差 1/4 节距。

由于定尺绕组是均匀的,故表示滑尺上的两个绕组在空间位置上相差1/4节距。即π/2相位角。

定尺和滑尺的基板采用与机床床身材料的热膨胀系数相近的低碳钢,上面有用光学腐蚀方法制成的铜箔锯齿形的印刷电路绕组,铜箔与基板之间有一层极薄的绝缘层。在定尺的铜绕组上面涂一层耐腐蚀的绝缘层,以保护尺面。在滑尺的绕组上面用绝缘的黏接剂粘贴一层铝箔,以防静电感应。

感应同步器的工作原理与旋转变压器的工作原理相似。当励磁绕组与感应绕组间发生相对位移时,由于电磁耦合的变化,感应绕组中的感应电压随位移的变化而变化,感应同步器和旋转变压器就是利用这个特点进行测量的。所不同的是,旋转变压器是定子、转子间的旋转位移,而感应同步器是滑尺和定尺间的直线位移。

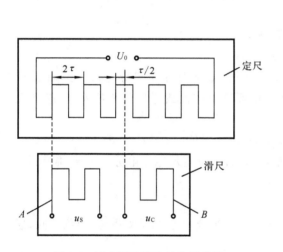

图 4-4 感应同步器的结构示意图
A—正弦励磁绕组;B—余弦励磁绕组

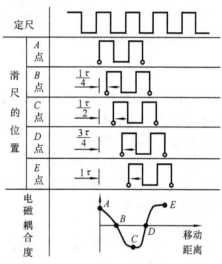

图 4-5 感应同步器的工作原理图

感应同步器的工作原理图如图 4-5 所示,它说明了定尺感应电压与定、滑尺绕组的相对位置的关系。若向滑尺上的正弦绕组通以交流励磁电压,则在定子绕组中产生励磁电流,因而绕组周围产生了旋转磁场。这时,如果滑尺处于图中 A 点位置,即滑尺绕组与定尺绕组完全对应重合,则定尺上的感应电压最大。随着滑尺相对定尺做平行移动,感应电压逐渐减小。当滑尺移动至图中 B 点位置时,即与定尺绕组刚好错开 1/4 节距时,感应电压为零。再继续移至 1/2 节距处,即图中 C 点位置时,为最大的负值电压(即感应电压的幅值与 A 点相同但极性相反)。再移至 3/4 节距,即图中 D 的位置时,感应电压又变为零。当移动到一个节距位置即图中 E 点,又恢复初始状态,即与 A 点情况相同。显然,在定尺和滑尺的相对位移中,感应电压呈周期性变化,其波形为余弦函数。在滑尺移动一个节距的过程中,感应电压变化了一个余弦周期。

同样,若在滑尺的余弦绕组中通以交流励磁电压,也能得出定尺绕组中感应电压与两尺相对位移 θ 的关系曲线,它们之间为正弦函数关系。

4.3.2 感应同步器的应用

根据励磁绕组中励磁供电方式的不同,感应同步器可分为鉴相工作方式和鉴幅工作方式。鉴相工作方式即将正弦绕组和余弦绕组分别通以频率相同、幅值相同但相位相差 $\pi/2$ 的交流励磁电压;鉴幅工作方式,则是将滑尺的正弦绕组和余弦绕组分别通以相位相同、频率相同但幅值不同的交流励磁电压。

1. 鉴相方式

在这种工作方式下,将滑尺的正弦绕组和余弦绕组分别通以幅值相同、频率相同、相位相差 90°的交流电压,即

$$U_s = U_m \sin\omega t \tag{4-7}$$

$$U_c = U_m \cos\omega t \tag{4-8}$$

励磁信号将在空间产生一个以 ω 为频率移动的行波。磁场切割定尺导片,并在其中感应出电势,该电势随着定尺与滑尺相对位置的不同而产生超前或滞后的相位差 θ。按照叠加原理可以直接求出感应电势

$$U_0 = KU_m \sin\omega t \cos\theta - KU_m \cos\omega t \sin\theta = KU_m \sin(\omega t - \theta) \tag{4-9}$$

在一个节距内,θ 与滑尺移动距离是一一对应的,通过测量定尺感应电势相位 θ,便可测出定尺相对滑尺的位移。

2. 鉴幅方式

在这种工作方式下,将滑尺的正弦绕组和余弦绕组分别通以频率相同、相位相同,但幅值不同的交流电压,即

$$U_s = U_m \sin\alpha_1 \sin\omega t \tag{4-10}$$

$$U_c = U_m \cos\alpha_1 \sin\omega t \tag{4-11}$$

式中的 α_1 相当于式(4-9)中的 θ。此时,如果滑尺相对定尺移动一个距离 d,其对应的相移为 α_2,那么,在定尺上的感应电势为

$$\begin{aligned} U_0 &= KU_m \sin\alpha_1 \sin\omega t \cos\alpha_2 - KU_m \cos\alpha_1 \sin\omega t \sin\alpha_2 \\ &= KU_m \sin\omega t \sin(\alpha_1 - \alpha_2) \end{aligned} \tag{4-12}$$

由式(4-12)可知,若电气角 α_1 已知,则只要测出 U_0 的幅值 $KU_m \sin(\alpha_1 - \alpha_2)$,便可间接地求出 α_2。

感应同步器直接对机床进行位移检测,无中间环节影响,所以精度高;其绕组在每个周期内的任何时间都可以给出仅与绝对位置相对应的单值电压信号,不受干扰的影响,所以工作可靠,抗干扰性强;定尺与滑尺之间无接触磨损,安装简单,维修方便,寿命长;通过

拼接方法,可以增大测量距离的长度;其成本低,工艺性好。正因为其具有如此之多的优点,感应同步器在实践中应用非常广泛。

4.4 光　　栅

光栅是一种最常见的测量装置,具有精度高、响应速度快等优点,是一种非接触式测量。光栅利用光学原理进行工作,按形状可分为圆光栅和长光栅。圆光栅用于角位移的检测,长光栅用于直线位移的检测。光栅的检测精度较高,可达 1 μm 以上。

4.4.1 光栅的结构和工作原理

光栅是利用光的透射、衍射现象制成的光电检测元件,它主要由光栅尺(包括标尺光栅和指示光栅)和光栅读数头两部分组成,如图 4-6 所示。通常,标尺光栅固定在机床的运动部件(如工作台或丝杠)上,光栅读数头安装在机床的固定部件(如机床底座)上,两者随着工作台的移动而相对移动。在光栅读数头中,安装了一个指示光栅,当光栅读数头相对于标尺光栅移动时,指示光栅便在标尺光栅上移动。在安装光栅时,要严格保证标尺光栅和指示光栅的平行度以及两者之间的间隙(一般取 0.05 mm 或 0.1 mm)要求。

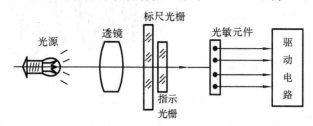

图 4-6　光栅读数头

光栅尺是用真空镀膜的方法光刻上均匀密集线纹的透明玻璃片或长条形金属镜面。对于长光栅,这些线纹相互平行,各线纹之间的距离相等,称此距离为栅距。对于圆光栅,这些线纹是等栅距角的向心条纹。栅距和栅距角是决定光栅光学性质的基本参数。常见的长光栅的线纹密度为 25、50、100、250 条/mm。对于圆光栅,若直径为 70 mm,一周内刻线达 100~768 条;若直径为 110 mm,一周内刻线达 600~1 024 条,甚至更高。同一个光栅元件,其标尺光栅和指示光栅的线纹密度必须相同。

光栅读数头由光源、透镜、指示光栅、光敏元件和驱动电路组成,如图 4-6 所示。读数头的光源一般采用白炽灯泡。白炽灯泡发出的辐射光线,经过透镜后变成平行光束,照射在光栅尺上。光敏元件是一种将光强信号转换为电信号的光电转换元件,它接收透过光栅尺的光强信号,并将其转换成与之成比例的电压信号。由于光敏元件产生的电压信号一般比较微弱,在长距离传送时很容易被各种干扰信号所淹没、覆盖,造成传送失真。为了保证光敏元件输出的信号在传送中不失真,应首先将该电压信号进行功率和电压放大,然后再进行传送。驱动电路就是实现对光敏元件输出信号进行功率和电压放大的电路。

如果将指示光栅在其自身的平面内转过一个很小的角度 β,这样两块光栅的刻线相交,当平行光线垂直照射标尺光栅时,则在相交区域出现明暗交替、间隔相等的粗大条纹,称为莫尔条纹。由于两块光栅的刻线密度相等,即栅距 λ 相等,使产生的莫尔条纹的方向与光栅刻线方向大致垂直。其几何关系如图 4-7 所示。当 β 很小时,莫尔条纹的节距为

$$p = \frac{\lambda}{\beta} \tag{4-13}$$

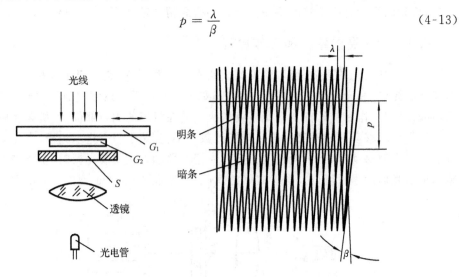

图 4-7 光栅的工作原理

这表明,莫尔条纹的节距是栅距的 $1/\beta$ 倍。当标尺光栅移动时,莫尔条纹就沿与光栅移动方向垂直的方向移动。当光栅移动一个栅距 λ 时,莫尔条纹就相应准确地移动一个节距 p,也就是说两者一一对应。因此,只要读出移过莫尔条纹的数目,就可知道光栅移过了多少个栅距。而栅距在制造光栅时是已知的,所以光栅的移动距离就可以通过光电检测系统对移过的莫尔条纹进行计数、处理后自动测量出来。

如果光栅的刻线为 100 条,即栅距为 0.01 mm 时,人们是无法用肉眼来分辨的,但它的莫尔条纹却清晰可见。所以莫尔条纹是一种简单的放大机构,其放大倍数取决于两光栅刻线的交角 β,如 $\lambda = 0.01$ mm,$p = 5$ mm,则其放大倍数为 $1/\beta = p/\lambda = 500$ 倍。这种放大特点是莫尔条纹系统的独具特性。莫尔条纹还具有平均误差的特性。

4.4.2 光栅位移——数字变换电路

光栅测量系统的组成示意图如图 4-8 所示。光栅移动时产生的莫尔条纹由光电元件接受,然后经过位移数字变换电路形成顺时针方向的正向脉冲或者形成反时针方向的反

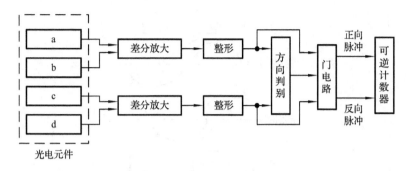

图 4-8 光栅测量系统组成示意图

向脉冲,通过可逆计数器接受。下面将介绍这种四倍频细分电路的工作原理,并给出其波形图。

图 4-9(a)中的 a、b、c、d 是四块硅光电池,产生的信号在相位上彼此相差 90°。a、b 信号是相位相差 180°的两个信号,送入差动放大器放大,得到正弦信号。将信号幅度放大到足够大。同理,c、d 信号送入另一个差动放大器,得到余弦信号。正弦、余弦信号经整形变成方波 A 和 B,A 和 B 信号经反相得到 C 和 D 信号,A、B、C、D 信号再经微分变成窄脉冲 A'、B'、C'、D',即在顺时针或反时针每个方波的上升沿产生窄脉冲,如图 4-9(b)所示。由与门电路把 0°,90°,180°,270°四个位置上产生的窄脉冲组合起来,根据不同的移动方向形成正向脉冲或反向脉冲,用可逆计数器进行计数,就可测量出光栅的实际位移。

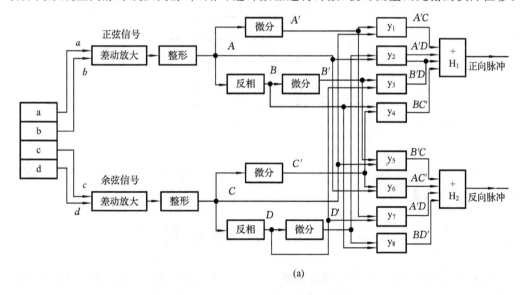

(a)

图 4-9 四倍频电路波形图

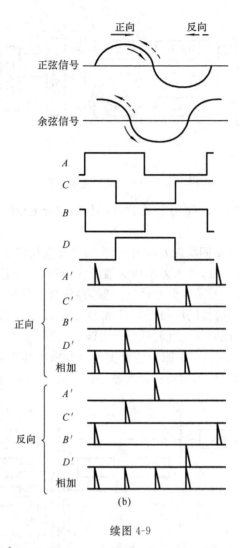

续图 4-9

在光栅位移-数字变换电路中,除上面介绍的四倍频电路以外,还有 10 倍频、20 倍频电路等,在此不再介绍。

4.5　光电脉冲编码器

脉冲编码器是一种旋转式脉冲发生器,把机械转角变成电脉冲,是一种常用的角位移传感器,同时也可作速度检测装置。

4.5.1 光电脉冲编码器的结构和工作原理

光电编码器,是一种通过光电转换将输出轴上的机械几何位移量转换成脉冲或数字量的传感器。这是目前应用最多的传感器,光电编码器是由光栅盘和光电检测装置组成。光栅盘是在一定直径的圆板上等分地开通若干个长方形孔。由于光电码盘与电动机同轴,电动机旋转时,光栅盘与电动机同速旋转,经发光二极管等电子元件组成的检测装置检测输出若干脉冲信号,通过计算每秒光电编码器输出脉冲的个数就能反映当前电动机的转速。此外,为了判断旋转方向,码盘还可提供相位相差 90°的两路脉冲信号。根据检测原理,编码器可分为光学式、磁式、感应式和电容式。根据其刻度方法及信号输出形式,可分为增量式(见图 4-10(a))、绝对式(见图 4-10(b))以及混合式三种。

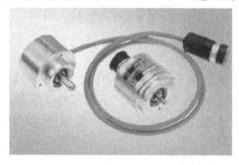 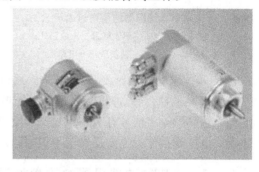

(a)　　　　　　　　　　　　　　(b)

图 4-10　内置光电旋转编码

(a) 增量式编码器;(b) 绝对式编码器

脉冲编码器是一种增量检测装置,它的型号是由每转发出的脉冲数来区分的。数控机床上常用的脉冲编码器有:2 000 P/r、2 500 P/r 和 3 000 P/r 等;在高速、高精度数字伺服系统中,应用高分辨率的脉冲编码器,如 20 000 P/r、25 000 P/r 和 30 000 P/r 等,现在已有使用每转发 10 万个脉冲的脉冲编码器,该编码器装置内部采用了微处理器。

光电脉冲编码器的结构如图 4-11 所示。在一个圆盘的圆周上刻有相等间距线纹,分为透明和不透明的部分,称为圆光栅。圆光栅与工作轴一起旋转。与圆光栅相对平行地放置一个固定的扇形薄片,称为指示光栅,上面刻有相差 1/4 节距的两个狭缝(在同一圆周上,称为辨向狭缝)。此外,还有一个零位狭缝(一转发出一个脉冲)。脉冲编码器通过十字连接头或键与伺服电动机相连,它的法兰盘固定在电动机端面上,罩上防护罩,构成一个完整的检测装置。

下面对光电编码器的工作原理进行介绍。当圆光栅旋转时,光线透过两个光栅的线纹部分,形成明暗相间的条纹。光电元件接收这些明暗相间的光信号,并转换为交替变化的电信号,该信号为两路近似于正弦波的电流信号 A 和 B,如图 4-12 所示。A 和 B 信号

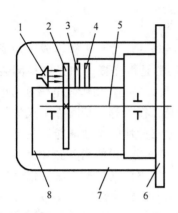 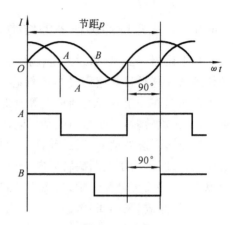

图 4-11 光电脉冲编码器的结构组成示意图
1—光源；2—圆光栅；3—指示光栅；4—光敏元件；
5—轴；6—连接法兰；7—防护罩；8—电路板

图 4-12 脉冲编码器输出的波形

相位相差 90°，经放大和整形变成方波。通过光栅的两个电流信号，还有一个"一转脉冲"，称为 Z 相脉冲，该脉冲也是通过上述处理得来的。A 脉冲用来产生机床的基准点。

脉冲编码器输出信号有 A、$\overline{A}$、B、$\overline{B}$、Z、$\overline{Z}$ 等信号，这些信号作为位移测量脉冲，以及经过频率—电压变换作为速度反馈信号，进行速度调节。

4.5.2 光电脉冲编码器的故障类型

（1）编码器本身故障　这种故障是指编码器本身元器件出现的故障，它导致其不能产生和输出正确的波形。这种情况下需要更换编码器或维修其内部器件。

（2）编码器连接电缆故障　这种故障出现的几率最高，维修中经常遇到，是应优先考虑的因素。通常为编码器电缆断路、短路或接触不良，这时需更换电缆或接头。还应当注意是否由于电缆固定不紧，造成松动引起开焊或断路，这时需卡紧电缆。

（3）编码器 +5 V 电源下降　这种故障是指 +5 V 电源电源过低，通常不能低于 4.75 V，造成过低的原因是供电电源故障或电源传送电缆阻值偏大而引起损耗，这时需检修电源或更换电缆。

（4）绝对式编码器电池电压下降　这种故障通常有明确的报警含义，这时需更换电池，如果参考位置点记忆未知丢失，还需执行重回参考点操作。

（5）编码器电缆屏蔽线未接或脱落　这种故障会引入干扰信号，使波形不稳定，影响通信的准确性。必须保证屏蔽线可靠的焊接或接地。

（6）编码器安装松动　这种故障会影响位置控制精度，造成停止或移动中位置偏差量超差，甚至刚一开机就导致伺服电动机过载报警，需要特别注意。

（7）光栅污染　这种故障会使信号输出幅度下降，必须用脱脂棉球沾无水酒精轻轻擦除油污。

4.5.3 光电脉冲编码器的应用

在数控机床上,光电脉冲编码器常被用在数字比较的伺服系统中,作为位置检测装置,将检测信号反馈给数控装置。

光电脉冲编码器将位置检测信号反馈给 CNC 装置有两种方式:一种是适合于有加减计数要求的可逆计数器,形成加计数脉冲和减计数脉冲;另一种是适合于有计数控制和计数要求的计数器,形成方向控制信号和计数脉冲。

在此,仅以第二种应用方式为例,通过给出该方式的电路图(见图 4-13(a))和波形图

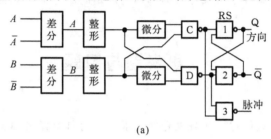

(a)

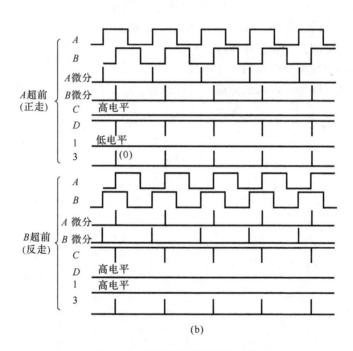

(b)

图 4-13 光电脉冲编码器的应用

(a) 形成方向控制信号和计数脉冲方式的电路图;(b) 形成方向控制信号和计数脉冲方式的波形图

(见图 4-13(b))来简要介绍其工作过程。脉冲编码器的输出信号 A、$\overline{A}$、B、$\overline{B}$ 经差分、微分、与非门 C 和 D，由 RS 触发器(由 1、2 与非门组成)输出方向信号，正走时为"0"，反走时为"1"。由与非门 3 输出计数脉冲。

正走时，A 脉冲超前 B 脉冲，D 门在 A 信号控制下，将 B 脉冲上升沿微分作为计数脉冲反向输出，为负脉冲。该脉冲经与非门 3 变为正向计数脉冲输出。D 门输出的负脉冲，同时又将触发器置为"0"状态，Q 端输出"0"，作为正走方向控制信号。

反走时，B 脉冲超前 A 脉冲。这时，由 C 门输出反走时的负计数脉冲，该负脉冲也由 3 门反问输出作为反走时计数脉冲。不论正走、反走，与非门 3 都为计数脉冲输出门。反走时，C 门输出的负脉冲使触发器置"1"，作为反走时的方向控制信号。

思考题与习题

4-1 数控机床对位置检测装置有何要求？如何对位置检测装置进行分类？
4-2 简述旋转变压器的工作原理，并说明它的应用。
4-3 简述感应同步器的工作原理，并说明它的应用。
4-4 简述光栅的构成和工作原理。
4-5 简述四倍频细分电路的工作原理。
4-6 简述光电脉冲编码器的构成和工作原理。

第5章 数控机床的伺服系统

5.1 数控机床伺服系统概述

伺服系统是指以机械位置或角度作为控制对象的自动控制系统。在数控机床中,伺服系统主要指各坐标轴进给驱动的位置控制系统。伺服系统接收来自 CNC 装置的进给脉冲,经变换和放大,再驱动各加工坐标轴按指令脉冲联动,使刀具相对于工件产生各种复杂的机械运动,从而加工出所要求的复杂形状工件。

在现有技术条件下,CNC 装置的性能已经相当优异,并正在向更高水平发展,而数控机床的最高运动速度、跟踪及定位精度、加工表面质量、生产率及工作可靠性等技术指标,往往主要取决于伺服系统的静态和动态性能。数控机床的故障也主要出在伺服系统。可见,提高伺服系统的技术性能和可靠性具有重大意义,研究与开发高性能的伺服系统一直是现代数控机床的关键技术之一。

5.1.1 对伺服系统的基本要求

伺服系统为数控系统的执行部件,不仅要求其稳定地保证所需的切削力矩和进给速度。而且要准确地完成指令规定的定位控制或者复杂的轮廓加工控制。随着数控技术的发展,数控机床对伺服系统提出了很高的要求。主要归纳如下。

(1) 精度高 由于伺服系统控制数控机床的速度和位移输出,为保证加工质量,要求它有足够高的定位精度和重复定位精度。所谓精度是指伺服系统的输出量跟随输入量的精确程度。一般要求定位精度为 0.01~0.001 mm;高档设备精度达到 0.1 μm 以上。速度控制要求较高的调整精度和较强的抗负载扰动能力,保证动、静态精度都较高。

(2) 稳定性好 稳定是指系统在给定输入或外界干扰作用下,能在短暂的调节过程后,达到新的或恢复到原来的平衡状态,对伺服系统要求有较强的抗干扰能力。稳定性是保证数控机床正常工作的条件,直接影响数控加工的精度和表面粗糙度。

(3) 快速响应 它是伺服系统动态品质的标志之一,反映系统的跟踪精度。它要求伺服系统跟随指令信号不仅跟随误差小,而且响应要快,稳定性要好。即系统在给定输入后,能在短暂的调节之后达到新的平衡或受外界干扰作用下能迅速恢复原来的平衡状态。现代数控机床的插补时间都在 20 ms 以内,在这么短时间内指令变化一次,要求伺服系统动态、静态误差小,反向的死区小,能频繁启、停和正反运动。

(4) 调速范围广 由于工件材料、刀具以及加工要求各不相同,要保证数控机床在任何情况下都能得到最佳切削条件,伺服系统就必须有足够的调速范围,既能满足高速加工要求,又能满足低速进给要求。调速范围一般大于 1∶10 000。而且在低速切削时,还要求伺服系统能输出较大的转矩。

(5) 低速大转矩　数控机床在低速加工时进行重切削,因此要求伺服系统在低速时要有大的转矩输出。进给坐标的伺服控制属于恒转矩控制,在整个速度范围内都要保持这个转矩;主轴坐标的伺服控制在低速时为恒转矩控制,能提供较大转矩。在高速时为恒功率控制,具有足够大的输出功率。

5.1.2　伺服系统的组成

数控伺服系统由伺服电动机(M)、驱动信号控制转换电路、电力电子驱动放大模块、电流调解单元、速度调解单元、位置调解单元和相应的检测装置(如光电脉冲编码器G)等组成。一般闭环伺服系统的结构如图 5-1 所示。这是一个三环结构系统,外环是位置环,中环是速度环,内环为电流环。

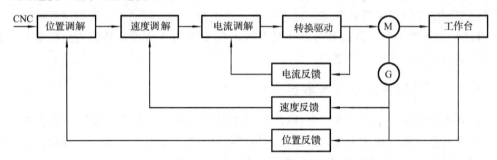

图 5-1　伺服系统结构图

位置环由位置调节控制模块、位置检测和反馈控制部分组成。速度环由速度比较调节器、速度反馈和速度检测装置(如测速发电动机、光电脉冲编码器等)组成。电流环由电流调节器、电流反馈和电流检测环节组成。电力电子驱动装置由驱动信号产生电路和功率放大器等组成。位置控制主要用于进给运动坐标轴,对进给轴的控制是要求最高的位置控制,不仅对单个轴的运动速度和位置精度的控制有严格要求,而且在多轴联动时,还要求各进给运动轴有很好的动态配合,才能保证加工精度和表面质量。位置控制功能包括位置控制、速度控制和电流控制。速度控制功能只包括速度控制和电流控制,一般用于对主运动坐标轴的控制。

5.1.3　伺服系统的分类

由于伺服系统在数控设备上的应用广泛,所以伺服系统有各种不同的分类方法。

1. 按其用途和功能分为进给驱动系统和主轴驱动系统

进给驱动用于数控机床工作台或刀架坐标的控制系统,控制机床各坐标轴的切削进给运动,并提供切削过程所需的转矩。主轴驱动控制机床主轴的旋转运动,为机床主轴提供驱动功率和所需的切削力。通常,对于进给驱动系统,主要关心它的转矩大小、调节范围的大小和调节精度的高低,以及动态响应速度的快慢。对于主轴驱动系统,主要关心其是否具有足够的功率、宽的恒功率调节范围及速度调节范围。

2. 按反馈比较控制方式分类

(1) 脉冲、数字比较伺服系统　该系统是闭环伺服系统中的一种控制方式。它是将数控装置发出的数字(或脉冲)指令信号与检测装置测得的以数字(或脉冲)形式表示的反馈信号直接进行比较,以产生位置误差,达到闭环控制。脉冲、数字比较伺服系统结构简单,容易实现,整机工作稳定,应用十分普遍。

(2) 相位比较伺服系统　在该伺服系统中,位置检测装置采用相位工作方式。指令信号与反馈信号都变成了某个载波的相位,通过两者相位的比较,获得实际位置与指令位置的偏差,实现闭环控制。相位比较伺服系统适用于感应式检测组件(如旋转变压器,感应同步器)的工作状态,可以得到满意的精度。

(3) 幅值比较伺服系统　幅值比较伺服系统以位置检测信号的幅值大小来反映机械位移的数值,并以此信号作为位置反馈信号,一般还要进行幅值信号和数字信号的转换,进而获得位置偏差构成闭环控制系统。

(4) 数字伺服系统　随着微电子技术、计算机技术和伺服控制技术的发展,数控机床的伺服系统已采用高速、高精度的数字伺服系统。即由位置、速度和电流构成的三环反馈控制全部数字化,使伺服控制技术从模拟方式、混合方式走向全数字化方式。该类伺服系统具有使用灵活、柔性好的特点。数字伺服系统采用了许多新的控制技术和改进伺服性能的措施,使控制精度和品质大大提高。

3. 按执行元件的类别可分为直流伺服驱动与交流伺服驱动

20世纪70年代到80年代初,数控机床大多采用直流伺服驱动。直流大惯量伺服电动机具有良好的宽调速性能。输出转矩大,过载能力强,而且,由于电动机惯性与机床传动部件的惯量相当,构成闭环后易于调整。而直流中小惯量伺服电动机及其大功率晶体管脉宽调制驱动装置,比较适应数控机床对频繁启动、制动,以及快速定位、切削的要求。但直流电动机一个最大的特点是具有电刷和机械换向器,这限制了它向大容量、高电压、高速度方向的发展,使其应用受到限制。20世纪80年代,在电动机控制领域交流电动机调速技术取得了突破性进展。交流伺服驱动系统大举进入电气传动调速控制的各个领域。交流伺服驱动系统的最大优点是交流电动机容易维修,制造简单,易于向大容量、高速度方向发展,适合于在较恶劣的环境中使用。同时,从减少伺服驱动系统外形尺寸和提高可靠性角度来看,采用交流电动机比直流电动机将更合理。

此外,按驱动方式,可分为液压伺服驱动系统、电气伺服驱动系统和气压伺服驱动系统;按控制信号,可分为数字伺服系统、模拟伺服系统和数字模拟混合伺服系统等。

5.2 伺服系统的驱动电动机

伺服系统的驱动电机又称为执行电动机,它具有根据控制信号的要求而动作的功能。在输入电信号之前,转子静止不动;电信号到来之后,转子立即转动,且转向、转速随信号电压的方向和大小而改变,同时带动一定的负载。电信号一旦消失,转子便立即自行停转。在数控机床的伺服系统中,伺服电动机作为执行元件,根据输入的控制信号,产生角位移或角速度,带动负载运动。

伺服系统中经常用的电动机有步进电动机、直流伺服电动机和交流伺服电动机等。此外,直线电动机以其独有的优势,日益受到青睐。

5.2.1 步进电动机

步进电动机是一种用电脉冲信号进行控制,并将电脉冲信号转换成相应角位移或线位移的机电元件,它由专用电源供给电脉冲,每输入一个脉冲,步进电动机转轴就转过一定的角度,即移进一步,这种控制电动机的运动方式与普通匀速旋转的电动机不同,它是步进式运动的,所以称为步进电动机。又因其绕组上所加电源是脉冲电压,所以也称为脉冲电动机。其角位移量或线位移量与电脉冲数成正比,电动机的转速或线速度与脉冲频率成正比。改变脉冲频率的高低就可以在很大范围内调速,并能迅速启动、制动、反转。若用同一频率的脉冲电源控制几台步进电动机,它们可以同步运行。

步进电动机在数控系统中主要用作执行元件,并具有下列优点:角位移输出与输入的脉冲数相对应,每转一周都有固定步数,在不丢步的情况下运行,步距误差不会长期积累,同时在负载能力范围内,步距角和转速仅与脉冲频率高低有关,不受电源电压波动或负载变化的影响,也不受环境条件如温度、气压、冲击和振动等影响,因而可组成结构简单而精度高的开环控制系统。有的步进电动机(如永磁式)在绕组不通电的情况下还有一定的定位转矩,有些在停机后,某相绕组保持通电状态,即具有自锁能力,停止迅速,不需外加机械制动装置。此外,步距角能在很大的范围内变化,例如从几分到几十度,适合不同传动装置的要求,且在小步距角的情况下,可以不经减速器而获得低速运行,当采用了速度和位置检测装置后,也可用于闭环系统中。目前,步进电动机广泛用于数控机床、绘图机、计算机外围设备和自动记录仪表等。

1. 步进电动机的分类及结构

步进电动机的分类方式很多。按作用原理分,步进电动机有磁阻式(反应式)、感应子式和永磁式三大类。按输出功率和使用场合分类,分为功率步进电动机和控制步进电动机。按结构分类,分为径向式(单段)、轴向式(多段)和印刷绕组式步进电动机。按相数分类,分为三相、四相、五相、六相等。

各种步进电动机都是由定子和转子组成,但因类型不同,结构也不完全一样。磁阻式步进电动机(以三相径向式为例)结构如图 5-2 所示。定子铁芯上有 6 个均匀分布的磁极,极与极之间的夹角为 60°,每个定子极上均布 5 个齿,齿槽距相等。齿间夹角为 9°。在直径方向相对的两个极上的线圈串联,构成了一相励磁绕组,共有三相(A、B、C)按径向排列的励磁绕组。转子为铁芯(硅钢),其上无绕组,只有均布的 40 个齿,齿槽等宽。齿间夹角也是 9°。三相定子磁极和转子上相应的齿依次错开了 1/3 齿距,即 3°。

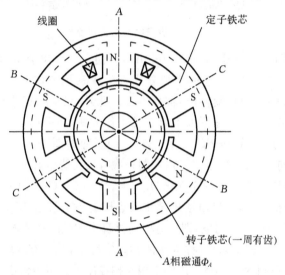

图 5-2　三相径向磁阻式步进电动机结构

2. 步进电动机的工作原理

以磁阻式(反应式)步进电动机为例,其工作原理是按电磁吸引的原理工作的。下面以图 5-3 所示的反应式三相步进电动机为例加以说明。当某一相定子绕组加上电脉冲,即通电时,该相磁极产生磁场,并对转子产生电磁转矩,将靠近定子通电绕组磁极的转子上一对齿吸引过来。当转子一对齿的中心线与定子磁极中心线对齐时,磁阻最小,转矩为零,停止转动。如果定子绕组按顺序轮流通电,A、B、C 三相的三对磁极就依次产生磁场,使转子一步步按一定方向转动起来。

具体为,假设每个定子磁极有一个齿,转子有 4 个齿,首先 A 相通电,B、C 两相断电,转子 1、3 齿按磁阻最小路径被 A 相磁极产生的电磁转矩吸引过去,当 1、3 齿与 A 相对齐时,转动停止;此时,B 相通电,A、C 两相断电,磁极 B 又把距它最近的一对齿 2、4 吸引过来,使转子按逆时针方向转过 30°。接着 C 相通电,A、B 两相断电,转子又逆时针旋转 30°。依此类推,定子按 A—B—C—A……顺序通电,转子就一步步地按逆时针方向转动,

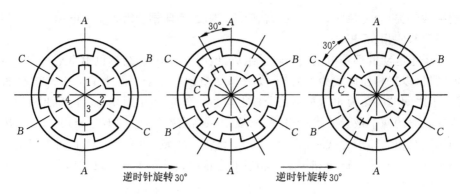

图 5-3 步进电动机工作原理

每步 30°。若改变通电顺序,按 A—C—B—A……使定子绕组通电,步进电动机就按顺时针方向转动,同样每步转 30°。这种控制方式称为单三拍工作方式。由于每次只有一相绕组通电,在切换瞬间失去自锁转矩,容易失步。此外,只有一相绕组通电吸引转子,易在平衡位置附近产生振荡,故实际不采用单三拍工作方式,而采用双三拍控制方式。

双三拍通电顺序按 AB—BC—CA—AB……(逆时针方向)或按 AC—CB—BA—AC……(顺时针方向)进行。由于双三拍控制每次有二相绕组通电,而且切换时总保持一相绕组通电,所以工作较稳定。如果按 A—AB—B—BC—C—CA—A……顺序通电,就是三相六拍工作方式,每切换一次,步进电动机每步按逆时针方向转过 15°。同样,若按 A—AC—C—CB—B—BA—A……顺序通电,则步进电动机每步按顺时针方向转过 15°。对应一个指令电脉冲,转子转动一个固定角度,称为步距角。实际上,转子有 40 个齿,三相单三拍工作方式,步距角为 3°。三相六拍控制方式比三相三拍控制方式步距角小一半,为 1.5°。

控制步进电动机的转动是由加到绕组的电脉冲决定的,即由指令脉冲决定的。指令脉冲数决定它的转动步数,即角位移的大小;指令脉冲频率决定它的转动速度。只要改变指令脉冲频率,就可以使步进电动机的旋转速度在很宽的范围内连续调节;改变绕组的通电顺序,就可以改变它的旋转方向,可见,对步进电动机控制十分方便。步进电动机的优点是动态响应快,自启动能力强,角位移变化范围宽。步进电动机的缺点是效率低,带惯性负载能力差,低频振荡、高频失步,自身噪声和振动较大。一般用在轻负载或负载变动不大的场合。

3. 步机电动机的主要特性

1) 步距角和静态步距误差

步进电动机的步距角是反映步进电动机定子绕组的通电状态每改变一次时,转子转过的角度。它取决于电动机结构和控制方式。步距角 α 可按下式计算:

$$\alpha = \frac{360°}{mZk}$$

式中：m 为定子相数；Z 为转子齿数；k 为控制方式确定的拍数与相数的比例系数。

例如三相三拍时、$k=1$，三相六拍时、$k=2$。厂家对每种步进电动机给出两种步距角，彼此相差一倍。大的为供电拍数与相数相等时的步距角，小的为供电拍数与相数不相等时的步距角。步进电动机每走一步的步距角 α 应是圆周 $360°$ 的等分值。但是，实际的步距角与理论值有误差，在一转内各步距误差的最大值，被定为步距误差。它的大小是由制造精度、齿槽的分布不均匀和气隙不均匀等因素决定的。步进电动机的静态步距误差通常在 $10'$ 以内。

2）静态矩角特性

当步进电动机不改变通电状态时，转子处在不动状态。如果在电动机轴上外加一个负载转矩，使转子按一定方向转过一个角度 θ，此时转子所受的电磁转矩 T 称为静态转矩，角度 θ 称为失调角。实用静态转矩 T 的计算公式为

$$T = \frac{-Z_s Z_r}{2} l_t F^2 G_1 \sin Z_r \theta$$

式中：Z_s、Z_r 为定、转子齿数；G_1 为定、转子比磁导的基波分量；l_t 为定、转子铁芯长度；F 为定子励磁磁动势。

描述静态时 T 与 θ 的关系叫矩角特性，如图 5-4 所示。该特性上的电磁转矩最大值称为最大静转矩。在静态稳定区内，当外加转矩去除时，转子在电磁转矩作用下，仍能回到稳定平衡点位置（$\theta=0$）。各相矩角特性差异不应过大，否则会影响步距精度及引起低频振荡。最大静转矩与通电状态和各相绕组电流有关，但电流增加到一定值时使磁路饱和，就对最大静转矩影响不大了。

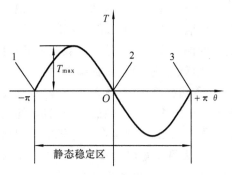

图 5-4 静态矩角特性

1、3—不稳定平衡点；2—稳定平衡点

3）启动频率

空载时，步进电动机由静止状态突然启动，并进入不丢步的正常运行的最高频率，称为启动频率或突跳频率。启动时，加给步进电动机的指令脉冲频率如大于启动频率，就不能正常工作。步进电动机在带负载，尤其是惯性负载下的启动频率比空载启动频率要低，而且，随着负载的加大（在允许范围内），启动频率会进一步降低。

4）连续运行频率

步进电动机启动以后，其运行速度能跟踪指令脉冲频率连续上升而不丢步的最高工作频率称为连续运行频率。其值远大于启动频率。它随电动机所带负载的性质和大小而异，与驱动电源也有很大关系。

5) 矩频特性与动态转矩

矩频特性 $T=F(f)$ 是描述步进电动机连续稳定运行时输出转矩与连续运行频率之间的关系,如图 5-5 所示。该特性上每一个频率对应的转矩称为动态转矩。使用时,一定要考虑动态转矩随连续运行频率的上升而下降的特点。

步进电动机的选用主要是满足运动系统的转矩、精度(脉冲当量)、速度等要求。这样就要充分考虑步进电动机的静、动态转矩、启动频率、连续运行

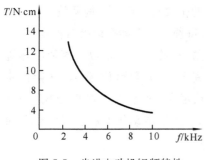

图 5-5 步进电动机矩频特性

率。当脉冲当量、转矩不足时,可增加减速传动机构。

5.2.2 直流伺服电动机

直流伺服电动机具有良好的启动、制动和调速特性,可很方便地实现平滑无级调速,故多用在对伺服电动机的调速性能要求较高的生产设备中。直流进给伺服系统经常使用小惯量直流伺服电动机和大惯量宽调速直流伺服电动机。

小惯量直流伺服电动机于 20 世纪 60 年代研制成功,其电枢无槽,绕组直接黏接、固定在电枢铁芯上,因而转动惯量小,反应灵敏,动态特性好。适用于要求快速响应和频繁启动的伺服系统。但是其过载能力低,电枢惯量与机械传动系统匹配较差。

大惯量宽调速直流伺服电动机于 20 世纪 70 年代研制成功,它在结构上采取了一些措施,尽量提高转矩,改善动态特性,既具有一般直流电动机的各项优点,又具有小惯量直流电动机的快速响应性能,易与较大的负载惯量匹配,能较好地满足伺服驱动的要求,因此在数控机床、工业机器人等机电一体化产品中得到了广泛的应用。

1. 大惯量宽调速直流电动机的结构特点

宽调速直流电动机的基本结构和工作原理与普通直流电动机基本相同,只是为了满足快速响应的要求,从结构上做得细长些。按磁极的种类,宽调速直流电动机分为电激磁和永磁铁两种。电激磁的特点是激磁量便于调整,易于安排补偿绕组和换向极,电动机的换向性能得到改善,成本低,可以在较宽的速度范围内得到恒转矩特性。

永磁铁一般没有换向极和补偿绕组,其换向性能受到一定限制,但它不需要激磁功率,因而效率高,电动机在低速时能输出较大转矩。此外,这种结构温升小,电动机直径可以做得小些,加上目前永磁材料性能不断提高,成本逐渐下降,因此这种结构用得较多。

大惯量宽调速永磁直流伺服电动机的结构如图 5-6 所示。电动机定子 2 采用不易去磁的永磁材料,转子 1 直径大并且有槽,因而热容量大,结构上又采用了通常凸极式和隐极式永磁电动机磁路的组合,提高了电动机气隙磁密。在电动机尾部通常装有测速发电动机、旋转变压器或编码盘作为闭环伺服系统的速度反馈元件,这样不仅使用方便,而且

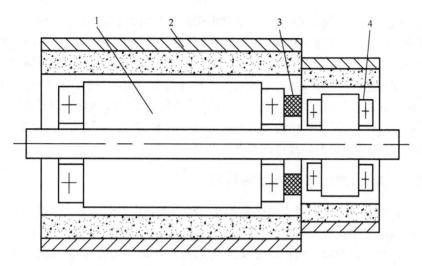

图 5-6 大惯量宽调速永磁直流伺服电动机结构图
1—转子；2—定子（永磁体）；3—电刷；4—测速发电动机

保证了安装精度。当然,大惯量宽调速直流伺服电动机体积大,其电刷易磨损,维修、保养等也存在一些问题。

2. 大惯量宽调速直流电动机的性能特点

(1) 低转速大惯量　这种电动机具有较大的惯量,电动机的额定转速较低。可以直接和机床的进给传动丝杆相连,因而省掉了减速机构。

(2) 转矩大　该电动机输出转矩比较大,特别是低速时转矩大。能满足数控机床在低速时,进行大吃刀量加工的要求。

(3) 启动力矩大　具有很大的电流过载倍数,启动时,加速电流允许为额定电流的 10 倍,因而使得力矩/惯量比大,快速性好。

(4) 调速范围大、低速运行平稳、力矩波动小　该电动机转子的槽数增多,并采用斜槽,使低速运行平稳(如在 0.1 r/min 的速度运行)。

5.3　交流伺服电动机

直流伺服电动机具有优良的调速性能,因而在对速度调节有较高要求的场合,直流伺服系统一直占据主导地位。但是它也存在一些固有的弱点,如电刷和换向器工作中易磨损,需经常维护。换向器由多种材料制成,形状非常复杂,换向时还会产生火花,给制造和维护都带来很大的困难。特别是其容量较小,受换向器限制,电枢电压较低,很多特性参数随速度而变化,因而限制了直流伺服电动机向高转速、大容量发展。所以很早就开展了交流伺服电动机的研制。

早在20世纪60年代末,随着电子学和电子技术的发展,实现了半导体变流技术的交流调速系统。20世纪70年代以来,随着大规模集成电路和计算机控制技术的发展以及现代控制理论的应用,为交流伺服电动机的进一步开发创造了有利条件。特别是矢量控制技术的应用,使得交流伺服拖动逐步具备了调速范围宽、稳速精度高、动态响应快以及能作四象限可逆运行等良好的技术性能。在调速性能方面已可与直流伺服拖动媲美。目前,许多国家已生产出了系列化的交流伺服电动机,调速性能与可靠性不断完善,价格也在不断降低,可以和同类型的直流伺服电动机竞争。

5.3.1 同步、异步交流伺服电动机

在交流伺服系统中采用同步型交流伺服电动机和异步型交流感应伺服电动机。交流异步(感应)伺服电动机结构简单,制造容量大,主要用在主轴驱动系统中;交流同步伺服电动机可方便地获得与频率成正比的可变速度,可以得到很宽的调速范围,在电源电压和频度固定不变时,它的转速是稳定不变的,主要用在数控机床进给驱动系统中。

1. 交流同步伺服电动机

1) 永磁交流同步伺服电动机的结构

永磁交流同步伺服电动机由定子、转子和检测组件三部分组成。其结构如图5-7所示。电枢在定子上,定子具有齿槽,内有三相交流绕组,形状与普通交流感应电动机的定子相同。但采取了许多改进措施,如非整数节距的绕组、奇数的齿槽等。这种结构优点是气隙磁密度较高,极数较多。电动机外形呈多边形,且无外壳。转子由多块永磁铁和冲片组成,磁场波形为正弦波。转于结构中还有一类是有极靴的星形转子。采用矩形磁铁或整体星形磁铁。检测组件(脉冲编码器或旋转变压器)安装在电动机轴上,它的作用是检测出转子磁场相对于定子绕组的位置。

2) 永磁交流同步伺服电动机的工作原理

永磁交流同步伺服电动机的工作原理很简单,与励磁式交流同步电动机类似,即转子磁场与定子磁场相互作用的原理。不同的是,转子磁场不是由转子中励磁绕组产生,而是由转子永久磁铁产生。具体是:当定子三相绕组通交流电后,就产生一个旋转磁场,该旋转磁场以同步转速 n_s 旋转,如图5-8所示。根据磁极的同性相斥,异性相吸的原理,定子旋转磁极就要与转子的永久磁铁磁极互相吸引,并带着转子一起旋转。因此,转子也将以同步转数 n_s 与定子旋转磁场一起旋转。当转子轴上加有负载转矩之后,将造成定子磁场轴线与转子磁极轴线不一致(不重合),相差一个 θ 角,负载转矩变化,θ 角也变化。只要不超过一定界限,转子仍然跟着定子以同步转数旋转。设转子转数为 n_0(r/min),则

$$n_0 = n_s = \frac{60f}{P}$$

式中:f 为电源交流电频率(Hz);P 为转子磁极对数。

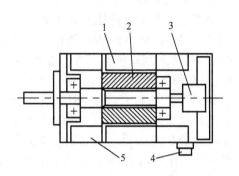

图 5-7　永磁交流同步伺服电动机结构图
1—定子；2—转子；3—脉冲编码器；
4—接线盒；5—定子三相绕组

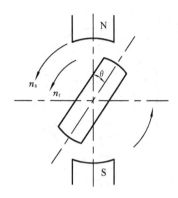

图 5-8　永磁交流同步伺服电动机工作原理图

永磁交流同步电动机有一个问题是启动困难。这是由于转子本身的惯量以及定子、转子磁场之间转速相差太大，在启动时，转子受到的平均转矩为零，因此不能自启动。解决这个问题不用加启动绕组的办法，而是在设计中设法降低转子惯量，以及在速度控制单元中采取先低速、后高速的控制等方法来解决自启动问题。

交流异步（感应）伺服电动机结构简单，制造容量大。主要用在主轴驱动系统中。

3）永磁交流同步伺服电动机的性能

永磁交流同步伺服电动机的性能同直流伺服电动机一样，也用特性曲线和数据表来表示。当然，最主要的是转矩-速度特性曲线，如图5-9所示。在连续工作区（Ⅰ区），速度和转矩的任何组合，都可连续工作。但连续工作区的划分受到一定条件的限制。连续工作区划定的条件有两个：一是供给电动机的电流是理想的正弦波；二是电动机工作在某一特定温度下。断续工作区（Ⅱ区）的范围更大，尤其在高速区，这有利于提高电动机的加、减速能力。

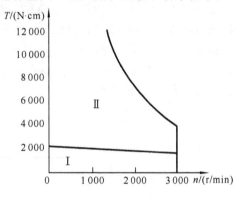

图 5-9　永磁交流同步伺服电动机的特性曲线图

2. 异步交流感应伺服电动机

1）交流主轴伺服电动机的结构

交流主轴电动机与交流进给用伺服电动机不同。交流主轴电动机要提供很大的功率，如果用永久磁体，当容量做得很大时，电动机成本太高。主轴驱动系统的电动机还要具有低速恒转矩、高速恒功率的工况。因此，采用专门设计的鼠笼式交流异步伺服电动机。

交流主轴伺服电动机从结构上分为带换向器和不带换向器两种。通常，多用不带换向器的三相感应电动机。它的结构是定子上装有对称三相绕组,而在圆柱体的转子铁芯上嵌有均匀分布的导条,导条两端分别用金属环把它们连在一起,称为笼式转子。为了增加输出功率,缩小电动机的体积,采用了定子铁芯在空气中直接冷却的办法,没有机壳,而且在定子铁芯上做出了轴向孔以利通风。因此,在电动机外形上是呈多边形而不是圆形。电动机轴的尾部同轴安装有检测组件。图 5-10 所示为交流主轴电动机与普通交流异步感应电动机的比较示意图。

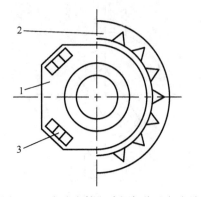

图 5-10 交流主轴电动机与普通交流异
步感应电动机的比较示意图
1—交流主轴电动机;2—普通交流异步感应电动机;
3—通风孔

2) 交流主轴伺服电动机的工作原理

当定子上对称三相绕组接通对称三相电源以后,由电源供给激磁电流,在定子和转子之间的气隙内建立起以同步转速旋转的旋转磁场,依靠电磁感应作用,在转子导条内产生感应电势。因为转子上导条已构成闭合回路,转子导条中就有电流流过,从而产生电磁转矩,实现由电能变为机械能的能量变换。

3) 交流主轴伺服电动机的性能

图 5-11 所示为功率-速度关系曲线。由图 5-11 中曲线可见,交流主轴伺服电动机的特性曲线与直流主轴伺服电动机的类似,即在基本速度以下为恒转矩区域,在基本速度以上为恒功率区域。但有些电动机,如图 5-11 中所示那样,当电动机速度超过某一定值之后,其功率-速度曲线又往下倾斜,不能保持恒功率。对于一般主轴电动机,这个恒功率的速度范围只有 1∶3 的速比。

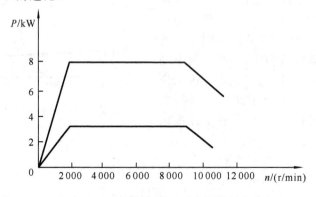

图 5-11 交流主轴伺服电动机的特性曲线

5.3.2 直线电动机

直线电动机是一种能将电信号直接转换成为直线位移的电动机,它是机、电和控制工程等多门学科巧妙结合的产物。由于直线电动机无须转换机构即可直接获得直线运动,所以它没有传动机械的磨损,并具有噪声低、结构简单、操作维护方便等优点,在生产实践中得到广泛的应用。

近年来,世界各国开发出许多具有实用价值的直线电动机机型。它们已经大量应用在机电一体化产品中,如自动化仪表系统、计算机辅助设备、自动化机床以及其他科学仪器的自动控制系统。仅仅使用在自动化仪表上的微特直线电动机,全世界的年产量就有数万台。在数控设备中,直线电动机也已成为重要的驱动元件。

目前,直线电动机主要应用的机型有直线直流伺服电动机,直线异步电动机以及直线步进电动机等。

1. 直线直流电动机

永磁式直线直流电动机是常用的直线直流电动机,该电动机分为动圈式和动磁式两种。动圈式电动机磁场固定,电枢线圈可移动,其结构形式和工作原理与扬声器相似,因此又称为音圈电动机。动磁式电动机为电枢线圈固定,磁场运动,适用于大行程的场合。

下面以动圈式直线直流电动机为例说明其工作原理和结构,与永磁式直流电动机一样,即载流电枢线圈在永磁磁场中受力作用的原理。图 5-12 所示为动圈式直线直流电动机的结构简图。它属于管状结构形式,包括定子和动子两个主要部件。这种结构的电动机的定子和动子气隙可以做得很小。它的性能指标能够达到旋转电动机的指标。动圈式又分长动圈和短动圈两种电枢结构。

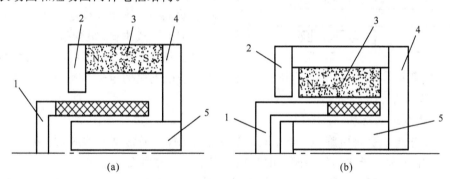

图 5-12 动圈式直线直流电动机结构图
(a) 长动圈式;(b) 短动圈式
1—动圈;2—前端板;3—磁钢;4—后端板;5—铁芯

长动圈式结构如图 5-12(a)所示。该电动机电枢线圈的轴向长度比直线运动工作的行程长,故称为长动圈式直线电动机。此种电动机铜耗大、效率低,比推力均匀度较差。但永磁材料利用率高,电动机的体积小,重量轻。

短动圈式结构如图 5-12(b)所示。该电动机电枢线圈的轴向长度比直线运动工作的行程短,故称为短动圈式直线电动机。此种结构的电枢线圈长度利用率高,比推力均匀度较好。但永磁材料利用率低。短动圈式直线电动机比长动圈式直线电动机性能好、使用广。

2. 直线异步电动机

1) 工作原理和结构

直线异步电动机的工作原理与旋转式异步电动机的工作原理一样,即定子合成旋转磁场(或合成移动磁场)与转子(或动子)的电流作用产生电磁转矩(或电磁力),使电动机旋转(或直线运动)。

直线异步电动机的结构包括定子、动子和直线运动支撑导轮三大部分。定子由定子铁芯和定子绕组组成,它与交流电源相连产生移动磁场。动子有三种形式:第一种是磁性动子,由导磁材料制成,既起磁路作用,又作为笼型动子起导电作用;第二种动子是非磁性动子,只起导电作用,这种结构气隙较大,励磁电流大,损耗太;第三种是在动子导磁材料上面覆盖一层导电材料,覆盖层作为笼型绕组。在这三种形式中,磁性动子结构最简单,动子即为导磁体又作为导电体,甚至可作为结构部件,应用较广。

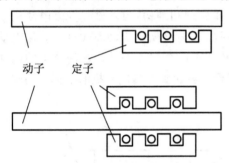

图 5-13 短定子直线异步电动机的结构

直线异步电动机分为扁平型和管型结构。常用的为扁平型结构,该种类型又可分为单边和双边两种形式。为了保证在运动行程范围内定子和动子之间有良好的电磁耦合,直线异步电动机定子和动子的铁芯长度不等。扁平型直线异步电动机的定子制成长定子和短定子两种形式。长定子因成本高,很少采用。图 5-13 所示为短定子直线异步电动机的结构示意图。管型直线异步电动机的定子和动子的管筒可做成圆筒和矩形筒两种结构。

3. 直线步进电动机

直线步进电动机是由旋转步进电动机演变而来的,它通常制成感应式和磁阻式两种形式,利用定子和动子之间气隙磁导的变化所产生的电磁力而工作。

直线步进电动机性能好、尺寸小、使用较广,如用在数控绘图仪、记录仪、数控刻图机、数控激光剪裁机、集成电路测量制造等设备上。

5.4 步进电动机伺服系统进给运动的控制

步进电动机伺服系统是典型的开环伺服系统。开环系统没有反馈电路,因此省去了检测装置,不需要像闭环伺服系统那样进行复杂的设计计算与试验校正。但由于没有反馈检测环节,步进式伺服系统精度较差,进给速度也受到一定的限制。但是步进电动机伺服系统由于具有结构简单,使用、维护方便,可靠性高,制造成本低等一系列优点,在中小型机床和速度、精度要求不十分高的场合,适合用于经济型数控机床和对现有的普通机床进行数控化技术改造。

步进电动机伺服系统主要由步进电动机的驱动控制电路和步进电动机两部分组成。系统中指令信号是单向流动的,驱动控制电路接收数控装置发出的进给脉冲信号,并把此信号转换为控制步进电动机各定子绕组依次通电、断电的信号,使步进电动机运转。步进电动机的转子与机床丝杠连在一起(也可通过齿轮传动接到丝杠上),转子带动丝杠转动,从而使工作台运动。也就是说,步进式伺服系统受驱动控制电路的控制,将代表进给脉冲的电平信号直接变换为具有一定方向、大小和速度的机械转角位移,通过齿轮和丝杠带动工作台移动。

1. 工作台位移量的控制

数控装置发出 N 个脉冲,使步进电动机定子绕组的通电状态变化 N 次,则步进电动机转过的角位移量 $\varphi = N \cdot \alpha$(α 为步距角)。该角位移经丝杠、螺母之后转化为工作台的位移量 L,即进给脉冲数决定了工作台的直线位移量。

2. 工作台进给运动方向的控制

当数控装置发出的进给脉冲序列是正向时,经驱动控制线路之后,步进电动机的定子绕组按一定顺序依次通电、断电;当进给脉冲序列是反向时,定子各绕组则按相反的顺序通电、断电。因此,改变进给脉冲的方向,可改变定子绕组的通电顺序,使步进电动机正转或反转,从而改变工作台的进给运动方向。

前面已经介绍了步进电动机的结构、工作原理及主要特性。下面介绍步进电动机的选择、控制方法、驱动电路、脉冲分配以及与控制器的硬件接口与软件实现。

5.4.1 步进电动机的选择

合理地选用步进电动机是相当重要的,通常希望步进电动机的输出转矩大,启动频率和运行频率高,步矩误差小,性能价格比高。但增大转矩与快速运行存在矛盾,高性能与低成本存在矛盾,因此,在实际选用时,必须全面考虑。

首先,应考虑系统的精度和速度的要求。为了提高精度,希望脉冲当量小。但是脉冲当量越小,系统的运行速度就越低。故应兼顾精度与速度的要求来选定系统的脉冲当量。在脉冲当量确定以后,就可以以此为依据来选择步进电动机的步矩角和传动机构的传动比。

步进电动机的步矩角从理论上来说是固定的,但实际上还是有误差的。另外,负载转矩也将引起步进电动机的定位误差。应将步进电动机的步矩误差、负载引起的定位误差和传动机构的误差全部考虑在内,使总的误差小于数控机床允许的定位误差。

步进电动机有两条重要的特性曲线,即反映启动频率与负载转矩之间关系的曲线和反映转矩与连续运行频率之间关系的曲线。这两条曲线是选用步进电动机的重要依据。一般将反映启动频率与负载转矩之间的曲线称为启动矩频特性,将反映转矩与连续运行频率之间的曲线称为工作矩频特性。

已知负载转矩,可以在启动矩频特性曲线中查出启动频率。这是启动频率的极限值,实际使用时,只要启动频率小于或等于这一极限值,步进电动机就可以直接带负载启动。

若已知步进电动机的连续运行频率 f,就可以从工作矩频特性曲线中查出转矩 M_{dm},这是转矩的极限值,有时称其为失步转矩。这也就是说,若步进电动机以频率 f 运行,它所拖动的负载转矩必须小于 M_{dm};否则,就会导致失步。

数控机床的运行分为两种情况:快速进给和切削进给。在这两种情况下,对转矩和进给速度有不同的要求。在选用步进电动机时,应注意在两种情况下都能满足要求。

假若进给驱动装置有如下性能:在切削进给时的转矩为 T_e,最大进给切削速度为 v_e,在快速进给时的转矩为 T_k,最大快进速度为 v_k。根据上面的性能指标,可按下面的步骤来检查步进电动机能否满足要求。

首先依据下式,将进给速度值转变成电动机的工作频率

$$f = \frac{1\,000v}{60\delta}\,(\text{Hz})$$

式中:v 为进给速度(m/min);δ 为脉冲当量(mm);f 为进给电动机工作频率(Hz)。

在上式中,若将最大切削进给速度 v_e 代入,就可求出在切削进给时的最大工作频率 f_e,将最大快速进给速度 v_k 带入,就可求出在快速进给时的最大工作频率 f_k。

然后,根据 f_e 和 f_k 在工作矩频特性曲线上找到与其对应的失步转矩值 T_{dme} 和 T_{dmk},若有 $T_e < T_{dme}$ 和 $T_k < T_{dmk}$,就表明电动机是能满足要求的,否则就是不能满足要求的。

5.4.2 步进的运动控制原理

由步距角公式可知,循环拍数越多,步距角越小,因此定位精度就越高。另外,通电循环拍数和每拍通电相数对步进电动机的矩频特性和稳定性等都有很大的影响。步进电动机的相数也对步进电动机的运行性能有很大的影响。为了提高步进电动机输出转矩、工作频率和稳定性,可选用多相步进电动机,并用混合拍的工作方式。

步进电动机由于采用脉冲工作方式,且各相需按一定规律分配脉冲,因此,在步进电动机控制系统中,需要脉冲分配逻辑和脉冲产生逻辑。而脉冲的多少需要根据控制对象的运行轨迹计算得到,因此还需要插补运算器。数控机床所用的功率步进电动机要求控制驱动系统必须有足够的驱动功率,所以还要求有功率驱动电路。为了保证步进电动机不失步地启停,要求控制系统具有升降速控制环节。除了上述各环节之外,还有键盘、显示器等输入/输出设备的接口电路及其他附属环节。在早期的数控系统中,上述各环节一般是由硬件电路完成的。但是目前的机床数控系统,由于采用了小型和微型计算机控制,

上述很多控制环节,如升降速控制、脉冲分配、脉冲产生、插补运算等都可以由计算机完成,使步进电动机控制系统的硬件电路大为简化,可靠性大幅度提高,而且使用灵活方便。

5.4.3 步进电动机的驱动电路

虽然步进电动机是一种数控元件,易于与数字电路接口。但是,一般数字电路信号能量远远不足以驱动步进电动机。因此,必须有一个与之匹配的驱动电路来驱动步进电动机。下面介绍几种比较常用的驱动电路,如单极性驱动电路、双极性驱动电路、高低压驱动电路、斩波驱动电路等。

由于步进电动机的相绕组本身是一个电感,流经其中的电流不能突变,相电流从零上升至额定值或从额定值下降至零,都需要一定的时间。当步进电动机高速工作时,这些延迟时间将显著影响步进电动机的性能,使得输出转矩急剧下降。此外,电流截止时,在相绕组的两端还会产生很高的反电动势,威胁功率开关元件的安全。因此,对步进电动机驱动电路有如下一般要求。

(1) 能够提供快速上升和快速下降的电流,使电流波形尽量接近矩形。

(2) 具有供截止期间释放电流的回路,以降低相绕组两端的反电动势,加快电流衰减。

(3) 功耗低,效率高。

1. 单极性驱动电路

三相反应式(磁阻式)步进电动机常用简单的单极性驱动电路,如图 5-14 所示。该电路是最基本的驱动电路形式。图中晶体管开关由脉冲分配器产生的脉冲控制,从而使各相绕组的电流导通和截止。

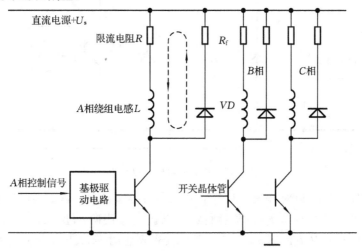

图 5-14 单极性驱动电路

限流电阻 R 的作用是减小相绕组的电气时间常数。因为电气时间常数 $\tau=L/R$，其中，相绕组电感 L 为定值，如增大 R，则 τ 减小，从而，加快相绕组中电流的上升和下降速度，改善步进电动机的高速性能。当然，随着 R 的增大，电源电压必须提高，以使相绕组电流能够达到额定值。同时，电阻 R 上消耗的功率也会随之增大。续流二极管 VD 和电阻 R_f 的作用是，在开关晶体管关断时，为相绕组电流提供一条续流回路，沿图 5-14 中虚线流动，把相绕组电感中储存的磁能消耗在 R 和 R_f 上，让相电流尽快衰减至零。

2. 双极性驱动电路

图 5-15 所示为晶体管桥式双极性驱动电路，主要用于混合式或永磁式步进电动机。该电路中使用了四只晶体管 VT_1、VT_2、VT_3、VT_4 作为开关元件来控制相绕组电流，这不仅可以控制相绕组电流的导通和截止，还可以控制相电流的方向，故称之为"双极性"驱动电路。

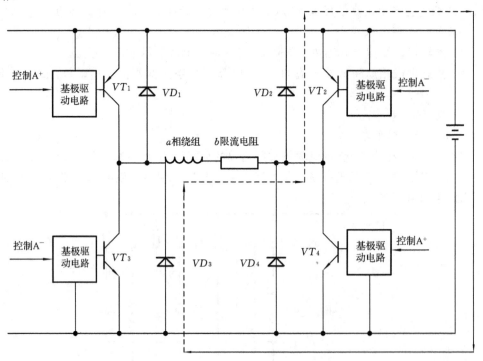

图 5-15 桥式双极性驱动电路

工作时，VT_1、VT_4 成对开关，即 VT_1、VT_4 同时导通或截止，VT_2、VT_3 同时导通或截止。当 VT_1、VT_4 导通时，VT_2、VT_3 则截止，电流从 a 流向 b；反之，VT_1、VT_4 截止时，VT_2、VT_3 导通，电流从 b 流向 a。$VT_1 \sim VT_4$ 全部截止时，则无电流通过相绕组。

电路中，四只晶体管的发射极不在同一基准上，使得基极驱动电路较为复杂。VT_1、

VT_2 的驱动电路必须以正电源为基准。控制信号一般需通过隔离级送入驱动电路。这是该电路的一个缺点。

VD_1~VD_4 为续流二极管,提供相电流续流回路。当 VT_1、VT_4 由导通转为截止时,相电流将沿图中虚线经过 VD_2、直流电源 VD_3 流动。同理,可分析另外两只二极管的作用。由于续流回路包含直流电源,所以相绕组中储存的能量有一部分返回到电源中,而不是消耗在电阻上。因此,该驱动电路的效率比单极性电路高。这是该电路的一个重要优点。另外,在续流过程中,因要克服电源电压,因而相电流衰减速度很快。

3. 高低压驱动电路

无论是单极性电路,还是双极性电路,在绕组上至少都串有一只限流电阻。增大限流电阻固然可以提高电流上升、下降的速度,但也增大了功率消耗,使之效率低、发热量大、体积增大。结果,使电流上升、下降速度的进一步提高受到限制。高低压驱动电路(见图 5-16)可以克服上述缺点。注意,图中仅为一相电路。该电路的工作过程如下。

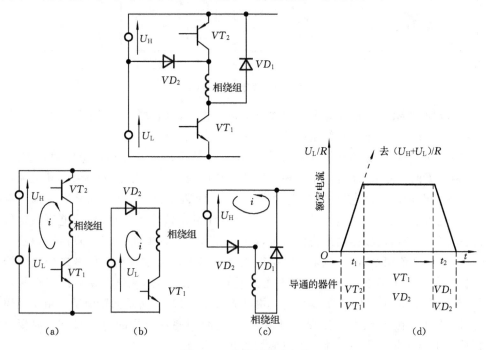

图 5-16 高低压驱动电路

当输入脉冲刚转为高电位时,晶体管 VT_1、VT_2 均导通,电流沿图 5-16(a)所示的回路流动,高压电源 U_H 和低压电源 U_L 全部加在相绕组上,因此相电流迅速上升。经过一段很短的时间 VT_2 截止,电流沿图 5-16(b)所示路径流动,电流仅由 U_L 提供。若选择合适的 U_L 值,使 U_L/R 等于额定相电流(R 为相绕组内阻),并维持相绕组电流,那么,当输

入脉冲为零时 VT_1 也截止,则相电流沿图 5-16(c)所示路径续流。由于回路中包含 U_H,故电流衰减速度很快。

图 5-16(d)所示为高低压驱动电路的相电流波形。

4. 斩波驱动电路

斩波驱动电路是一种性能更为完善的驱动电路,如图 5-17(a)所示。

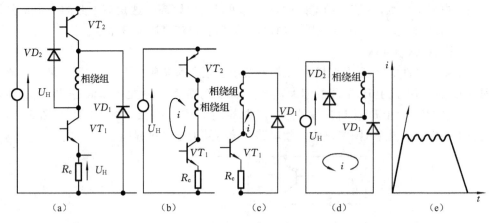

图 5-17 斩波驱动电路

在斩波驱动电路中,晶体管 VT_1 受脉冲分配器产生的激励信号控制,VT_2 则根据相绕组中的电流开或关,以维持相绕组中的电流大小。

在励磁期间,VT_1 受励磁信号控制,保持开通状态,VT_2 由相电流的额定值与 R_c 上反馈出的相电流的实际值,通过一个滞环比较器比较后控制。当励磁刚开始时,相电流反馈值为零,比较器输出为高电位,使 VT_2 导通。此时,回路如图 5-17(b)所示。全部电源电压加在相绕组上,相电流迅速上升,当电流上升到比额定值略大一点时,即电流额定值加二分之一滞环值时,比较器输出为低电位,VT_2 关断,电流则沿图 5-17(c)所示路径流动。由于回路中电阻值很小,因此相电流衰减得很慢。当电流衰减到额定值减二分之一滞环值时,比较器又输出高电位,电路又重复上述动作。如此循环,相电流便可维持在额定值附近。当励磁结束时,VT_1、VT_2 均截止,相电流沿图 5-17(d)所示回路流动。由于回路中包含反向的电源电压,故而电流衰减得很快,且绕组中储存能量的绝大部分回馈到电源中,因此该电路的效率很高。相电流波形如图 5-17(e)所示。

在斩波电路中,电源电压一般可以取得很高,因而励磁开始和结束时,相电流的上升、下降速度都很快。另外,相电流是通过闭环控制的,其值比较稳定。由于这些原因,斩波驱动电路比较复杂,容易产生干扰。尽管如此,由于其显著的优点,仍然得到广泛的应用。

各种驱动电路性能的比较见表 5-1。

表 5-1 各种驱动电路性能的比较

驱动电路	启动频率	运行频率	运行平稳性	效率	成本
单极性	低	低	较差	低	低
双极性	低	较高	较差	较高	高
高低压	高	较高	差	较高	较高
斩波	高	高	差	高	高

5.4.4 脉冲分配器

脉冲分配器是步进电动机运动控制系统的重要组成部分。它的作用是把输入脉冲按一定的逻辑关系转换为合适的脉冲序列,然后通过驱动电路加到步进电动机的定子绕组上,使电动机按一定的方式工作。脉冲分配器可以由逻辑电路硬件来实现,也可以通过逻辑代数运算由软件来实现。

1. 硬件脉冲分配器

硬件脉冲分配器是根据步进电动机的相数和控制方式来设计的。以三相六拍为例,其电路原理如图 5-18 所示。图中 1、2、3 为双稳态 J-K 触发器,其余为与非门。时钟信号加到分配器的脉冲输入端。步进电动机的旋转方向由正反向控制电位决定。

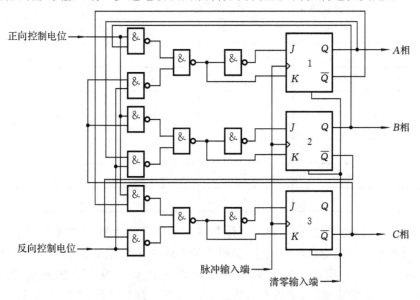

图 5-18 三相六拍脉冲分配器电路

根据电路原理,初始时刻清零后,输出电平 $A=B=0, C=1$。然后,J-K 触发器的输入和输出电平按下列的逻辑关系变化:

正转时,

$$K_1 = \overline{B} = B, \quad J_1 = \overline{B}, \quad A = \overline{B}$$
$$K_2 = \overline{C} = C, \quad J_2 = \overline{C}, \quad B = \overline{C}$$
$$K_3 = \overline{A} = A, \quad J_3 = \overline{A}, \quad C = \overline{A}$$

反转时,

$$K_1 = C, \quad J_1 = \overline{C}, \quad A = \overline{C}$$
$$K_2 = A, \quad J_2 = \overline{A}, \quad B = \overline{A}$$
$$K_3 = \overline{B}, \quad J_3 = B, \quad C = \overline{B}$$

根据上面的逻辑方程,代入初始条件,经过递推计算,可列写出真值表如表 5-2 所示。

由真值表可知:正转时,相电流依次接通顺序为 A—AB—B—BC—C—AC—A;反转时,依次接通顺序为 A—AC—C—BC—B—AB—A。这正是三相步进电动机三相六拍通电方式所需要的脉冲序列。

表 5-2 三相六拍脉冲分配器真值表

节拍序号\时钟脉冲 n	正转			反转		
	A	B	C	A	B	C
0	1	0	0	1	0	0
1	1	1	0	1	0	1
2	0	1	0	0	0	1
3	0	1	1	0	1	1
4	0	0	1	0	1	0
5	1	0	1	1	1	0
6	1	0	0	1	0	0

另外,近年来国内、外集成电路厂家针对步进电动机的种类、相数和驱动方式等开发一系列步进电动机控制专用集成电路,如国内的 PM03(三相电动机控制)、PM04(四相电动机控制)、PM05(五相电动机控制)、PM06(六相电动机控制);国外的 PMM8713、PPMCl01B 等专用集成电路,采用专用集成电路有利于降低系统的成本和提高系统的可靠性,而且能够大大方便用户。当需要更换电动机时,不必改变电路设计,仅仅改变一下电动机的输入参数就可以了,同时通过改变外部参数也能变换励磁方式。在一些具体应

用场合,还可以用计算机软件来实现脉冲序列的环形分配。

2. 软件脉冲分配器

脉冲分配器除了采用硬件电路实现以外,在采用微处理器控制步进电动机时,也可以用软件程序来实现。下面,以控制三相步进电动机为例,说明软件脉冲分配器的编程原理。

三相步进电动机可以采用三相单三拍、三相双三拍及单双拍(六拍)三种通电方式。图 5-19 所示为六拍通电方式、三相脉冲序列为 $A-AB-B-BC-C-AC-A$ 的波形图。

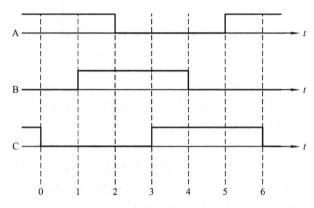

图 5-19 三相脉冲分配器的脉冲序列波形图

由图 5-19 可以看出:在一个循环周期内,A、B、C 三相脉冲电平分别是 1—1—0—0—0—1,0—1—1—1—0—0,以及 0—0—0—1—1—1。

一般来说,脉冲分配硬件一旦确定下来,便不易更改,设备成本高,它的应用受到了限制。由软件完成脉冲分配工作,不仅使线路简化,成本下降,而且可根据应用系统的需要,灵活地改变步进电动机的控制方案。

5.4.5 步进电动机的微机控制

步进电动机的工作过程一般由控制器控制,控制器按照设计者的要求完成一定的控制过程,使功率放大电路按照要求的规律驱动步进电动机运行。简单的控制过程可以用各种逻辑电路来实现,但其缺点是线路较复杂、控制方案改变困难,微处理器的问世,给设进电动机控制器的设计开辟了新的途径。各种单片微型计算机的迅速发展和普及,为设计功能强而价格低的步进电动机控制器提供了条件。使用微型计算机对步进电动机进行控制有串行和并行两种方式。

1. 串行控制

具有串行控制功能的单片机系统与步进电动机电源之间,具有较少的连线将信号送入步进电动机驱动电源的环行分配器,所以在这种系统中,驱动电源中必须含有环行分配器。这种方式的示意图如图 5-20 所示。

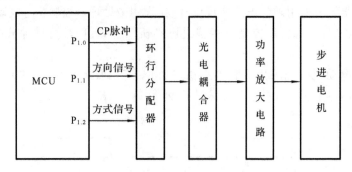

图 5-20 串行控制示意图

2. 并行控制

用微型计算机系统的数个端口直接去控制步进电动机各相驱动电路的方法称为并行控制。并行控制功能必须由计算机系统来完成,即完全用软件来实现相序的分配,直接输出各相导通或截止的信号。计算机向接口输入简单形式的代码数据,而接口输出的是步进电动机各相导通或截止的信号。并行控制方案如图 5-21 所示。X 向和 Z 向步进电动机的三相定子绕组分别为 A、B、C 相和 a、b、c 相,分别经各自的放大器、光电耦合器与计算机的并行输入/输出接口(PIO)的 PA_0 至 PA_5 相连。

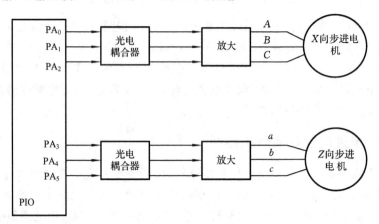

图 5-21 并行控制方案

微机与步进电动机的接口必须实现光电隔离。因为微机及其外围芯片一般工作在 +5 V 弱电条件下,而步进电动机驱动电源是采用几十伏至上百伏强电电压供电。如果不采取隔离措施,强电部分会耦合到弱电部分,造成 CPU 及其外围芯片的损坏。常用的隔离元件是光电耦合器,它可以隔离上千伏的电压。

5.4.6 步进电动机的速度控制

前面已经介绍了步进电动机的工作原理、脉冲分配电路、驱动电路以及与微机的接口技术。本部分从经济型数控技术的应用出发,主要讨论关于步进电动机的速度控制。控制步进电动机的运行速度,实际上就是控制系统发出步进脉冲的频率或者换相的周期,即步进电动机控制的基本问题之一,就是如何产生如图5-22 所示的脉冲序列。

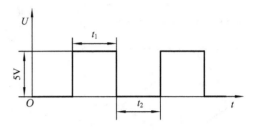

图 5-22 脉冲序列

一般微机提供的高电平为 +5 V,低电平为 0 V。t_1、t_2 为一个周期脉冲的高低电平时间。每当微机通过接口向步进电动机送这样的脉冲时,高电平便使步进电动机开始步进。但由于步进电动机的"步进"需一定时间,所以送高电平后,需延时 t_1,以使步进电动机到达指定位置。由此可见,用微机控制步进电动机的软件设计任务,首要的是产生一系列的脉冲序列。用软件产生脉冲序列的方法是先输出一个高电平,然后进行延时 t_1,再输出一个低电平,再延时 t_2。t_1、t_2 的大小由步进电动机的工作频率决定。系统可用两种办法来确定步进脉冲的周期:一种是软件延时;另一种是用定时器。软件延时的方法是通过调用延时子程序来实现的,它占用 CPU 时间;定时器的方法是通过设置定时时间常数的方法来实现的。

1. 软件延时法

产生延时程序的框图如图 5-23 所示。采用 MCS-51 单片机的延时源程序如下。

```
YANS:MOV    R1,♯TIME   ;把循环次数♯TIME 送寄存器
LOOP:NOP
     NOP                ;空操作
     DJNZ   R1,LOOP     ;判断循环次数是否结束
     RET                ;返回
```

程序中 NOP 的指令周期为 1,DJNZ 的指令周期为 2,则一次循环为 4 个机器周期。延时程序的总延迟时间为该循环程序段的整数倍,该程序的延时时间为

$$\text{TIME} \times 4 \times T_0 + 1 + 2 (\mu s)$$

式中:T_0 为单片机的机器周期,T_0 等于外部晶振振荡周期的 1/12。如果单片机的晶振频率为 12 Hz,则一个机器周期是 1 μs。为了加长延时时间,通常采用多重循环的方法。如下面的双重循环的延时程序,延时时间为

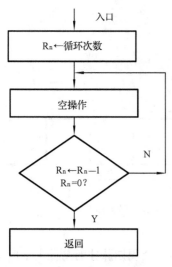

图 5-23 延时程序框图

$$(TIME2 \times 4 + 2 + 1) \times TIME1 \times T_0 + 4(\mu s)$$

```
YANS02:MOV    R1,#TIME1      ;1个机器周期
LOOP1:MOV     R2,#TIME2      ;1个机器周期
LOOP2:NOP                    ;1个机器周期
      NOP                    ;1个机器周期
      DJNZ    R2,LOOP2       ;2个机器周期
      DJNZ    R1,LOOP1       ;2个机器周期
      RET                    ;返回
```

2. 定时器法

对于单片机的控制系统,可利用单片机内部的定时器延时。如果采用方式 1 定时,机器周期为 $T_0(\mu s)$,延时时间 $t(\mu s)$ 与时间常数 N 的关系为

$$(2^{16} - N) \times T_0 = t$$
$$N = 2^{16} - t/T_0$$

把 N 化成 16 进制数后,以 NCH 表示 N 的高字节,以 NCL 表示 N 的低字节,其源程序如下。

```
        ORG    5000H
YANS03: MOV    TMOD,#10H      ;设定定时器1的工作方式为1
        MOV    TH1,#NCH       ;设置时间常数高字节
        MOV    TL1,#NCL       ;设置时间常数低字节
        MOV    IE,#00H        ;关定时中断
        SETB   TR1            ;启动定时器1
LOOP:   JBC    TF1,LOOPB      ;查询是否溢出
        SJMP   LOOP           ;没溢出继续查询
LOOPB:  …
        RET                   ;返回
```

改变 N 时,就能改变延时时间。N 值越小,延时时间就越长。

单个脉冲作用于步进电动机,只能使步进电动机走一步,要想步进电动机连续运动,就必须连续给步进电动机输入控制信号。因此,必须解决连续控制信号即脉冲序列的产生的程序设计。设步数为 N,脉冲信号从 P1.0 发出,其定时器延时的程序框图如图 5-24 所示。其源程序如下。

第5章 数控机床的伺服系统

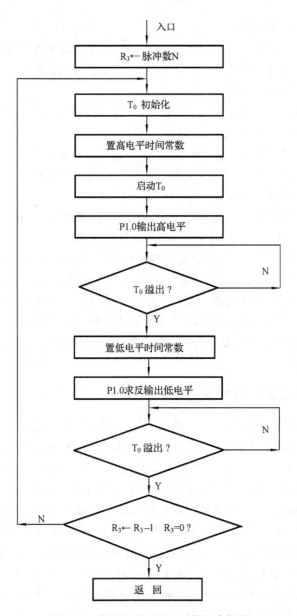

图 5-24 单片机定时器延时的程序框图

```
        MOV R3,#N              ;计数器赋初值
LOOP：MOV TMOD,#01H           ;定时器 T0 方式 1
        MOV TL0, #TCL1         ;设置低电平延时时间常数
        MOV TH0, #TCH1
```

```
            SETB TR0                    ;启动 T0
            SETB P1.0                   ;输出高电平信号
LOOP1： JBC TF0,REP                     ;查 T0 溢出否
            AJMP LOOP1
REP：   MOV TL0,#TCL2                   ;设置低电平延时时间常数
            MOV TH0,#TCH2
            CPL P1.0                    ;输出低电平信号
LOOP2：JBC TF0,REP1                     ;查 T0 溢出否
            AJMP LOOP2
REP1：  DJNZ R3,L00P                    ;判断步数完否
            RET                         ;返回
```

上面讨论了如何设计产生步进电动机控制信号即脉冲的程序,但仅仅有这些脉冲序列还不能使步进电动机运行。因为步进电动机的转动与内部绕组的通电顺序和通电方式有关,必须使所产生的脉冲序列按一定的时序送到绕组上,步进电动机方能运行。在数控技术中,经常要求步进电动机工作时随时改变运动方向,才能满足机械加工的需要。步进电动机运行控制程序设计的主要任务是:判断运动方向,按顺序送出控制脉冲,判断所要送的脉冲是否送完。

5.4.7 步进电动机的加减速控制

对于点位控制系统,从起点至终点的运行速度都有一定的要求。如果要求运行频率(速度)小于系统的极限启动频率,则系统可以按要求的频率(速度)直接启动,运行至终点后可立即停发脉冲而令其停止。系统在这样的运行方式下其速度可认为是恒定的。但在一般的情况下,系统的极限启动频率是比较低的,而要求的运行速度往往较高。如果系统以要求的速度直接启动,因为该频率已超过极限启动频率而不能正常启动,可能发生丢步或根本不能启动的情况。系统运行起来后,如果达到终点时突然停发脉冲串,令其立即停止,则因为系统的惯性原因,会发生冲过终点的现象,使点位控制精度发生偏差。因此,在点位控制过程中,运行速度都需要一个启动—加速—恒速—减速—低恒速—停止的过程,如图 5-25 所示。系统在工作过程中,要求加、减速过程时间尽量短,这就必须要求加速、减速的过程最短,而恒速时的速度最高。

加速规律一般可有两种选择:一是按照直线规律加速,二是按指数规律加速。按直线规律加速时加速度为恒值,因此要求步进电动机产生的转矩为恒值。从电动机本身的矩-频特性来看,在转速不是很高的范围内,输出的转矩可基本认为是恒定的。但实际上电动机转速升高时,输出转矩将有所下降。如按指数规律加速,加速度是逐渐下降的,接近电动机输出转矩随转速变化的规律。用微机对步进电动机进行加、减速控制,实际上就是改

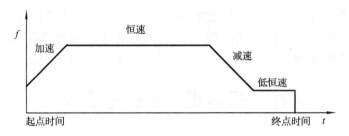

图 5-25　点位控制的加减速控制

变输出步进脉冲的时间间隔。加速时使脉冲串逐渐加密,减速时使脉冲串逐渐稀疏。微机用定时器中断的方式来控制电动机变速时,实际上就是不断改变定时器装载值的大小。一般用离散的办法来逼近理想的加、减速曲线。为了减少每步计算装载值的时间,系统设计时就把各离散点的速度所需的装载值固化在系统的 EPROM 中,系统运行中用查表的方法查出所需的装载值,从而大大减少占用 CPU 时间,提高系统的响应速度。系统在执行加、减速度的过程中,对加、减速的控制还需准备下列数据:加、减速的斜率,加速过程的总步数,恒速运行的总步数,减速运行的总步数。

对加、减速过程的控制有多种方法,软件编程也十分灵活。

步进电动机的输出转矩是励磁电流和失调角的函数。为了获得较高的输出转矩,必须考虑电流的变化和失调角的大小,这对于开环控制来说是很难实现的。根据不同的使用要求,步进电动机的闭环控制也有不同的方案,主要有核步法、延迟时间法、用位置传感器的闭环控制系统等。采用光电脉冲编码器作为位置检测元件的步进电动机的闭环控制原理框图如 5-26 所示。

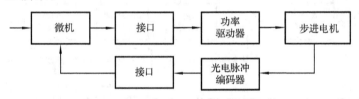

图 5-26　步进电动机的闭环控制原理框图

其中编码器的分辨率必须与步进电动机的步矩角相匹配。该系统不同于通常控制技术中的闭环控制,步进电动机由微机发出的一个初始脉冲启动,后续控制脉冲由编码器产生。编码器直接反映切换角这一参数。然而编码器相对于电动机的位移是固定的,因此发出切换角的信号也是一定的,只能是一种固定的切换角数值。采用时间延迟的方法可获得不同的切换角,从而可使电动机产生不同的平均转矩,得到不同的转速。在闭环控制系统中,为了扩大切换角的范围,有时还要插入或删去切换脉冲。通常在加速时要插入脉冲,而在减速时要删除脉冲,从而实现电动机的迅速加、减速控制。

在固定切换角的情况下,如负载增加,则电动机转速下降,要实现均匀控制,可利用编码器测出电动机的实际转速(即编码器两次发出脉冲信号的时间间隔),以此作为反馈信号不断地调节切换角,从而补偿由负载所引起的转速变化。

5.5 伺服电动机的速度控制

速度控制的主要功能是完成对伺服电动机的调速和稳速。速度控制系统是数控伺服系统中的重要组成部分,它由速度控制单元、伺服电动机、速度检测装置等构成。数控机床中有直流调速系统和交流调速系统,直流电动机调速历史长,应用很广。由于电力电子技术的发展,交流电动机的无级调速近年来发展很快,出现了许多新技术,如变频调速、矢量变换控制等,使其应用日益扩大。交流调速系统逐渐代替了直流调速系统。

5.5.1 直流进给运动的速度控制

在数控机床伺服系统中,速度控制已经成为一个独立、完整的模块,称为速度控制单元。现在的直流速度控制单元多采用可控硅调速系统(SCR)和晶体管脉宽调制调速系统(PWN)。这两种调速系统都可作为直流伺服电动机调速的控制电路,调速方法是通过控制电路改变电动机的电枢电压,达到速度调节的目的。

1. 可控硅调速系统(SCR)

可控硅直流调速系统的整体控制如图 5-27 所示。这是一种有效的、性能优异的双闭环调速系统,因为系统有电流、速度两个反馈回路组成,所以称为双环系统。

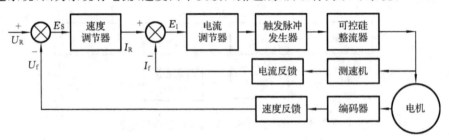

图 5-27 可控硅直流调速速度单元结构框图

可控硅(SCR)速度单元分为控制回路和主回路两部分。控制回路由速度调节器、电流调节器和触发脉冲发生器组成,它产生触发脉冲。并且与供电电源频率及相位同步,以便对可控硅正确触发。该脉冲的相位即触发角,作为整流器进行整流的控制信号,通过改变可控硅的触发角,就可改变输出电压,达到调节直流电动机速度的目的。速度调节器和电流调节器一般采用比例-积分(PI)调节器。

主回路为功率级的整流器,将电网交流电变为直流电。相当于将控制回路信号的功率放大,得到较高电压与较大电流以驱动直流伺服电动机。可控硅整流电器由多个大功率晶闸管组成。在数控机床中,多采用三相全控桥式反并联可逆整流电路,如图 5-28 所示。三相全控桥可控硅分两组(Ⅰ和Ⅱ),每组内按三相桥式连接,两组反并联,分别实现正转和反转。每组可控硅都有两种工作状态,整流和逆变。一组处于整流工作时,另一组处于待逆变状态。在电动机降速时,逆变组工作。在这种电路的(正转组或反转组)每组中,需要共阴极组中一个可控硅和共阳极组中一个晶闸管同时导通才能构成通电回路,因此必须同时控制。共阴极组的可控硅是在电源电压正半周内导通,顺序是 1、3、5,共阳极组的晶闸管是在电源电压负半周内导通,顺序是 2、4、6。共阳极组或共阴极组内晶闸管的触发脉冲之间的相位差是 120°,在每相内两个可控硅的触发脉冲之间的相位差是 180°,按管号排列顺序为 1—2—3—4—5—6,相邻触发脉冲之间的相位差是 60°。

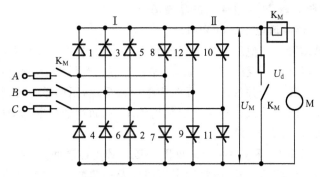

图 5-28 三相桥式反并联可逆整流电路

为保证合闸后两个串联工作的可控硅能同时导通,或电流截止后能再导通,必须对共阴极组和共阳极组中应导通的可控硅同时发出脉冲,每个可控硅在触发导通 60°后,再补发一个脉冲,这种控制方法为双脉冲控制;也可用一个宽脉冲代替两个连续的窄脉冲,脉冲宽度应保证相应的导通角大于 60°,但要小于 120°,一般取 80°~100°,这种控制方法叫宽脉冲控制。

直流可控硅调速系统的工作原理可简述如下。当给定的指令信号增大时,则有较大的偏差信号加到调节器的输入端,放大器的输出电压随之加大,使触发器的触发脉冲前移(即减小触发角,使可控硅导通角增大),整个输出电压提高,电动机转速上升。同时,测速发电动机反馈输出电压也逐渐增加,当系统达到新的动态平衡时,电动机就以要求的较高转速稳定运转。假如系统受到外界干扰,如负载增加时,转速就要下降,反馈电压减小,则速度调节器的输入偏差信号增大,即放大器输出电压增加,触发脉冲前移,可控硅整流器输出电压升高,从而使电动机转速上升,恢复到外界干扰前的转速值。与此同时,电流也要起调节作用。因为电流调节器也有两个输入信号:一个是由速度调节器来的信号,它反映了速度偏差的大小,通常作为电流调节器的给定;另一个是电流反馈信号,它反映主回路的电流大小。电流调节器用以维持或调节电流。如当电网电压突然降低时,整流器输出电压也随之降低,在电动机转速由于惯性尚未变化之前,首先引起主回路电流减小,从而立即使电流调节器输出增加,触发脉冲前移,使整流器输出电压恢复到原来的值,从而抑制了主回路电流的变化。当速度给定信号为一阶跃函数时,电流调节器有一个很大的输入值,但其输出值已整定在最大饱和值。此时的电枢电流也在最大值(一般取额定值的 2.4 倍),从而使电动机在加速过程中始终保持在最大转矩和最大加速度状态,以使启动、制动过程最短。由此可见,具有速度外环、电流内环的双环调速系统,具有良好的静态、动态指标,其启动过程很快,可最大限度地利用电动机的过载能力,使过渡过程最短。因此,这种过程称为限制极限转矩的最佳过渡过程。

该系统的缺点是:在低速轻载时,电枢电流出现断续,机械特性变软,整流装置的外特性变陡,总放大倍数下降,同时也使动态品质恶化。

2. 晶体管脉宽调制调速系统(PWM)

随着大功率晶体管及其他新型功率器件制造工艺上的成熟和发展,晶体管脉宽调制型的直流调速系统得到了广泛的应用。所谓脉宽调制,就是使功率放大器中的功率器件(如大功率晶体管)工作在开关状态下,开关频率保持恒定,用调整开关周期内晶体管导通时间的方法改变输出给电动机电枢两端的平均电压,从而达到控制电动机转速的目的。

1) 晶体管脉宽调制系统的组成

图 5-29 所示为 PWM 调速系统组成框图。该系统由控制回路和主回路构成,控制部分包括:速度调节器、电流调节器、固定频率振荡器及三角波发生器、脉宽度调制器和基极驱动电路等。主回路包括:晶体管开关式放大器和功率整流器等。控制部分的速度调节器和电流调节器与可控硅调速系统一样,同样采用双环控制。不同的只是脉宽调制和功

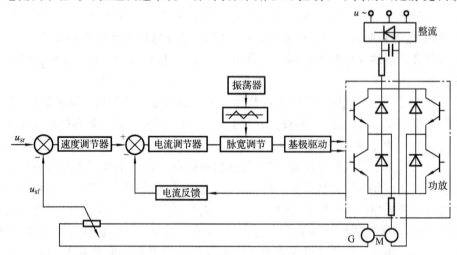

图 5-29 PWM 调速系统组成框图

率放大器部分,它们是 PWM 调速系统的核心。

2) 脉宽调制器

脉宽调制器的作用,就是使电流调节器输出的直流电压电平(按给定指令变化)与振荡器产生的固定频率三角波叠加,然后利用线性组件产生宽度可变的矩形脉冲(该脉冲电压随直流电压的变化而变化),经基极的驱动回路放大后加到功率放大器晶体管的基极,控制其开关周期及导通的持续时间。在 PWM 调速系统中,直流电压量为电流调节器的输出,经过脉宽调制器变为周期固定、脉宽可变的脉冲信号。由于脉冲周期不变,脉冲宽度改变将使脉冲平均电压改变。脉冲宽度调制器的种类很多,但从构成来看,都是由两部分组成,一是调制信号发生器,二是比较放大器。而调制信号发生器都是采用三角波发生器或是锯齿波发生器。

脉宽调制原理如图 5-30 所示,为了用三角波和电压信号进行调制,将电压信号转换为脉冲宽度的调制器,这种调制器由三角波发生器(该部分电路没画)和比较放大器组成。三角波信号 u_Δ 和速度信号(作为控制信号) u_{sr} 一起送入比较放大器同相输入端进行比较,工作波形如图 5-31 所示。当 $u_{sr}=0$ 时,比较放大器输出脉冲的正负半周相等,输出平均电压为零,如图 5-31(a)所示。当 $u_{sr}>0$ 时,比较放大器输出脉冲的正半周宽度大于负半周宽度,输出平均电压大于零,如图 5-31(b)所示。当 $u_{sr}<0$ 时,比较放大器输出脉冲的负半周宽度大于正半周宽度,输出平均电压小于零,如图 5-31(c)所示。这样,就完成了速度控制电压到脉冲宽度之间的变换。且脉冲宽度正比于代表速度的电压的高低。

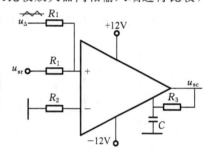

图 5-30 脉宽调制原理图

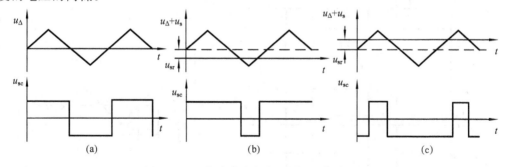

图 5-31 三角波脉冲宽度调制器工作波形图

3) 开关功率放大器

开关功率放大器(又称为脉冲功率放大器)是脉宽调制速度单元的主回路。根据输出电压的极性,它分为双极性(有正、负两种电压)工作方式和单极性(只有负电压或正电压一种)工作方式两类结构。不同的开关工作方式又可组成可逆(电动机两个方向运转)开关放大电路和不可逆开关放大电路。根据大功率晶体管使用多少和布局的情况,又可分为T形、H形结构。

用得最为广泛的是H形双极性开关功率放大器,其电路如图5-32所示。它的构成为:四个晶体管和四个续流二极管组成的桥式回路。直流供电电源 $+E_d$ 由三相全波整流电源供给。它的控制方法为:将脉宽调制器输出的脉冲波 u_1、u_2、u_3、u_4,经基极驱动和光电耦合电路变成 u_{b1}、u_{b2}、u_{b3}、u_{b4},将其分为二组:u_{b1}、u_{b4} 和 u_{b2}、u_{b3}。加到开关功率放大器四个晶体管的基极,它们的波形如图5-33(a)所示。

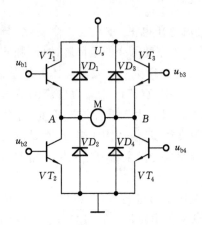

图 5-32 H形双极性开关功率放大器的电路

当 $0 \leqslant t \leqslant t_1$ 时,$u_{b1} = u_{b4}$,为正电压;而 $u_{b2} = u_{b3}$,为负电压。使 VT_1、VT_4 导通,VT_2、

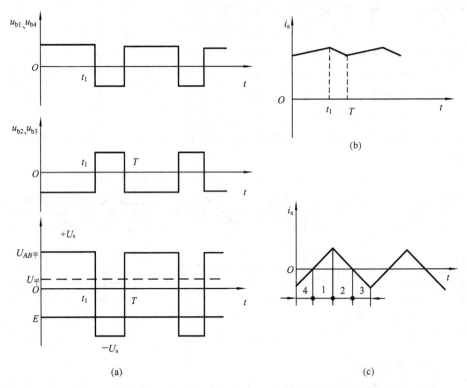

图 5-33 H形双极性驱动时的工作波形

VT_3 截止,则加在电动机(M)电枢的端电压 $U_{AB}=+U_s$(忽略 VT_1、VT_4 的饱和压降),电枢电流 i_a 如图 5-33(b)所示,沿电源 $U_s \to T_1 \to T_4 \to$ 地的路线流通。

在 $t_1 \leqslant t \leqslant T$ 时,VT_1、VT_4 截止、但 VT_2、VT_3 并不能立即导通。这是因为在电枢电感反电势的作用下,电枢电流 i_a 经 VD_2、VD_3 续流,由于 VD_2、VD_3 的压降使 VT_2、VT_3 承受反压,VT_2、VT_3 能否导通,取决于续流电流的大小:当 i_a 较大时,在 $t_1 \sim T$ 时间内,续流较大,则 i_a 一直为正(见图 5-33(b)),此时 VT_2、VT_3 没来得及导通。下一个周期到来,又使 VT_1、VT_4 导通,电流 i_a 又开始上升,使 i_a 维持在一个正值附近波动;当 i_a 较小时,在 $t_1 \sim T$ 时间内,续流可能降至零,这样使 VT_2、VT_3 在电源电压和反电势的作用下导通,VT_1、VT_4 截止,i_a 沿电源 $U_s \to VT_3 \to VT_2 \to$ 地的路线流通。电动机电流方向反向,电动机处于反接制动状态。直到下一个周期 VT_1、VT_4 导通,i_a 又开始回升,如图 5-33(c)所示。

以上为电枢平均电压 $U_{AB平}>0$ 的情况。当 $U_{AB平}<0$ 时,工作情况类似。当 $u_{b1}(u_{b4})$ 和 $-u_{b2}(-u_{b3})$ 脉冲宽度相等时,$U_{AB平}=0$,电动机停转。一个周期内的平均电压 $U_{AB平}=U_s(2t_1-T)/T$。

直流伺服电动机的转向取决于电枢电流的平均值,即取决于电枢两端的平均电压。改变加在开关功率放大器基极上的控制脉冲宽度,就能控制电动机的转速、转向和启停。

从上述分析中还可发现,开关功率放大器输出电压的频率比每个晶体管开关频率高一倍,从而弥补了大功率晶体管开关频率不能做得很高的缺陷,改善了电枢电流的连续性,这也是这种电路被广泛采用的原因之一。

与可控硅调速系统相比,PWM 调速系统的特点如下。

(1) 频带宽 晶体管的"结电容"小、因而截止频率高于可控硅,两者相差一个数量级。元件的截止频率高,可允许系统有较高的工作频率。PWM 系统的开关工作频率多数为 2 kHz,有的也使用 5 kHz,这远大于可控硅系统,比转子能跟随的频率高得多,避开了机械共振。PWM 系统与小惯量电动机相配时,可以充分发挥系统的性能,获得很宽的频带。整个系统的快速响应好,能给出极快的定位速度和很高的定位精度,适合于启动频繁的场合。

(2) 电流脉动小 由于电动机负载成感性,电路的电感值与频率成正比关系,因此电流脉动的幅度随频率的升高而下降。电流的波形系数接近于 1。波形系数小(电流的有效峰值与平均值之比),电动机内部发热小,输出转矩平稳,对低速加工有利。

(3) 电源的功率因数高 可控硅工作时,由于导通角的影响,使交流电源的电流波形发生畸变,从而降低了电源的功率因数。另外,电流中的高次谐波还对电网造成干扰,随着导通角的减小,这些情况就更严重。PWM 系统的直流电源为不受控制的整流输出,相当于可控硅导通角最大时的工作状态,整个工作范围内的功率因数可达 90%。又由于晶体管漏电流小,使功率损耗很小。

(4) 动态硬度好　PWM 系统具有优良的动态硬度,即伺服系统具有校正瞬态负载扰动的能力。由于 PWM 系统的频带宽,系统的动态硬度就超高,而且 PWM 系统有良好的线性,尤其是接近于零点处的线性更好。

由于晶体管脉宽调速系统的上述优点,使它在直流驱动装置上被大量采用。目前,在中、小功率的伺服驱动装置中,大多采用性能优异的晶体管脉宽调速系统,而在大功率场合中,多采用可控硅调速系统。

5.5.2　交流进给运动的速度控制

1. 交流进给运动的变频调速

在数控机床交流伺服系统中,由于进给系统经常采用交流同步电动机,这种电动机没有转差率,电动机转速公式变为

$$n = \frac{60 f_1}{P}$$

式中:f_1 为电源频率;P 为磁极对数。

从上式中可看出,只能用变频调速。变频调速是交流同步伺服电动机有效的调速方法。变频调速的关键部件是为交流电动机提供变频变压电源的变频器。变频器可分为交-直-交变频器和交-交变频器两大类。交-直-交变频器是先将电网电源输入到整流器,经整流后变为直流,再经电容或电感或由两者组合的电路滤波后供给逆变器(直流变交流),输出电压和频率都可变的交流电。交-交变频器不经过中间环节,直接将一种频率的交流电变换为另一种频率的交流电。

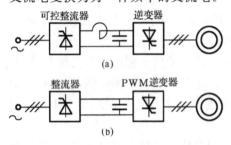

图 5-34　变频调速电路原理框图

在数控机床上用得最多是交-直-交变频器,这种电路的主要组成部分是电流逆变器。图 5-34 所示为两种典型的变频电路的原理框图。在图 5-34(a)所示的电路中,由担任调压任务的晶闸管整流器,中间直流滤波环节和担任调频任务的逆变器组成,这是一种脉冲幅值调制(PAM)的控制方法。这种电路要改变逆变器输入端的电流电压,以控制逆变器的输出电压,即交流电压,而在逆变器内只对输出的交流电压的频率进行控制。

在图 5-34(b)所示的电路中,先由交流—直流变换的二极管整流电路获得恒定的直流电压,再由脉宽调制(PWM)的逆变器完成调频和调压任务,这是脉宽调制的控制方法。逆变器输入为恒定的直流电压,由逆变器对输出的交流电的电压和频率进行控制。这种方案只有一个可控功率级,其装置的体积小,价格低,可靠性高,电网的功率因数高,电压和频率的调节速度快,动态性能好,输出的电压电流波形接近于正弦波,因而电动机的运

行特性好,是一种常用的方案。

图 5-35(a)所示为直流电压恒定的电压型脉宽调制式逆变器的结构图,图中的脉宽调制逆变器由开关元件组成。由控制电路获得一组等效于某一频率的正弦电压的等幅而不等宽的矩形脉冲,作为逆变器各开关元件的控制信号,而在逆变器输出端,可以获得一组经放大了的类似的矩形脉冲,当然它也等效于同一频率的正弦电压。在实施方案中常采用双极性三角波与幅值、频率均可调的正弦波的交叉点来产生逆变器的开关元件的控制信号,即触发与中断脉冲,如图 5-35(b)所示。通常称三角波为载波,称频率、幅值可调的正弦波为正弦控制波。

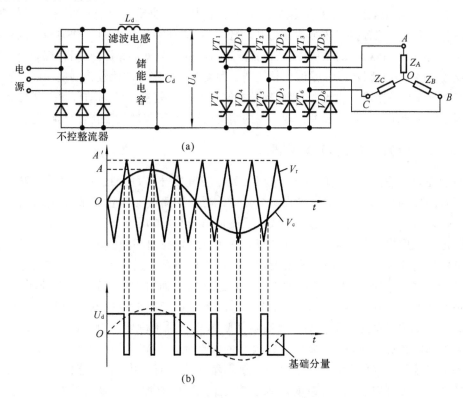

图 5-35 电压型脉宽调制式逆变器

2. 交流进给运动的矢量控制调速的基本原理

矢量控制是一种新的控制理论方法,可以使交流电动机像直流电动机那样,实现磁通和转矩的单独控制,使交流电动机能够获得与直流电动机同样的控制灵活性和动态特性。

在直流电动机中,无论转子在什么位置,转子电流所产生的电枢磁动势总是和定子磁极产生的磁场成 90°。因而它的转矩与电枢电流成简单的正比关系。交流永磁同步电动机的定子有三相绕组,转子为永久磁铁构成的磁极,同轴还连接着转子位置编码器以检测转子磁极相对于定子各绕组的相对位置。位置编码器和电子电路结合,使得三相绕组中流过的电流和转子位置转角成正弦函数关系,彼此相差120°。三相电流合成的旋转磁动势在空间的方向总是和转子磁场成90°(超前),产生最大转矩,如果能建立永久磁铁磁场、电枢磁动势及转矩的关系,在调速过程中,通过控制电流来实现转矩的控制,这就是矢量控制的目的。

5.6 位置控制

位置控制是伺服系统的重要组成部分,它的性能直接决定与影响CNC系统的快速性、稳定性和准确性。位置控制按结构分为开环控制、半闭环和闭环控制三种类型。开环控制用于步进电动机为执行件的系统中,其位置精度由步进电动机本身保证;闭环控制分为数字脉冲比较控制、相位比较控制、幅值比较控制三种类型。数字脉冲比较控制使用的位置传感器是光电脉冲编码器或直线光栅,相位比较控制和幅值比较控制使用的位置传感器是感应同步器或旋转变压器。数字脉冲比较控制的结构简单,易于实现数字化,应用广泛。

5.6.1 位置控制的基本原理

位置控制环是伺服系统的外环,它接收数控装置插补器每个插补采样周期发出的指令,作为位置环的给定。同时还接收每个位置采样周期测量反馈装置测出的实际位置值,然后与位置给定值进行比较(给定值减去反馈值)得出位置误差,通常将该误差作为速度环的给定。速度控制单元是位置环的内环,它接收位置控制环的输出,并将这个输出作为速度环路的输入命令,去实现对速度的控制。对于性能好的速度控制单元,它还包含电流控制环,电流控制环路是速度环路的内环。对速度控制而言,如果接收速度控制命令,接收反馈实际速度,并进行速度比较,以及速度控制器功能都是微处理器及相应软件完成的,那么,速度控制单元便常称为速度数字伺服单元。对于位置控制,如果位置比较及位置控制器都由微机完成,这当然是位置数字伺服单元。在高性能的CNC系统中,位置、速度和电流都是数字伺服单元,即称为数字伺服系统。而在中、低性能的CNC系统中,位置控制是由微机完成的,而速度环则是模拟伺服,位置控制器输出的是数字量,需经D/A转换后,作为速度环的控制命令。在数字伺服系统中,不进行D/A转换,位置环、速度环和电流环的给定信号、反馈信号、误差信号,以及增益和其他控制参数,均由系统中的微处理器进行数字处理。这样,可以使控制参数达到最优化,因而控制精度高,稳定性好。同时,对实现前馈控制、自适应控制、智能控制等现代控制方法都十分有利。

5.6.2 脉冲比较式伺服系统

随着数控技术的发展,在数控机床的位置控制伺服系统中,采用数字脉冲的方法构成位置闭环控制,受到了普遍的重视。这种系统的主要优点是结构比较简单,易于实现数字化的闭环位置控制。目前,采用较多的是以光栅和光电编码器作为位置检测装置的半闭环控制结构形式,它普遍用于中、低档数控伺服系统中。

1. 脉冲比较进给系统组成原理

脉冲比较伺服系统的结构如图5-36所示,系统中的位置环包括:光电脉冲编码器、脉冲处理器和比较环节等。系统中的指令脉冲 F 来自 CNC 装置,位置反馈脉冲 P_f 由光电脉冲编码器产生并经脉冲处理后得到。比较环节完成指令脉冲与测量反馈脉冲的比较运算得到位置偏差信号 e,信号 e 是一个数字量,对于模拟控制的速度环要进行数/模转换才能转换为模拟量给定电压,伺服放大器和驱动电动机构成调速系统,接收模拟电压信号以驱动工作台直线移动。光电编码器与伺服电动机的转轴连接后,随着电动机的转动产生脉冲序列输出,其脉冲的频率将随着转速的快慢而升降。

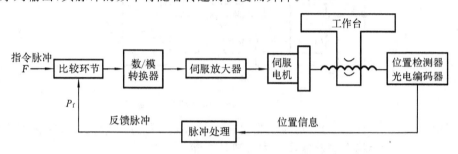

图5-36 脉冲比较伺服系统的结构图

设指令脉冲 $F=0$,且工作台原来处于静止状态。这时反馈脉冲 P_f 亦为零,经比较环节可知,偏差 $e=F-P_f=0$,则伺服电动机的速度给定为零,工作台继续保持静止不动。若有指令脉冲输入,$F\neq 0$,则在工作台尚未移动之前反馈脉冲 P_f 仍为零,经比较判别后可知偏差 $e\neq 0$。若设 F 为正,则 $e=F-P_f>0$,由调速系统驱动工作台向正向进给。随着电动机的运转,光电编码器将输出的反馈脉冲 P_f 进入比较环节。该脉冲比较环节可看成对两路脉冲序列的脉冲数进行比较。按负反馈原理,只有当指令脉冲 F 和反馈脉冲 P_f 的脉冲个数相当时,偏差 $e=0$,工作台才重新稳定在指令所规定的位置上。由此可见,偏差 e 仍是数字量,若后续调速系统是一个模拟调节系统,则 e 需经数/模转换后才能成为模拟给定电压。对于指令脉冲 F 为负的控制过程与 F 为正时基本类似,只是此时 $e<0$,工作台应作反向进给。最后,也应在该指令所规定的反向某个位置 $e=0$ 时,伺服电动机才停止转动,工作台准确地停在该位置上。

2. 脉冲比较电路

在脉冲比较伺服系统中,实现指令脉冲与反馈脉冲的比较后,才能检出位置的偏差。脉冲比较电路的基本组成有两个部分:一是脉冲分离,二是可逆计数器,其结构如图5-37

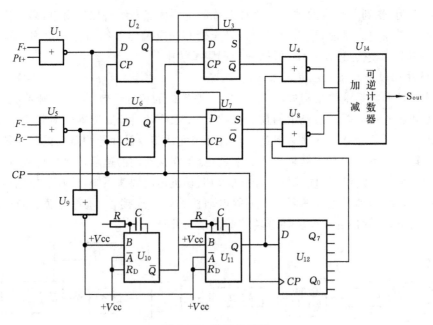

图 5-37 脉冲比较器

所示。图中 U_1、U_4、U_5、U_8、U_9 均为或非门;U_2、U_3、U_6、U_7 为 D 触发器;U_{12} 为八位移位寄存器;U_{10}、U_{11} 为单稳态触发器;U_{14} 为可逆计数器。

当指令脉冲 $F+$(或 $F-$)与反馈脉冲 P_{f+}(或 P_{f-})分别到来时,在 U_1 和 U_5 中同一时刻只有一路有脉冲输出,所以 U_9 的输出始终是低电平。假如此时工作台作正向运动,正向指令脉冲 P_{c+} 和正向运动时的反馈脉冲 P_{f+} 不同时来。$F+$ 经 U_1、U_2、U_3 和 U_4 输出,使可逆计数器作加法计数。$F-$ 经 U_5、U_6、U_7 和 U_8 输出,使可逆计数器作减法计数。反向运动时,有反向指令脉冲 $F-$ 和反向反馈脉冲 P_{f-};$F-$ 加到 U_5 门输入端为减计数脉冲,P_{f-} 加到 U_1 门输入端作为加计数脉冲。工作过程与正向运动时相同。

当指令脉冲与反馈脉冲同时到来时,U_1 与 U_5 的输出同时为"0",则 U_9 输出为"1",单稳态触发器 U_{10} 和 U_{11} 有脉冲输出。U_{10} 输出的负脉冲同时封锁 U_3 与 U_7,使上述正常情况下计数脉冲通路被禁止。U_{11} 的正脉冲输出分成两路,先经 U_4 输出作加法计数,再经 U_{12} 延迟四个时钟周期由 U_8 输出作减法计数。

由上述分析可知,该比较器具有脉冲分离功能。在加、减脉冲先后分别到来时,各自按预定的要求经加法计数端或减法计数端进入可逆计数器;若加、减脉冲同时到来时,则由电路保证,先作加法计数,然后经过几个时钟的延迟再作减法计数。这样,可保证两路计数脉冲均不会丢失。

5.6.3 相位比较的进给伺服系统

相位比较的进给伺服系统是采用相位比较方法实现位置闭环(及半闭环)控制的伺服

系统,是数控机床中使用较多的一种位置控制系统。它具有工作可靠、抗干扰性强、精度高等优点。相位伺服系统的核心问题是如何把位置检测转换为相应的相位检测,并通过相位比较,实现对驱动执行元件的速度控制。

1. 相位比较伺服进给系统的组成原理

相位比较伺服进给系统的组成原理如图 5-38 所示,系统位置环由基准信号发生器、脉冲调相器、鉴相器、感应同步器和滤波放大电路组成。该系统采用感应同步器作为位置检测元件,感应同步器取相位工作状态,以定尺的相位检测信号经整形放大后所得的 $P_B(\theta)$ 作为位置反馈信号。来自 CNC 装置的指令脉冲 F 经脉冲调相后,转换成重复频率为 f_0 的脉冲信号 $P_A(\theta)$。$P_A(\theta)$ 和 $P_B(\theta)$ 为两个同频的脉冲信号,它们的相位差 $\Delta\theta$ 反映了指令位置与实际位置的偏差,由鉴相器判别检测。伺服放大器和伺服电动机构成的调速系统,接收相位差 $\Delta\theta$ 信号以驱动工作台朝指令位置进给,实现位置跟踪。该伺服系统的工作原理概述如下。

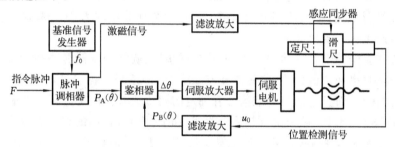

图 5-38 相位比较伺服进给系统的组成原理图

当指令脉冲 $F=0$ 且工作台处于静止时,$P_A(\theta)$ 和 $P_B(\theta)$ 应为两个同频同相的脉冲信号,经鉴相器进行相位比较判别,输出的相位差 $\Delta\theta=0$。此时,伺服放大器的速度给定为 0,它输出到伺服电动机的电枢电压亦为 0,工作台维持在静止状态。

当指令脉冲 $F\neq0$ 时,工作台将从静止状态向指令位置移动。这时若设 F 为正,经过脉冲调相器,$P_A(\theta)$ 产生正的相移 $+\theta$,亦即在鉴相器的输出将产生 $\Delta\theta=+\theta>0$。因此,伺服驱动部分应按指令脉冲的方向使工作台作正向移动,以消除 $P_A(\theta)$ 和 $P_B(\theta)$ 的相位差;反之,若设 F 为负,则 $P_A(\theta)$ 产生负的相移 $-\theta$,在 $\Delta\theta=-\theta<0$ 的控制下,伺服机构应驱动工作台作反向移动。

因此,无论工作台在指令脉冲的作用下,作正向或反向运动,反馈脉冲信号 $P_B(\theta)$ 的相位必须跟随指令脉冲信号 $P_A(\theta)$ 的相位作相应的变化。位置伺服系统要求 $P_A(\theta)$ 相位的变化应满足指令脉冲的要求,而伺服电动机则应有足够大的驱动力矩使工作台向指令位置移动,位置检测元件则应及时地反映实际位置的变化,改变反馈脉冲信号 $P_B(\theta)$ 的相位,满足位置闭环控制的要求。一旦 $F=0$,正在运动着的工作台应迅速制动,这样,$P_A(\theta)$ 和 $P_B(\theta)$ 便在新的相位值上继续保持同频同相的稳定状态。

2. 基准信号发生器

基准信号发生器输出的是一系列具有一定频率的脉冲信号,其作用是为伺服系统提供一个相位比较基准。

3. 脉冲调相器

脉冲调相器又称为数字相位转换器,它的作用是将来自数控装置的进给脉冲信号转换为相位变化的信号。其功能为按照所输入指令脉冲的要求对载波信号进行相位调制。脉冲调相器组成原理如图 5-39 所示。

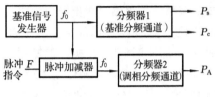

图 5-39 脉冲调相器组成原理

在该脉冲调相器中,基准脉冲 f_0 由石英晶体振荡器组成的脉冲发生器产生,以获得频率稳定的载波信号。f_0 信号输出分成两路,一路直接输入 N 分频的二进制计数器,称为基准分频通道;另一路则先经过加减器再进入分频数也为 N 的二进制数计数器,称为调相分频通道。上述两个计数器均为 N 分频,即当输入 N 个计数脉冲后产生一个溢出脉冲。

为适应需要励磁信号的检测元件(如感应同步器、旋转变压器等)的要求,基准分频通道应输出两路频率和幅值相同,但相位互差 90°的脉冲信号。再经滤波放大,就变成了正弦、余弦励磁信号,而且它们与基准信号有确定的相位关系。由于分频器 1 最末一级的输入脉冲相差 180°,所以经过一次分频后产生 P_s 和 P_c 信号,它们的相位相差为 90°。P_s 和 P_c 经处理变成励磁信号,从而可得到位置反馈信号 P_B。调相分频通道的任务是将指令脉冲信号调制成与基准信号有一定关系的输出脉冲信号 P_A,其相位差大小和极性与指令脉冲有关。

脉冲-相位变换的原理。用同一脉冲源输出的时钟脉冲去触发容量相同的两个计数器,这两个计数器的最末一级输出是两个频率大大降低了的同频率、同相位信号。假设时钟脉冲频率为 F,计数器(当分频器用)的容量为 N,则这两个计算器的最后一级输出频率 f 为:$f=F/N$。如果在时钟脉冲触发两个计数器以前,先向其中一个计数器(如 x 计数器)输入一定数量脉冲 Δx,则当时钟脉冲触发两个计数器以后,两个计数器输出信号频率仍相同,但相位就不相同了。N 个时钟脉冲使标准计数器的输出变化一个周期,即 360°,$N+\Delta x$ 个脉冲使 x 计数器的输出在变化一个周期(360°)后,又变化 $\varphi=(\Delta x/N)360°$,即超前标准计数器一个相位角 φ。以后每来 N 个时钟脉冲,两个计数器都变化一个周期。其原理图和波形图分别如图 5-40(a)、(b)所示。

同理,若在时钟脉冲触发两个计数器的过程中,加入一定数量的脉冲 $+\Delta x$ 给 x 计数器,这样就会使输入给 x 计数器的脉冲总数比给标准计数器的计数脉冲多了 Δx 个,结果,使得 x 计数器输出的信号相位超前 $\varphi=(+\Delta x/N)360°$,如图 5-40(c)所示。

假设在时钟脉冲不断触发两个计数器过程中,加入一定数量的 $-\Delta x$ 脉冲给 x 计数

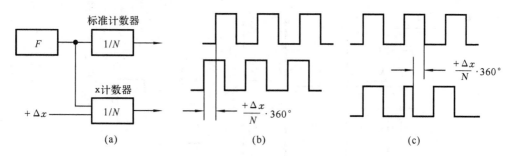

图 5-40 输入 $+\Delta x$ 前后的波形变化

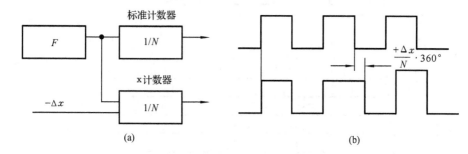

图 5-41 输入 $-\Delta x$ 前后的波形变化

器,使加入的 $-\Delta x$ 个脉冲抵消了 Δx 个进入 x 计数器的时钟脉冲,则在两计数器的最末一级输出端将出现 x 计数器的相位滞后标准计数器一个相位 $\varphi,\varphi=(+\Delta x/N)360°$,分别如图 5-41(a)、(b)所示。

上述 $+\Delta x$、$-\Delta x$ 脉冲是突然加入的,在两个计数器最后一级相位差的变化 φ 也是突然的产生的。但实际上数控装置输出的进给脉冲频率是由加工中采用的进给速度的大小决定的,此时钟脉冲频率低得多,$\pm\Delta x$ 的加入或抵消实际上是一个个慢慢地进行的,所以两个计数器输出端信号相位也是逐渐变化的。

要完成脉冲-相位的变换,必须由脉冲加减器来完成向基准脉冲中加入或抵消脉冲的任务。图 5-42 所示为一种脉冲加减器线路。A、B 是由基准脉冲发生器发出的在相位上错开 180°的两个同频率的时钟脉冲信号,A 作为主脉冲,通过与非门Ⅰ送出,作为分频器的分频脉冲。B 用作加减脉冲的同步信号。没有进给脉冲(指令脉冲)时,与非门Ⅰ开,A 脉冲由此通过。当来一个 $(-)_x$ 进给脉冲(进给脉冲与 A 脉冲同步)时,触发器 Q_1 变为"1"状态,接着触发器 Q_2 变为"1"状态,封住与非门Ⅰ,扣除了一个 A 序列脉冲。如果来一个 $(+)_x$ 进给脉冲,触发器 Q_3 变为"1"状态,接着触发器 Q_4 变为"1"状态,Q_4 端打开Ⅱ门,使 A 序列输出脉冲中插入一个 B 序列脉冲。

由上可知,每输入一个 $(+)_x$ 进给脉冲,就使 A 序列输出脉冲增加一个脉冲,因而使分频器产生超前相位的脉冲信号 P_A,而每输入一个 $(-)_x$ 进给脉冲就使 A 序列输出脉冲

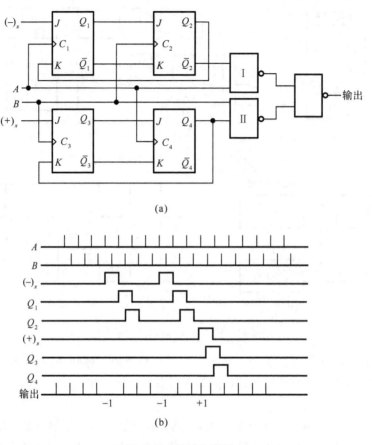

图 5-42 脉冲加减器
(a) 原理图；(b) 波形图

减少一个脉冲，使分频器产生滞后相位的脉冲信号 P_A。

4. 鉴相器

鉴相器又称为相位比较器，它的作用是鉴别指令信号与反馈信号的相位，判别两者之间的相位差，把它变成一个带极性的误差电压信号作为速度单元的输入信号。

鉴相器的结构形式很多，常用的有二极管鉴相器，可以用来鉴别正弦信号之间的相位差；触发器（门电路）鉴相器，对方波信号之间的相位差进行鉴别等。二极管鉴相器利用专门的集成元件进行工作，触发器鉴相器采用简单的逻辑电路进行工作，应用比较广泛。下面以触发器鉴相器为例说明鉴相器的工作原理。

该鉴相器的触发器为不对称触发的双稳态触发器。从脉冲调相器来的信号 P_A 和由位置检测线路来的位置相位信号 P_B 都是方波（或脉冲）信号，故可用开关工作状态的触发器鉴相器。如图 5-43 所示，指令信号 P_A 和反馈信号 P_B 分别控制触发器的两个触发端，如果两者相差 180°，Q 端输出的方波，经电平转换，变为对称方波，且正负幅值对零电位也对称，经低通滤波器输出的直流平均电压为零。若反馈信号 P_B 超前（两个信号比较基准是 180°）指令信号 P_A 一个相位 $\Delta\phi$，则输出方波为上窄下宽，其平均电压为一负电压 $-\Delta u$；反之为一正电压 $+\Delta u$。从输出特性可以看出，相位差 $\Delta\varphi$ 与误差电压 Δu 呈线性关系。该鉴相器的灵敏度（即相位-电压变换系数）为

$$k_d = E_r/180° \quad (V/(°))$$

式中：E_r 为电平转换器输出方波的幅值。

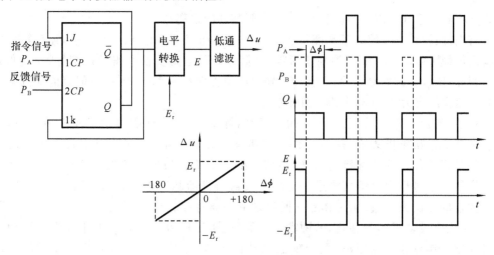

图 5-43　触发器鉴相器

5.6.4　幅值比较的进给伺服系统

幅值比较的进给伺服系统是以位置检测信号的幅值大小来反映机械位移的数值，并以此作为位置反馈信号与指令信号进行比较构成的闭环控制系统，简称为幅值伺服系统。它与鉴相式伺服系统有许多相似之处，主要区别有两点：一是它所用的位置检测元件是以鉴幅式工作状态进行工作的，可用于鉴幅式伺服系统的测量元件有旋转变压器和感应同步器；二是比较放大器所比较的是数字脉冲量，而与之对应的鉴相式伺服系统的鉴相器所比较的是相位信号，故在鉴幅式伺服系统中，不需要基准信号，两数字脉冲量可直接在比较放大器中进行脉冲数量的比较。

1. 幅值伺服系统的组成原理

幅值伺服系统的组成原理如图 5-44 所示，该系统由比较放大器、数/模转换器、伺服放大器、伺服电动机、旋转变压器、励磁电路、鉴幅器、电压-脉冲变换器等组成。

进入比较放大器的信号有两路，一路来自数控 CNC 装置的进给脉冲 F，它代表了数控 CNC 装置要求机床工作台移动的位移；另一路 P_f 来自旋转变压器及信号处理线路，也

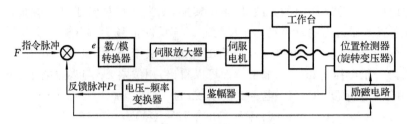

图 5-44 幅值伺服系统组成原理图

是以数字脉冲形式出现,它代表了工作台实际移动的距离。

首先,假设整个系统处于平衡状态,即工作台静止不动,指令脉冲 $F=0$,经旋转变压器检测出伺服电动机转子电势幅值为零,由信号处理电路变换所得的反馈脉冲 P_f 亦为零。因此,比较放大器对 F 和 P_f 比较所输出的位置偏差 $e=F-P_f=0$,伺服电动机调速装置的速度给定为零,工作台继续处于静止位置。

然后,若设 CNC 装置送入正的指令脉冲,即 $F>0$。在伺服电动机尚未转动前,比较放大器的输出不再为零,执行元件开始带动工作台移动,同时以鉴幅式工作的旋转变压器又将工作台的位移检测出来,经信号处理线路转换成相应的数字脉冲信号 P_f,该数字脉冲信号作为反馈信号进入比较放大器与进给脉冲进行比较。若两者相等,比较放大器的输出为零,说明工作台实际移动的距离等于指令信号要求工作台移动的距离,停止执行带动工作台移动;若两者不相等,说明工作台实际移动的距离没达到指令信号要求工作台移动的距离,要求伺服电动机继续带动工作台移动,直到比较放大器输出为零时停止。

2. 鉴幅器

一个在实用数控伺服系统中实现鉴幅功能的鉴幅器的组成原理如图 5-45 所示。图

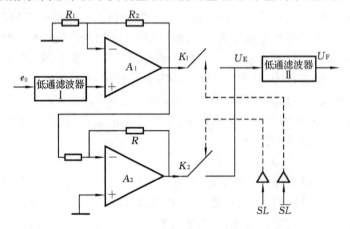

图 5-45 鉴幅器的组成原理

中 e_0 是由旋转变压器转子感应产生的交变电势,其中包含了高次谐波和干扰信号。低通滤波器Ⅰ的作用是滤除谐波的影响和获得与励磁信号同频的基波信号。运算放大器 A_1 为比例放大器,A_2 则为1∶1倒相器。K_1、K_2 是两个模拟开关,分别由一对互为反相的开关信号 $\overline{SL}$ 和 SL 来实现通断控制,其开关频率与输入信号相同。由这一组器件(A_1、A_2、K_1、K_2)组成了对输入的正弦交变信号的全波整流电路。即,在 $0 \sim \pi$ 的前半周期中,SL = 1,K_1 接通,A_1 的输出端与鉴幅输出部分相连;在 $\pi \sim 2\pi$ 的后半周期中,SL = 1,K_2 接通,输出部分与 A_2 相连。这样,经整流所得的电压 U_E,将是一个单向脉动的直流信号。低通滤波器Ⅱ的上限频率设计成低于基波频率,则所输出的 U_F 是一个平滑的直流信号。

图 5-46 所示为当输入的转子感应电势 e_0 分别在工作台作正向或反向进给时,开关信号 SL、脉动的直流信号 U_E 和平滑直流输出 U_F 的波形图。由图 5-46 可知,鉴幅器输出信号 U_F 的极性表示了工作台进给的方向,U_F 绝对数值的大小反映了 θ 与 φ 的差值。

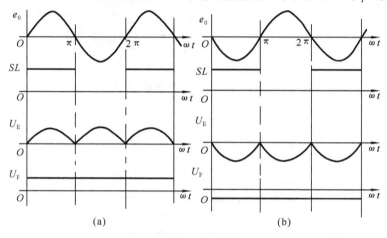

图 5-46 鉴幅器输出波形图

3. 电压-频率变换器

电压-频率变换器的作用是把检波后输出的模拟电压 U_F 变成相应的脉冲序列,当 U_F 为正时,输出正向脉冲;当 U_F 为负时,输出反向脉冲。脉冲的方向用符号寄存器的输出表示。当 U_F 为零时,不产生任何脉冲。随着输入电压信号幅值的增加,电压频率转换器的输出开始出现脉冲。图 5-47 所示为一种电压-频率转换器的线路图。

运算放大器 A_1 是一个积分器,输入信号 U_F 幅值大时,A_1 的输出上升到 +2.5 V 所需时间短;反之时间长些,如图 5-48 所示。放大器 A_2 和 A_3 是两个电压比较放大器,它们的作用是与 A_1 输出的电压进行比较,当 A_1 输出的电压上升到 +2.5 V 时,A_2 的输出突然由"1"变为"0";而 A_1 的输出电压下降到 -2.5 V 时,A_3 的输出突然由"1"变为"0"。A_2 和 A_3 的输出经过非门和或非门又被送到同步器,每当 A_2 或 A_3 有由高电平到低电平的跳变时,

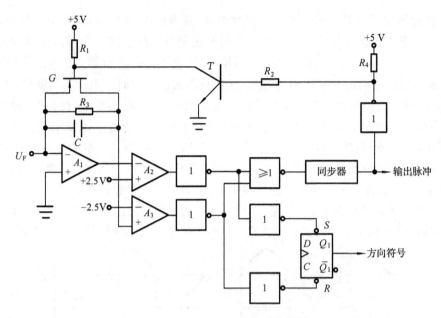

图 5-47 电压-频率转换器线路图

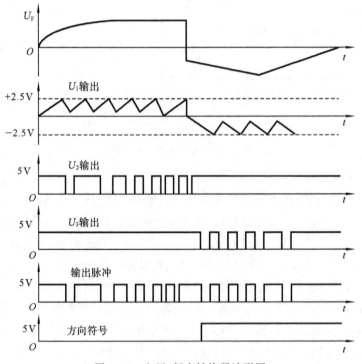

图 5-48 电压-频率转换器波形图

同步器输出一个同步脉冲。该脉冲经反向器、电阻、三极管 T 和场效应管 G 使积分器 A_1 复位，使 A_1 输出等于输入，同时，A_2 和 A_3 的输出又变为高电平。另外，A_2 和 A_3 的输出脉冲信号又控制 D 触发器，该触发器作为方向控制使用，由它被置位或复位，指出方向。

由上面分析可知，当工作台正向运动时，解调器的输出 U_F 为正；当工作反向运动时，U_F 为负。U_F 的大小代表了工作台的位移。经过电压-频率变换将电压 U_F 变成了相应频率的脉冲信号。

经电压-频率转换器产生的脉冲序列的重复频率与直流电压的幅值成正比。一方面，该脉冲序列送到比较放大器与进给脉冲比较；另一方面，经励磁电路产生驱动位置测量元件的两路正弦、余弦信号。

4. 励磁电路

励磁电路的任务是根据电压-频率转换器输出脉冲的多少和方向，生成旋转变压器定子的两绕组励磁电压信号 U_s 和 U_c，即

$$U_s = U_m \sin\Phi \sin\omega t$$
$$U_c = U_m \cos\Phi \sin\omega t$$

这是一组同频、同相而幅值分别随可知变量 Φ 变化的交变信号。式中：Φ 的大小由电压-频率转换器输出脉冲的多少和方向决定；U_s 和 U_c 的频率 ω 和周期根据要求，可用基准信号的频率和计数器的位数调整、控制。通常励磁电路可分为两部分，即脉冲相位转换线路和励磁电路。

5.6.5 数据采样式进给伺服系统

前面所介绍的"脉冲比较"、"相位比较"及"幅值比较"的伺服系统，其比较环节是由硬件电路完成的，而数据采样式进给位置伺服系统的位置控制功能是由软件和硬件两部分共同实现的，图 5-49 所示为数据采样式进给位置伺服系统的组成原理。软件负责跟随误差和进给速度指令的计算；硬件接收进给指令数据，进行数/模转换，为速度控制单元提供命令电压，以驱动坐标轴运动。光电脉冲编码器等位置检测元件将坐标轴的运动转化成电脉冲，电脉冲在位置检测组件中进行计数，被微处理器定时读取并清零。计算机所读取的数字是坐标轴在一个采样周期中的实际位移量。

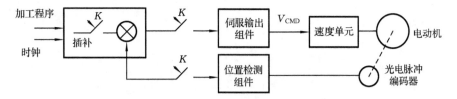

图 5-49 数据采样式进给位置伺服系统的组成原理图

思考题与习题

5-1 简述数控机床伺服系统的组成和作用。
5-2 数控机床对伺服系统有哪些基本要求?
5-3 数控机床的伺服系统有哪几种类型?简述各自的特点。
5-4 简述步进电动机的分类及其一般工作原理。
5-5 什么是步距角?步进电动机的步距角大小取决于哪些因素?
5-6 试比较交流和直流伺服电动机的特点。
5-7 分析交流和直流伺服电动机的速度调节方式。
5-8 简述直线电动机的分类及其一般工作原理,并分析其特点。
5-9 步进式伺服系统是如何对机床工作台的位移、速度和进给方向进行控制的?
5-10 试比较硬件和软件环形分配器的特点。
5-11 如何提高步进式伺服驱动系统的精度?
5-12 分别叙述相位比较、幅值比较和脉冲比较式伺服系统的组成和工作原理。
5-13 在相位比较伺服系统中,基准信号发生器的作用是什么?

第6章　数控机床的机械结构

6.1　数控机床机械结构的特点

在数控机床中,数控装置通过伺服系统和机床进给传动元件,最终控制机床的运动部件(如工作台、主轴箱、刀架或拖板等)作准确的位移。数控机床在加工过程中运动是自动控制的。它运动速度快、动作频繁、负载重而且连续工作时间长,不能像普通机床上那样可以由人工进行补偿。所以数控机床的主机要求比普通机床设计得更完善、制造得更加精密和坚固,并且在整个使用年限内要有足够的精度稳定性。

6.1.1　数控机床机械结构的主要组成

数控机床的机械结构已逐步发展为独特的机械结构,但要说明的是:现代数控机床零部件的设计方法和普通机床设计理论和计算方法基本一样。

数控机床的机械结构,除机床基础部件外,主要由以下几部分组成:

① 主传动系统;
② 进给系统;
③ 工件实现回转、定位的装置和附件;
④ 实现某些部件动作和辅助功能的系统和装置,如液压、气动、润滑、冷却等系统及排屑、防护装置等;
⑤ 自动换刀装置;
⑥ 实现其他特殊功能的装置,如监控装置、加工过程图形显示、精度检测等。

机床基础部件也称机床大件,通常指床身、底座、立柱、横梁、滑坐、工作台等。它是数控机床的基础和框架,即数控机床的其他零、部件,要么固定在基础部件上,要么工作时经常在它的导轨上运动。

除了数控机床的主要组成部分,还可以根据数控机床的功能需要选用其他机械结构的组成。如加工中心还必须有自动换刀装置(ATC),有的还有双工位自动托盘交换装置(APC)等;柔性制造单元(FMC)除 ATC 外还带有工位数较多的 APC,有的还配有用于上、下料的工业机器人。

数控机床还可以根据自动化程度、可靠性要求和特殊功能需要,选用各类破损监控、机床与工件精度检测、补偿装置及附件等。

6.1.2 数控机床机械结构的主要特点

数控机床高精度、高效率、高自动化程度和高适应性的工艺特点,对其机械结构提出更高的要求。与普通机床相比较,数控机床的机械结构有如下特点。

1. 高刚度和高抗振性

机床的刚度是指机床在载荷的作用下抵抗变形的能力,它是机床的技术性能之一。机床刚度不足,在切削力、重力等载荷的作用下,机床各部件、构件的变形会引起刀具和工件相对位置的变化,从而影响加工精度。同时,刚度也是影响机床抗振性的重要因素。高精度、高效率、高自动化的数控机床对刚度要求更高;一般情况下数控机床的刚度要比普通机床高50%以上。

机床的抗振性是指机床工作时抵抗由交变载荷、冲击载荷引起振动的能力。

2. 热变形小

数控机床的热变形是影响数控机床加工精度的重要因素,因为机床热变形的大小直接影响到加工精度。由于数控机床的主轴转速、进给速度远远高于普通机床,所以大切削量加工时产生的切削热和摩擦热对工件和机床部件的热传导影响远比普通机床严重;又因为数控机床按预先编制好的程序自动加工,加工过程中不直接进行测量,无法进行人工热变形误差修正。因此,应特别重视减少数控机床热变形的影响。

3. 机械结构简化

通常,数控机床的主轴和进给驱动系统,分别采用交、直流主轴电动机和伺服电动机驱动,这两类电动机的调速范围大,并可进行无级调速,从而使主轴箱、进给变速箱以及传动系统大为简化:箱体结构简单,齿轮、轴承和轴类零件数量大为减少;有的甚至不用齿轮变速、传动,直接由电动机带动主轴或进给滚珠丝杠。普通机床与数控机床的传动系统相比:普通机床传统的两杠(走刀光杠和滑动丝杠)以及挂轮架的功能由数控机床的数控系统、伺服电动机和进给滚珠丝杠来完成,如图6-1所示;普通机床庞大而复杂的变速箱和溜板箱则被数控机床的伺服电动机通过齿形带驱动所代替,并且数控机床的主轴箱内传动轴和齿轮大为减少。

4. 高传动效率和无间隙传动装置

数控机床要求在高进给速度下,工作要平稳,并且具有高的定位精度。所以,对数控机床的进给系统中的机械传动装置和元件要求具有高刚度、高寿命、高灵敏度和无间隙、低摩擦阻力等特点。在数控机床中常用的进给机械传动装置主要有三种:滚珠丝杠螺母副、静压丝杠螺母副、静压蜗杆-蜗条机构和齿轮-齿条副。在本章第三节将对这三种进给机械传动装置作详细介绍。

5. 低摩擦导轨

机床导轨是机床基础部件之一。机床的加工精度和使用寿命在很大程度上取决于机

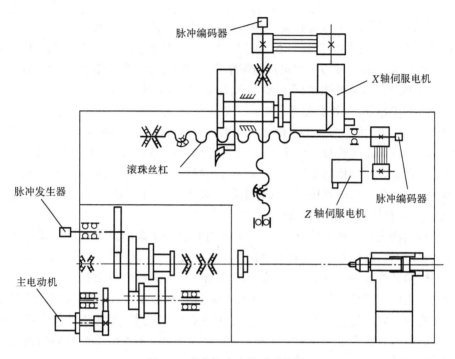

图 6-1 某数控车床传动系统图

床导轨的质量,所以对数控机床的导轨则要求更高。如在数控机床中,要求高速进给时不振动,低速进给时不爬行,并且具有很高的灵敏度,能在重载下长期连续工作,耐磨性好和精度保持性好等。

6.1.3 提高机床刚度的措施

根据机床所受载荷性质的不同,把机床在静态作用力下表现的刚度称为机床的静刚度;把机床在动态作用力下表现的刚度称为机床的动刚度。在机床性能测试中常用机床柔度(刚度的倒数)来说明机床的该项性能。

从振动角度分析可以得到:

机床及其零、部件在静力载荷下的刚度系数($N/\mu m$)为

$$k = \frac{静力载荷}{变形量} \tag{6-1}$$

机床及其零、部件在动力载荷下的刚度系数($N/\mu m$)为

$$k_d = k\sqrt{(1-w^2/w_n^2)^2 + 4\xi^2 \frac{w^2}{w_n^2}} \tag{6-2}$$

式中:k_d 为机床及其零、部件在动态力载荷下的刚度($N/\mu m$);k 为机床及其零、部件在静态力载荷下的刚度($N/\mu m$);w 为外部激振力的激振频率(Hz);w_n 为机床及其零、部件固

有的频率，$w_n=\sqrt{k/m}$，m 为其质量；ξ 为机床及其零、部件的阻尼比。

通过对式(6-1)及式(6-2)的分析，可以得出：在机床及其零、部件的弹性系统中频率比 w/w_n 越大，动刚度 k_d 越大；在同样的频率比下，静刚度 k、阻尼比 ξ 越大，动刚度 k_d 就越大。所以，要提高数控机床的刚度就是从上述这些因素出发的。

机床在加工过程中，要承受各种各样的外力作用：运行部件和加工工件的重力是机床承受的静态作用力；承受的动态作用力有切削力、驱动力、加速和减速时所引起的惯性力以及摩擦阻力等。在这些载荷作用下，机床各部件、构件将产生各种变形；例如，固定连接表面或运动啮合表面的接触变形，各个支承件的扭转和弯曲变形，以及一些支承构件的局部变形等。这些变形都会直接或间接地引起刀具和工件相对位移，从而引起工件加工误差，甚至会影响机床切削过程的特性。

影响结构刚度的因素极其复杂，一般难以对它进行精确的理论计算。设计者通常只对部分构件(如轴、丝杠等)用计算方法计算出其刚度，而对其他零部件(如床身、立柱、工作台、箱体等)的弯曲和扭转变形、接合面的接触变形等只能进行简化计算，这样，计算结果往往会与实际情况相差很大，所以只能作为定性分析的参考。目前，在机床设计中已经开始采用有限元方法进行计算，但在设计时仍然需要对模型、实物或类似的样机进行试验、分析和对比，以确定最终合理的结构方案。尽管如此，若遵循下述原则并采取相应的措施，就能够有效地提高机床的结构刚度。

1. 合理选择构件的结构形式

1) 正确选择截面的尺寸和形状

构件在弯曲和扭转载荷的作用下，变形大小取决于其断面的抗弯和抗扭惯性矩，即抗弯和抗扭惯性矩大，刚度就高，变形就小。选用的原则是：形状相同的截面，当保持相同的截面积时，应减小壁厚，加大截面的轮廓尺寸；圆形截面的抗扭刚度比方形截面的大，但抗弯刚度比方形截面的小；封闭式截面的刚度比不封闭式截面的刚度大很多；壁上开孔可使刚度下降，则在孔周围加上凸缘将使抗弯刚度得到恢复。

2) 合理选择及布置隔板和肋条

合理选择设置支承件隔板和肋条，可以有效地提高构件的静、动刚度。一般在立柱的内部布置纵、横或对角筋板，加强筋的形式结构如图6-2所示。对于一些薄壁构件，为了减小壁面的翘曲和构件截面的畸变，可以在壁板上设置纵横向、交叉状或对角的筋条，其中以蜂窝状加强筋效果最好，如图6-2(f)所示，这种加强筋除了能提高构件刚度外，还能减少铸造时的收缩应力。

3) 提高构件的局部刚度

局部刚度最弱的地方，往往出现在机床的导轨和支承体的连接部位，连接的方式对局部刚度影响很大。图6-3所示为导轨与床身连接的几种形式。

若导轨的尺寸较宽，可采用双壁连接形式，如图6-3(c)、图6-3(d)所示；导轨的尺寸较

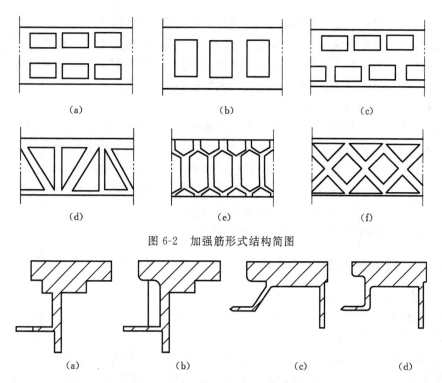

图 6-2 加强筋形式结构简图

图 6-3 导轨与床身连接形式结构简图

窄时,则可采用单壁或加厚的连接形式,如图 6-3(a)、图 6-3(b)所示,或者在单壁上增加垂直肋条以提高局部刚度。

4) 选用焊接结构的构件

采用钢板和型钢焊接制成机床的床身、立柱等支承件,具有减轻重量和提高刚度的显著优点。因为钢的弹性模量约为铸铁的 2 倍,那么,在形状和轮廓尺寸相同的前提下,若对焊接件与铸件的刚度要求相同,则焊接件的壁厚只需是铸件的一半;如要求局部刚度相同,又因为局部刚度与壁厚的三次方成正比,则焊接件的壁厚只需为铸件壁厚的 80% 左右。另外,无论是刚度相同以减轻重量,还是重量相同以提高刚度,都可以提高构件的固有频率,使共振不易发生。所以用钢板焊接有可能将构件制成完全封闭的箱型结构,有利于提高构件的刚度。

2. 合理的结构布局可以提高刚度

以卧式镗床和卧式加工中心的结构布局来分析,卧式镗床的主轴箱一般是单面悬挂在立柱侧面,主轴箱的自重将会使立柱产生弯曲变形,切削力将使立柱产生扭转和弯曲变形,这些变形都会影响加工精度。在卧式加工中心的结构布局中,将主轴箱的主轴中心位于立柱的对称面内,主轴箱的自重不再引起立柱的变形,同时,在相同的切削力下所引起的立柱的弯曲和扭转变形也大为减小,这相当于提高了机床的刚度。

对于数控机床的拖板和工作台,由于结构尺寸的限制,厚度尺寸不能设计得太大,但是宽度和跨度又不能减小,因而会出现刚度不足,为了提高刚度,除了主导轨之外,通常还在悬伸部位增设辅助导轨,用来提高拖板或工作台的刚度。

3. 采取补偿构件变形的措施

采取这种措施的前提是:能够测出着力点相对变形的大小和方向,或者可以预知构件的变形规律,那么,就可以采取某些相应的措施来补偿变形以消除它的影响,其效果相当于提高了机床的刚度。如对于大型龙门铣床,当主轴部件移到横梁的中部时,横梁的弯曲变形最大;为了使变形得到补偿,可将横梁的导轨制作成"拱形",即中部凸起的抛物线形。补偿的方法还有:在横梁内部安装辅助横梁和预校正螺钉对主导轨进行预调校正;或者加平衡重以减少横梁因主轴箱自重而产生的变形等。

6.1.4 提高机床抗振性的措施

1. 强迫振动和自激振动

机床工作时可能产生两种形态的振动:强迫振动和自激振动(也称颤振)。机床的抗振性指的就是抵抗这两种振动的能力。

机床强迫振动的振源来自高速转动零部件的动态不平衡力,往复运动件的换向冲击力,周期变化的切削力等;机床外部的振源通过机床的地基传给机床,也可以使其产生强迫振动。若振源的频率恰好与机床某个部件(如床身、主轴箱)的某个振型(如弯曲振动、扭转振动)的固有频率重合,则会发生振动,使得振幅剧增,加工表面质量严重下降,甚至迫使切削无法进行。

机床结构抵抗强迫振动的能力可以用该结构的动刚度 k_d,或动柔度 S_d($S_d=1/k_d$)来表征。机床结构的动刚度还可以通过激振试验来确定。一个零件是一个单质量体,只有一个共振频率,机床是由多个零件组成的,就是一个多自由度的振动系统,应具有多个共振频率,但其中往往只有一两个主振型和它们的固有频率起着主导作用。若一个系统的动刚度大或者动柔度小,则说明该系统的抗振性能好。

机床在切削过程中,由于切削前的表面存在着不规则的波纹度,或材质的不均匀,使切削力不是稳态的值,而在一个范围内波动。切削力的这种变化通过机床的弹性结构系统使得刀具与工件的相对位置发生相应的变化,从而使切削过的表面又产生新的波纹,这又导致切削力进一步发生变化,如此反复交变和加强,就产生了自激振动的过程。自激振动发生在切削过程之中,振动所需的能量来自于切削过程的本身。自激振动的频率是一定的,与外界干扰力的频率无关,而是接近于机床某一部件某一振动类型的固有频率。这个部件就是机床在抗振性方面的一个薄弱环节。

当机床弹性系统的刚度、刀具切削角度、工件与刀具的材料、切削速度和进给量都一定时,影响自激振动的主要因素就是切削宽度。通常,把不发生自激振动的最大切削宽度称为临界切削宽度,并把它作为判断产生自激振动(切削稳定性)的指标。

2. 提高机床抗振性的措施

根据上面的分析,提高机床的抗振性可以从以下几个方面着手。

1) 尽量减少机床内部的振源

机床上高速旋转的主轴、齿轮、皮带轮等回转件均应该进行动平衡实验;装配在一起的旋转零部件,应该保证同轴,还应消除其配合间隙;对于机床上高速往复运动的部件,应消除传动间隙,并要采用平衡装置和降低往复运动部件的质量等措施,来减小可能产生的激振力;装在机床上的各种电动机以及液压油泵、油马达等旋转部件需要隔振安装;断续切削的机床,断续切削力本身就是激振力,可以在适当的部位安装蓄能飞轮。通过上述措施,可以有效地减少机床内部振源、降低激振力,这就减少了产生强迫振动的可能性,相当于提高机床的抗振性。

2) 提高机床的刚度、增加构件和结构的阻尼比

提高机床的静态刚度可以提高其固有频率,从而避免发生共振,同时,提高静态刚度也有利于改善动态刚度;对于抵抗自激振动来说,提高机床的静刚度可以提高自激振动稳定性的极限。当然,若为了提高静态刚度而一味增加构件的质量,会使共振频率产生偏移,这是不利的,所以,在结构设计时应注意提高单位质量的刚度。

增大阻尼比也可以提高动刚度和激振动稳定性。采用滑动轴承比滚动轴承有较大的阻尼,对滚动轴承进行适当的预紧也可以增大阻尼。提高阻尼比通常采用封砂床身结构,即将铸造时用的砂芯留在铸件内,振动时利用松散沙粒之间的相对摩擦来消耗振动能量,从而抑制振动。

在图 6-4 所示的两种床身方案中,图 6-4(b) 所示为在床身夹壁中的型砂不取出的方

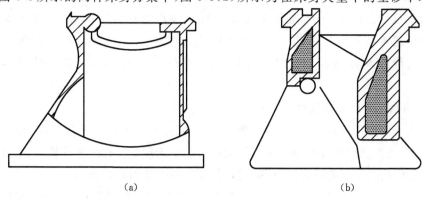

图 6-4 两种床身方案

案,其抗弯振动的阻尼值较图 6-4(a)所示的方案大为提高(在水平方向提高约 10 倍,在垂直方向提高约 7 倍)。

在承受弯曲振动的支承件的表面喷涂一层有高内阻和较高弹性模量的黏弹材料(如高分子聚合物、漆泥子、沥青基的胶泥等),也可以增大构件的阻尼,抑制振动的产生。

6.1.5 减小机床的热变形

数控机床的热变形也是影响机床加工精度的重要因素。引起机床热变形的热源主要是机床内部热源,如主电动机、进给电动机发热,摩擦热和切削热等。由于热源分布不均匀,热源产生的热量不等,又因为机床各处零部件的质量不均,这样,形成各部位的温升不一致,从而产生不均匀的热膨胀变形,以致影响刀具与工件的正确相对位置,最终影响加工精度。减小热变形影响的常用措施如下。

1. 减少机床内部热源和发热量

数控机床的主运动采用直流或交流调速电动机,可减少传动轴与传动齿轮;采用低摩擦系数的导轨和轴承;液压系统中采用变量泵,这样,都可以减少摩擦和能耗发热。

2. 改善发热部位的散热和隔热条件

主轴箱或主轴部件需要用强制润滑冷却,甚至采用制冷后的润滑油进行循环冷却;液压系统尤其是液压油泵站是一个热源,最好放置在机床之外,若必须放在机床上,应采取散热和隔热措施;切削过程发热量最大,必须进行冷却(使用大流量的切削液进行冷却,以控制机床的温升),并且要能自动及时排屑;对于发热量大的部位,应增大发热部位的散热面积。

3. 合理设计机床的结构与布局

对于热源是对称的,采用热传导对称的结构,如卧式镗床,采用双柱对称结构,热变形对主轴轴线变位的影响小,如若采用单立柱主轴箱悬挂的结构形式,则热变形对主轴轴线变位的影响较大。在进行结构设计时,应设法使热量比较大部位的热量向热量小的部位传导或流动,这样,可使结构部件的各部分能够均热,也是减小热变形的有效措施。

4. 使用热变形补偿装置进行补偿

预测热变形的规律,建立热变形的数学模型,测定其热变形的具体数值,存入数控装置的内存中,用以进行实时补偿校正。如数控机床中的传动丝杠的热伸长误差,导轨平行度或平直度的热变形误差等,都可以采用软件实时补偿来消除其影响。

对于一些高精度的机床,应安装在恒温车间,并在使用前进行预热,使机床达到热稳定后再进行加工,这是防止热变形影响的一种措施。

6.2 数控机床的主传动变速系统

6.2.1 数控机床主传动系统的设计要求

1. 主传动系统

数控机床主传动系统的作用是产生主切削力。数控机床的主传动系统将电动机的功率传递给主轴部件，使安装在主轴内的工件或刀具实现主运动。

对主传动系统的要求是：要有足够的转速范围和足够的功率、扭矩；各零部件应具有足够的精度、刚度、强度和抗振性，并且噪声低、运行平稳。

2. 数控机床与普通机床主传动系统相比，还提出如下要求：

① 转速高，功率大，能够使数控机床实现大功率的切削，保证高效率加工；

② 传动链短，以保证数控机床主传动的精度；

③ 主轴转速范围宽，且主轴转数变换迅速可靠，并能自动无级变速，使切削始终在最佳状态下进行，以适应各种工序和各种加工材质的要求；

④ 为了实现刀具的快速和自动装载，主轴上还必须设计有刀具自动装卸、主轴定向停止和主轴孔内的切屑清除装置等。

3. 数控机床主轴的调速方法

数控机床的主传动要求较大的调速范围，以保证加工时能选用合理的切削用量，从而获得最佳的生产率、加工精度和表面质量。数控机床的调速是按照指令自动执行的，因此变速机构必须适应自动操作的要求。目前，大多采用交流调速电动机和变频交流电动机无级调速系统。在实际生产中，一般要求数控机床在中、高速段为恒定功率输出，在低速段为恒定转矩输出。为了保证数控机床在低速时的扭矩和主轴的变速范围尽可能大，大中型数控机床大多采用无级变速和分级变速串联，即在交流电动机无级变速的基础上配以齿轮变速，使之成为分段无级调速。

数控机床的主传动主要有四种配置方式，如图 6-5 所示。

1) 带有变速齿轮的主传动

此配置方式如图 6-5(a)所示，这是大中型数控机床通常采用的一种配置方式。它通过少数几对齿轮降速，使之成为分段无级变速，确保低速时的扭矩，以满足输出扭矩特性要求。一部分小型数控机床也采用此种传动方式，以获得强力切削时所需要的扭矩。滑移齿轮的移位大多都采用液压拨叉或直接液压缸带动齿轮来实现。

2) 通过带传动的主传动

此配置方式如图 6-5(b)所示，这种传动主要应用在转速较高、变速范围不大的小型数控机床上。电动机本身的调速就能够满足要求，不需再用齿轮变速，可以避免齿轮传动

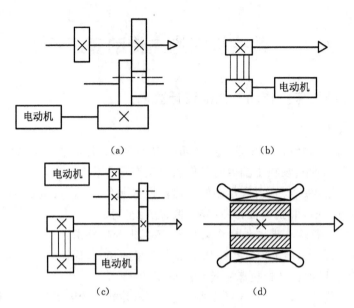

图 6-5 数控机床主传动的四种配置方式

引起的振动和噪声。它只适用于高速、低扭矩特性要求的主轴。

常用的带传动有 V 带传动和同步齿型带传动。同步齿型带传动是一种综合了带、链传动优点的新型传动；带的工作面以及带轮外圆上均制成齿形，通过带轮与轮齿相嵌合传动；带内部采用承载后无弹性伸长的材料作为强力层，以保持带的节距不变，可使得主、从动带轮作无相对滑动的同步传动。与一般的带传动相比，同步齿型带传动具有传动比准确、传动效率高、传动平稳、适用范围广等优点。但同步齿型带传动在其安装时，对中心距要求严格，且带与带轮制造工艺复杂、成本较高。

3) 用两个电动机分别驱动主轴

此配置方式如图 6-5(c) 所示，这种方式是上述两种方式的混合传动，也就具有上述两种性能。高速时下部的电动机可通过带轮直接驱动主轴旋转；低速时，上部的电动机通过两级齿轮传动驱动主轴旋转，齿轮起到降速和扩大变速范围的作用。这种方式使恒定功率区增大，扩大了变速范围，从而克服了低速时转矩不够且电动机功率不能充分利用的缺陷。

4) 内装电动机主轴传动结构（电主轴）

电主轴就是机床主轴由内装式主轴电动机直接驱动，从而把机床主传动链的长度缩短为零，以实现机床的"零传动"。如图 6-5(d) 所示，这种传动方式大大简化了主轴箱与主轴的结构，有效地提高了主轴部件的刚度，但是主轴输出扭矩小，电动机发热对主轴的精度影响较大。使用这种调速电动机可实现纯电气定向，而且主轴的控制功能很容易与数控系统相连接，并实现修调输入、速度和负载输出等。

6.2.2 主传动变速系统的参数

机床主传动系统的参数主要有动力参数和运动参数。动力参数通常是指主运动驱动电动机的功率；运动参数则是指主运动的变速范围。

1. 主传动功率 P

机床主传动功率 P 在数值上等于切削功率 P_c 与主运动传动链总效率 η 的比值，即

$$P = P_c/\eta \tag{6-3}$$

又因为数控机床的加工范围比较大，切削功率 P_c 可根据其有代表性的加工情况下产生的主切削抗力 F_z 来确定，即

$$P_c = \frac{F_z v}{60\,000} = \frac{Mn}{955\,000} \text{ (kW)} \tag{6-4}$$

式中：F_z 为主切削力的切向分力(N)；v 为切削速度(m/min)；M 为切削扭矩(N·cm)；n 为主轴转速(r/min)。

主运动传动链总效率 η 的值一般取 0.70～0.85 左右，考虑到数控机床的传动链短(其主传动多用调速电动机和有限的机械变速传动来实现)，故传动链效率 η 可取较大值。

在主传动中，通常按照主传动功率来确定各传动件的尺寸。若主传动功率定得过高，必会导致传动件的粗大笨重，那么，电动机就经常会工作在低负荷下，功率因数小而造成能源浪费；若主传动功率定得过低，机床的切削加工能力受到很大的限制，从而会降低机床的生产率。所以，必须准确合适地选用传动功率。实际加工生产中情况是复杂多变的，对传动系统因摩擦等因素所消耗的功率又难以准确把握，单纯用理论计算的方法来确定功率是困难的。所以，常常用类比、测试和理论计算等几种方法相互比较来最终确定主动的功率。

2. 主运动的调速范围

一般来说，对于以旋转运动为主运动的机床，其主轴的转速 n 可以由切削速度 v(m/min)和工件或刀具的直径 d(mm)来确定，即

$$n = \frac{1\,000v}{\pi d} \text{ (r/min)} \tag{6-5}$$

最低转速 $n_{\min}$ 和最高转速之 $n_{\max}$ 比称为调速范围 R_n。

数控机床主传动变速系统的详细设计过程可参考相关教材。

6.3 数控机床的进给传动系统

6.3.1 对进给传动系统的要求

数控机床的进给运动是数字控制的直接对象，无论是点位控制还是轮廓控制，被加工

工件的最后的位置精度和尺寸精度都会受到进给运动的传动精度、灵敏度和稳定性的影响。

进给运动的传动精度是指动态误差、稳态误差和静态误差,即伺服系统的输入量与驱动装置实际位移量(即最终运动部件的运动量)的精确程度;灵敏度,即系统的动态响应特性,指的是系统的响应时间及其驱动装置的加速能力;系统的稳定性是指系统在启动状态或受外界干扰作用下,经过几次衰减振荡后,能迅速地稳定在新的或原来的平衡状态的能力。

数控机床的进给传动系统是指进给驱动装置。驱动装置是指能将伺服电动机的旋转运动变为工作台的直线运动的整个机械传动链,它主要包括减速装置、丝杠螺母副及导向元件等。

因此,对进给系统中的传动装置和元件就要求具有无传动间隙、高寿命、高刚度、高抗振性、高灵敏度和低摩擦阻力、低惯性等特点。如一般采用滚动导轨、静压导轨和减磨滑动导轨来使数控机床的导轨具有较小的摩擦力和高的耐磨性;又如在数控机床中,当旋转运动被转化为直线运动时,广泛地使用滚珠丝杠螺母来提高转换效率,以确保运动精度。为了提高位移精度,减少传动误差,对采用的各种机械部件首先要确保它们的加工精度,其次要采用合理的预紧来消除轴向传动间隙,所以在进给传动系统中广泛采用了各种间隙消除措施,但尽管这样仍然可能留有微量间隙。此外,因为机械部件受力后会产生弹性变形,也会产生间隙,所以在进给传动系统的反向运动时仍需由数控装置发出脉冲指令进行自动补偿。

(1) 高传动刚度　进给传动系统的传动刚度,从机械结构角度考虑主要取决于丝杠螺母副、蜗杆副及其支承结构的刚度。刚度不足会导致工作台产生爬行和振动以至于造成反向死区,影响传动精度。为了提高传动刚度,可以采取缩短传动链,合理选择丝杠尺寸,以及对丝杠的螺母副、支承部件进行预紧等措施。

(2) 高抗振性　应使进给传动系统的机械部件具有高的固有频率和合适的阻尼比,这样可以有效地提高系统的抗振性;一般要求机械传动系统的固有频率高于伺服驱动系统的固有频率2~3倍。

(3) 低摩擦阻力　必须减少运动件的摩擦阻力,才能满足数控机床进给系统响应快、运动精度高的要求;在进给系统中,通常采用滚珠丝杠螺母副、滚动导轨、塑料导轨和静压导轨来降低传动摩擦。

(4) 低运动惯量　进给系统需要经常进行启动、停止、变速和反向,同时数控机床切削速度高,高速运行的零部件对其惯性影响更大。大的运动惯量会使系统的动态性能变差。所以,在满足部件强度和刚度的前提下,设计时应尽量减少运动部件的质量和各传动元件的直径。

(5) 无传动间隙　传动间隙的存在是造成进给系统反向死区的另一个主要原因,所以,必须对传动链的各个环节均采用消除间隙的结构措施。

6.3.2 进给传动系统的基本形式和结构

一台数控机床的进给系统不但要有合理的控制系统,而且还要对驱动元件和机械传动装置的参数进行合理的选择,才能使整个进给系统工作时的动态特性相匹配。

数控机床的进给系统按其驱动方式可以分为液压伺服进给系统与电气伺服进给系统两大类,又由于伺服电动机和进给驱动装置的飞速发展,目前,绝大多数的数控机床进给系统都采用电气伺服进给方式。

在电气伺服进给方式中,按选用的伺服电动机的不同可以分为步进电动机伺服进给系统、直流电动机伺服进给系统、交流电动机伺服进给系统和直线电动机伺服进给系统等。

数控机床的进给系统按其反馈方式的不同可分为闭环控制、半闭环控制和开环控制三类。由于半闭环控制方式在装配和调整时都比较方便,而且精度较高,通过对机械结构的选择,必要时再加上螺距误差补偿和反向间隙补偿等电气措施,可以满足一般数控机床的精度要求,所以目前大多数的数控机床进给系统都采取半闭环的控制方式。

图6-6所示为一个典型的半闭环进给系统(减速机构没有画出)示意图。数控机床进给系统的机电部件主要有伺服电动机和检测元件、联轴器、减速机构(带轮和齿轮副)、滚珠丝杠螺母副(或齿轮齿条副)、丝杠轴承、运动部件(包括工作台、主轴箱、滑座、横梁和立柱等)。

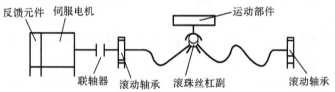

图6-6 典型的半闭环进给系统示意图

由于伺服电动机及其控制单元和滚珠丝杠的性能的提高,在多数数控机床进给系统中已去掉了减速机构而直接用伺服电动机与滚珠丝杠相连接,使整个系统结构简化,同时也减少了产生误差的环节。此外,还使得转动惯量减少,从而伺服特性也得到改善。

除了上述部件外,在整个进给系统中还有一个重要的环节就是导轨。从表面上看,导轨似乎与进给系统联系不密切,事实上在导轨上的运动负载和产生的运动摩擦力这两个参数在进给系统中占有重要地位,所以,导轨的性能对进给系统的影响是不能忽视的。

6.3.3 滚珠丝杠螺母副

滚珠丝杠螺母副是将回转运动转换为直线运动的传动装置,在各类数控机床的直线进给系统中得到广泛的应用。

1. 滚珠丝杠螺母副的特点

图 6-7 所示为滚珠丝杠螺母副的结构图,其工作原理为:在丝杠和螺母上加工出弧形螺旋槽,两者套装在一起时其间形成螺旋滚道,并且在滚道内填满滚珠。当丝杠相对于螺母旋转时,两者发生轴向位移,滚珠既可以自转还可以沿着滚道循环流动。滚珠丝杠螺母副的这种结构把传统丝杠与螺母之间的滑动摩擦转变为滚动摩擦,所以具有下列诸多优点。

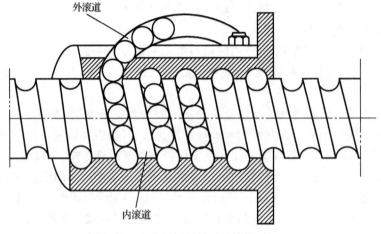

图 6-7　滚珠丝杠螺母副的结构图

(1) 传动效率高　滚珠丝杠螺母副的传动效率是普通丝杠螺母副的 3～4 倍,传动效率高达 92%～98%。

(2) 运动平稳无爬行　由于它的摩擦阻力小,动静摩擦系数接近,因而传动灵活,运动平稳,并有效地消除了爬行现象。

(3) 使用寿命长　由于是滚动摩擦,零部件之间摩擦力小,磨损就小,精度保持性好,寿命长。

(4) 滚珠丝杠螺母副预紧后可以有效地消除轴向间隙,故无反向死区,同时也提高了传动刚度。

当然,滚珠丝杠螺母也有下列缺点。

(1) 结构复杂,从而加工制造成本较高。

(2) 不能自锁　摩擦系数小使之不能自锁,所以将旋转运动转换为直线运动的同时,也可以将直线运动转换为旋转运动。当它采用垂直布置时,自重和惯性会造成部件的下滑,必须增加制动装置。

2. 滚珠丝杠螺母副的结构

滚珠丝杠的螺纹滚道法向截面有单圆弧和双圆弧两种不同的形式,螺纹截面形状如图 6-8 所示。滚珠与滚道型面接触点法线与丝杠轴线的垂直线之间夹角称为接触角。

1) 单圆弧型面

该型面如图 6-8(a)所示,在这种型面中,滚道半径略大于滚珠半径。螺纹滚道中,接触角是随着轴向负载的大小而变化:当接触角增大,传动效率、轴向刚度和承载能力也随着增大。

2) 双圆弧型面

该型面如图 6-8(b)所示,当偏心决定之后,滚珠只在滚珠直径滚道中相切的两点接触,且接触角不变。双圆弧的接交处有一小空隙,其中可容纳一些杂质,这对于滚珠的流动有利。为了提高传动效率、承载能力和保证流动畅通,应选用较大的接触角,但接触角过大,将会给制造带来困难,建议取 45°。

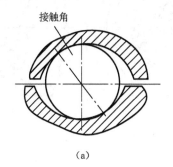 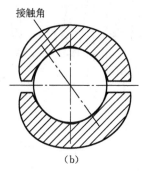

图 6-8 螺纹截面形状

滚珠的循环方式有外循环和内循环两种:通常滚珠在返回过程中与丝杠脱离接触的循环为外循环;滚珠在循环过程中与丝杠始终接触的循环为内循环。在内、外循环中,滚珠在同一螺母上只有一个回路管道的称为单列循环;有两个回路管道的称为双列循环。循环中的滚珠称为工作滚珠,工作滚珠所走过的滚道圈数称为工作圈数。

外循环滚珠丝杠螺母副又可以按滚珠循环时的返回方式分为插管式和螺旋槽式。

图 6-9(a)所示为插管式,即它用一弯管代替螺旋槽作为返回管道,弯管的两端插在与螺纹滚道相切的两个孔内,用弯管的端部引导滚珠进入弯管,以完成循环。这种结构工艺性好,但由于弯管突出在螺母体外,所以径向尺寸较大。

图 6-9(b)所示为螺旋槽式,它在螺母的外圆上铣出螺旋槽,槽的两端钻出通孔与螺纹滚道相切,并在螺母内装上挡珠器,挡珠器的舌部切断螺旋滚道,使得滚珠流向螺旋槽的孔中以完成循环。这种结构比插管式结构的径向尺寸小,但制造复杂。

图 6-10 所示为内循环滚珠丝杠结构。在螺母的侧孔中装有圆柱凸键式反向器,如图 6-10(a)所示,反向器上铣有 S 形的回珠槽,从而将相邻两螺纹滚道连接起来。滚珠从螺纹滚道进入反向器,借助反向器迫使滚珠越过丝杠牙顶进入相邻的螺纹滚道,实现循环。一般一个螺母上装有 2~4 个反向器,且反向器沿螺母圆周等分布。这种结构的优点是径向尺寸紧凑,刚度好,因其返回滚道短,所以摩擦损失小;缺点是反向器的加工较困难。

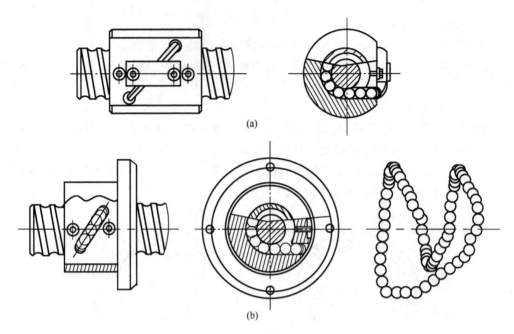

图 6-9 外循环滚珠丝杠

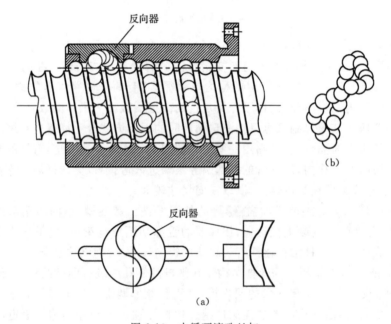

图 6-10 内循环滚珠丝杠

3. 滚珠丝杠副轴向间隙的调整和施加预紧力的方法

滚珠丝杠副除了对本身单一方向的进给运动精度有要求外，对其轴向间隙也有严格的要求，以保证反向传动精度。滚珠丝杠副的传动间隙是轴向间隙，它是负载在滚珠与滚道型面接触点的弹性变形所引起的螺母位移量和螺母原有间隙的总和。为了保证反向传动精度和轴向刚度，必须消除轴向间隙。消除间隙的方法通常采用双螺母结构，即利用两个螺母的相对轴向位移使两个滚珠螺母中的滚珠分别贴紧在螺纹滚道的两个相反的侧面上。用此种方法预紧消除轴向间隙时，预紧力不能过大，因为预紧力过大会使空载力矩增加，从而降低传动效率，缩短使用寿命。此外，还要消除丝杠安装部分和驱动部分的间隙。

采用双螺母丝杠消除间隙的方法如下。

1) 垫片调隙式

该方法如图 6-11 所示，通常用螺钉来连接滚珠丝杠两个螺母的凸缘，并要在两个凸缘间加垫片。调整垫片的厚度使左、右螺母产生轴向位移，以达到消除间隙和产生预紧力的目的。这种方法结构简单，刚度好，可靠性高以及装卸方便，但调整费时，不能在工作中随意调整，当滚道有磨损时不能随时消除间隙和进行预紧。

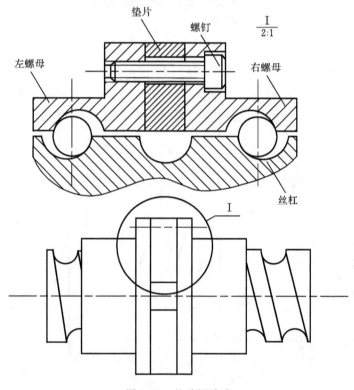

图 6-11 垫片调隙式

2) 螺纹调隙式

该方法如图 6-12 所示,右边螺母 3 外端有凸缘,它与另一个无凸缘而带有螺纹的螺母 4 通过丝杠连接。其中螺母 4 伸出套筒外,并用螺母 1、螺母 2 固定着。用平键限制螺母 3、螺母 4 在螺母座内的转动。调整时,只要旋转圆螺母 2 就可以消除间隙并产生预紧力,然后用锁紧螺母 1 锁紧。这种方法结构简单,工作可靠、调整方便,但预紧量不够准确。

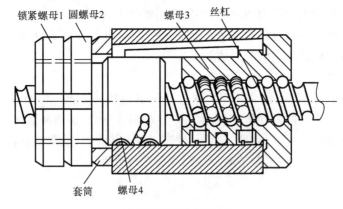

图 6-12 螺纹调隙式

3) 齿差调隙式

该方法如图 6-13 所示,在左右两个螺母的凸缘上各加工有圆柱外齿轮,分别与左右两个内齿圈相啮合,内齿圈相啮合紧固在螺母座的左右端面上,使得左右螺母不能转动。

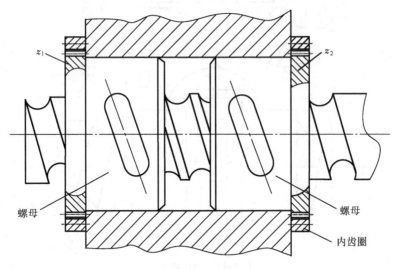

图 6-13 齿差调隙式

两个螺母凸缘齿轮的齿数是不相等的,之间差一个齿。当调整时,先取下内齿圈,让两个螺母相对于螺母座同方向都转动一个齿,然后再插入内齿圈并紧固在螺母座上,则两个螺母便产生相对角位移,使两个螺母轴向间距改变,从而实现消除间隙和预紧。若两凸缘齿轮的齿数分别为 z_1、z_2,滚珠丝杠的导程为 t,当两个螺母相当于螺母座同方向都转动一个齿后,其轴向位移量 $S=(1/z_1-1/z_2)t$。例如,取 $z_1=81$、$z_2=80$,滚珠丝杠的导程 $t=6$ mm,则轴向位移量 $S=6/6\ 480\approx0.001$ mm。这种调整方法能精确调整预紧量,调整可靠、方便,但是结构尺寸较大,多用于高精度的传动。

4) 单螺母变螺距预加负荷式

该方法如图 6-14 所示,它是在滚珠螺母体内的两列循环滚珠链之间使内螺纹滚道在轴向产生一个 Δt_0 的导程变量,从而使两列滚珠在轴向错位实现预紧。这种间隙调整方法结构简单,但导程变量须预先设定且不能改变。

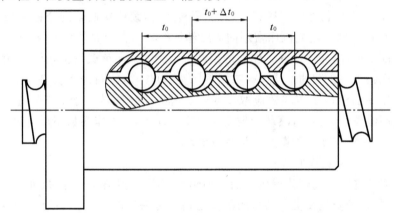

图 6-14 单螺母变螺距预加负荷式

4. 滚珠丝杠副的参数

滚珠丝杠副的参数(见图 6-15)如下。

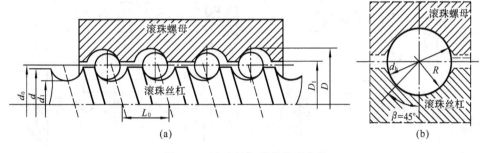

图 6-15 滚珠丝杠副的基本参数

(1) 公称直径 d_0。 螺纹滚道与滚珠在理论接触角状态时所包络滚珠球心的圆柱直径,它是滚珠丝杠副的特性尺寸。

(2) 基本导程 L_0。 当丝杠相对于螺母旋转 2π 弧度时,螺母上的基准点的轴向位移。

(3) 接触角 β 滚道与滚珠在接触点处的公法线与螺纹轴线的垂直线间的夹角,理想接触角 $\beta=45°$。

其他参数还有丝杠螺纹大径 d、丝杠螺纹小径 d_1、螺纹全长 L、滚珠直径 d_b、螺母螺纹大径 D、螺母螺纹小径 D_1、滚道圆弧半径 R 等。

导程的大小可以根据机床的加工精度要求确定,当精度要求高时,导程取小值,以减小丝杠的摩擦阻力,但导程小,势必导致滚珠直径 d_b 取小值,则使滚珠丝杠副的承载能力降低;若滚珠丝杠的公称直径 d_0 不变,导程小,则螺旋升角也小,传动效率 η 也变小。所以,导程的值应该在满足机床加工精度的条件下尽可能取大些。

公称直径 d_0 与承载能力直接有关,有关资料认为,滚珠丝杠副的公称直径 d_0 应大于丝杠工作长度的 1/30。数控机床常用的进给丝杠的公称直径 $d_0=20\sim80$ mm。

实验验证得出:滚珠丝杠各工作圈的滚珠所承受的轴向负载是不相等的,第一圈滚珠所承受的负载约为总负载的 50%,第二圈约承受 30%,第三圈约承受 20%。所以,外循环滚珠丝杠副中的滚珠工作圈数应取 2.5~3.5 圈,工作圈数大于 3.5 圈是无实际意义的。为了提高滚珠的流畅性,滚珠的数目应小于 150 个,且工作圈数不得超过 3.5。

5. 滚珠丝杠螺母副的安装支承与制动方式

1) 滚珠丝杠安装支承方式

数控机床的进给系统要获得较高的传动刚度,除了加强滚珠丝杠螺母副本身的刚度外,滚珠丝杠的正确安装及支承结构的刚度也是不可忽视的因素。如为了减少受力后的变形,螺母座应有加强筋,以增大螺母座与机床的接触面积,并且还要连接可靠;采用高刚度的推力轴承以提高滚珠丝杠的轴向承载能力。

滚珠丝杠螺母副的支承方式有以下几种,如图 6-16 所示。

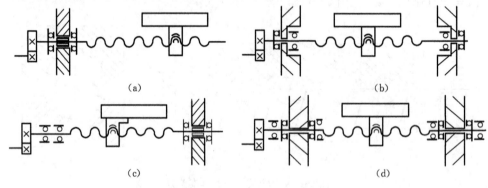

图 6-16 滚珠丝杠螺母副在机床上的支承方式

(1) 一端装推力轴承方式　如图 6-16(a)所示,这种安装方式仅适用于行程小的短丝杠,它的承载能力小,轴向刚度低。一般用在数控机床的调节环节或升降台式铣床的垂直坐标进给传动结构。

(2) 一端装推力轴承,另一端装向心球轴承方式　如图 6-16(b)所示,这种安装方式适用于丝杠较长的情况,当热变形造成丝杠伸长时,其一端固定,另一端能作微量的轴向浮动。为了减小丝杠热变形的影响,安装时应使电动机的热源和丝杠工作时的常用段远离止推轴承端。

(3) 两端装推力轴承方式　如图 6-16(c)所示,这种安装方式将推力轴承安装在滚珠丝杠的两端,并施加预紧力,这样可以提高轴向刚度,但这种方式对热变形较为敏感。

(4) 两端装推力轴承及向心球轴承方式　如图 6-16(d)所示,在这种安装方式中,两端均采用双重支承并施加预紧力,使丝杠具有较大的刚度,还可以使丝杠的温度变形转化为推力轴承的预紧力,但设计时要求提高推力轴承的承载能力和支架刚度。

6. 滚珠丝杠螺母副的制动装置

由于滚珠丝杠螺母副传动效率高,无自锁功能(尤其是滚珠丝杠处于垂直传动时),所以必须安装制动装置。

图 6-17 所示为数控铣镗床主轴箱进给丝杠的制动装置示意图。机床工作时,电磁铁线圈通电,吸住压簧,打开摩擦离合器。此时电动机经减速齿轮传动,带动滚珠丝杠螺母副转换主轴箱的垂直移动。当电动机停止转动时,电磁铁线圈也同时断电,在弹簧的作用下摩擦离合器压紧,使得滚珠丝杠不能自由转动,则主轴箱就不会因为自重的作用而下降。

7. 滚珠丝杠螺母副的密封与润滑

为了防止灰尘及杂质进入滚珠丝杠螺母副,滚珠丝杠副须用防尘密封圈和防护套密封。为了维持滚珠丝杠副的传动精度,延长使用寿命,使用润滑剂来提高耐磨性。使用的密封圈有接触式和非接触式两种,将其安装在滚珠螺母的两端即可。非接触式密封圈是由聚氯乙烯等塑料材料制成,其内孔螺纹表面与丝

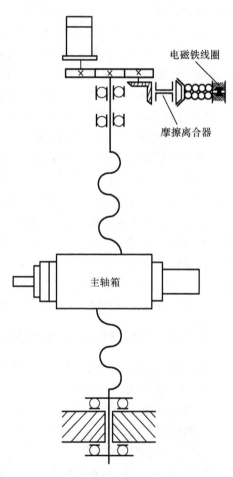

图 6-17　滚珠丝杠制动装置示意图

杠螺母之间略有间隙,故又称为迷宫式密封圈。接触式密封圈是用具有弹性的耐油橡胶和尼龙等材料制成,所以有接触压力并能产生一定的摩擦力矩,防尘效果好。常用的润滑剂有润滑油和润滑脂两类。润滑脂通常在安装过程中放入滚珠螺母滚道内,因此应定期润滑;使用润滑油时应经常通过注油孔注油以达到润滑的目的。

8. 滚珠丝杠螺母副结构尺寸的选择

1) 滚珠丝杠螺母副结构的选择

可根据防尘防护条件以及对调隙和预紧的要求来选择适当的结构形式。例如,当允许有间隙存在(如垂直运动)时,可选用具有单圆弧形螺纹滚道的单螺母滚珠丝杠副;当必须要预紧且在使用过程中因磨损而需要定期调整时,应选用双螺母螺纹预紧和齿差预紧式结构;当具备良好的防尘防护条件,并且只需在装配时调整间隙和预紧力时,可选用结构简单的双螺母垫片调整预紧式结构。

2) 滚珠丝杠螺母副结构尺寸的选择

选用滚珠丝杠螺母副主要是选择丝杠的公称直径和基本导程。公称直径必须根据轴向的最大载荷按照滚珠丝杠副尺寸系列进行选用,螺纹长度在允许的情况下尽可能的短;基本导程(或螺距)应根据承载能力、传动精度及传动速度选取,基本导程大则承载能力大,基本导程小则传动精度高,在传动速度要求快时,可选用大导程的滚珠丝杠螺母副。

3) 滚珠丝杠螺母副的选择步骤

必须根据实际的工作条件来选用滚珠丝杠螺母副。工作条件包括:最大的工作载荷(或平均工作载荷)、最大载荷作用下的使用寿命、丝杠的工作长度(或螺母的有效行程)、丝杠的转速(或平均转速)、丝杠的工况以及滚道的硬度等。

在已知这些工作条件后,可按照下述步骤进行选用:首先是承载能力的选择;然后核算压杆的稳定性;接着计算最大动载荷值(对于低速运转的滚珠丝杠,只需要考虑其最大静载荷是否充分大于最大工作载荷即可);再进行刚度验算;最后演算满载荷时的预紧量(因为滚珠丝杠在轴向力的作用下,将产生伸长或缩短;在扭矩的作用下,将产生扭转,这些都会导致丝杠的导程变化,从而影响传动精度以及定位精度)。

6.3.4 滚珠丝杠螺母副与电动机的连接

滚珠丝杠螺母副与伺服电动机主要有以下三种连接形式,如图 6-18 所示。

1. 通过联轴器直接连接

该方式如图 6-18(a)所示,这是一种最简单的连接形式。这种连接形式的优点是:具有较大的扭转刚度;传动机构本身无间隙,传动精度高;结构简单,安装、调整方便。其缺点是:这种连接可以提供设计选择的参数只有丝杠螺距和电动机的转速情况,所以,当在大、中型机床上使用时,难以发挥伺服电动机高速、低转矩的特性。它通常用于输出扭矩要求在 15~40 N·m 范围内的中、小型机床或高速加工机床。

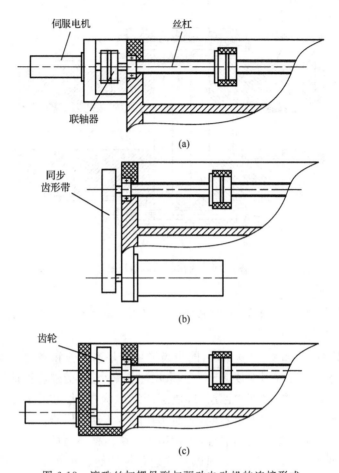

图 6-18 滚珠丝杠螺母副与驱动电动机的连接形式

挠性联轴器是广泛应用在数控机床上的一种联轴器,它能补偿因同轴度及垂直度误差引起的"干涉"现象。挠性联轴器结构原理如图 6-19 所示,压圈用螺钉与联轴套相连,通过拧紧压圈上的螺钉,可使压圈对锥环施加轴向压力。锥环又分为内锥环和外锥环,它们成对使用;由于锥环之间的楔紧作用,压圈上的轴向压力使内锥环和外锥环分别产生径向收缩和胀大的弹性变形,从而消除配合间隙。同时,在被连接的轴与内锥环、内锥环与外锥环、外锥环与联轴套之间的接合面上产生很大的接触压力,就是依靠这个接触压力产生的摩擦力来传递扭矩的。为了能补偿两轴的安装位置误差(同轴度及垂直度误差)引起的"干涉"现象,采用柔性片结构。柔性片分别用螺钉和球面垫圈与两边的联轴套相连,通过柔性片传递扭矩。柔性片每片的厚度约为 0.25 mm,材质一般为不锈钢。两端的位置偏差就是由柔性片的变形来抵消的。采用这种挠性联轴器把伺服电动机与丝杠直接连接,不仅可以简化结构,减少噪声,而且能够消除传动间隙,提高传动刚度。

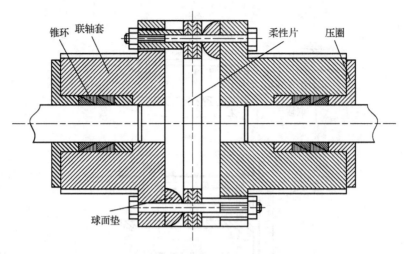

图 6-19　挠性联轴器结构原理

2. 通过同步齿形带连接

该方式如图 6-18(b)所示,同步齿形带传动因为具有带传动和链传动的共同优点,故广泛应用于数控机床传动。

同步齿形带的结构如图 6-20 所示,同步齿形带由基本部分和强力层组成。强力层作为同步齿形带的抗拉元件,用于传递动力。采用伸长率小、疲劳强度高的钢丝绳或玻璃纤维绳沿着同步齿形带的节线(即中性层)绕成螺旋线形状,因为它在受力后基本上不产生变形,所以能够保持同步带的齿距不变,从而实现同步传动。同步齿形带的基体由带齿和带背组成：带齿应与带轮轮齿正确啮合,带背用于黏结包覆强力层。基体通常用聚氨脂制成,这样就具有强度高、弹性好、耐磨损以及抗老化等性能。在同步齿形带的内表面制有尖角凹槽,以增加带的挠性和改善带的弯曲疲劳强度。同步齿形带的带轮除了轮缘表面需凸出轮齿外,其余结构与平带带轮相似。使用同步齿形带时,允许温度在 -20 ℃～80 ℃之间。在数控机床上,一般采用圆弧同步齿形带传动。圆弧同步齿形带传动与梯形同步齿形带相比,改善了啮合条件,均化了应力,所以传动效果更好。

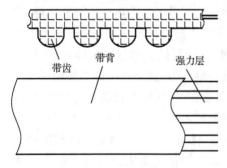

图 6-20　同步齿形带的结构

3. 通过齿轮连接

该方式如图 6-18(c)所示,这种连接的优点是：它可以降低丝杠、工作台的惯性在系统中所占的比重,从而提高进给系统的快速性;它可以充分发挥伺服电动机高速、低转矩的特性,使其变为低转速、大扭矩输出,获得更大的进给驱动力;在开环步进系统中,它可以起到机械、电气间的匹配作用,使数控系统的分辨率和实际工作台的最小位移单位相统一;它还可以使进给电动机和丝杠中心不在同一直线上,给布置带来灵活性。这种连接的缺点是:它使传动装置结构复杂,降低了传动效率,增加噪声;它造成传动级数的增加,导致传动部件的间隙和摩擦增加,从而影响进给系统的性能;它导致传动齿轮副的间隙存在。间隙的存在在开环、半闭环系统中,将影响加工精度,在闭环系统中,由于位置反馈的作用,间隙产生的位置滞后量虽然能通过系统的闭环自动调节得到补偿,但它将带来反向时冲击,甚至导致系统产生振荡,从而影响系统的稳定性。所以,必须采取相应的措施,使间隙减小到允许的范围内。消除齿轮间隙的方法有刚性调整法和柔性调整法两种:偏心轴调整法和轴向垫片调整法是常用的刚性调整法;柔性调整法一般采用压力弹簧调整。

6.3.5 进给系统传动齿轮间隙的调整

进给系统中的减速机构主要采用齿轮或带轮,又因为进给系统经常处于自动变向状态,反向时若驱动链中的齿轮等传动副存在间隙,就会造成进给运动的反向运动滞后于指令信号,从而影响其驱动精度。齿轮在制造时不可能完全达到理想的齿面要求,总会存在着一定的误差,故两个相啮合的齿轮,总有微量的齿侧隙。所以,必须采取措施来调整齿轮传动中的间隙,以提高进给系统的驱动精度。常用的调整齿侧间隙的方法有以下几种。

1. 直齿圆柱齿轮传动

(1) 偏心套式调整 如图 6-21 所示,这是最简单的调整方式。电动机通过偏心套安装在壳体上,转动偏心套可使电动机中心轴线的位置向上,而从动齿轮轴线位置固定不变,所以两啮合齿轮的中心距减小,从而消除齿侧间隙。

(2) 轴向垫片调整 如图 6-22 所示,两个齿轮啮合在一起,将它们的节圆直径沿齿宽方向制成略带锥度的形式,使其齿厚沿轴向方向稍作线性变化。装配时,两齿轮按齿厚相反变化走向啮合,通过修磨垫片的厚度使两齿轮在轴向上相对移动,从而消除齿侧间隙。

偏心套式和轴向垫片调整方法结构简单,能传递较大的动力,但齿轮磨损后不能自动消除齿侧间隙。

(3) 双片薄齿轮错齿调整 如图 6-23 所示,在一对啮合的齿轮中,其中一个为宽齿轮(图中未画出),另一个由两个薄片齿轮组成。两个薄片齿轮上各开有周向圆弧槽,并在两齿轮的槽内各装配有安装弹簧的短圆柱。在弹簧的作用下使两个齿轮错位,错位后分别与宽齿轮的齿槽左右侧贴紧,从而消除齿轮副的侧隙。弹簧的张力必须足以克服驱动转矩,而且两个齿轮的轴向圆弧槽以及弹簧的尺寸不能太大,所以这种结构不适宜传递转矩,仅用于读数装置。

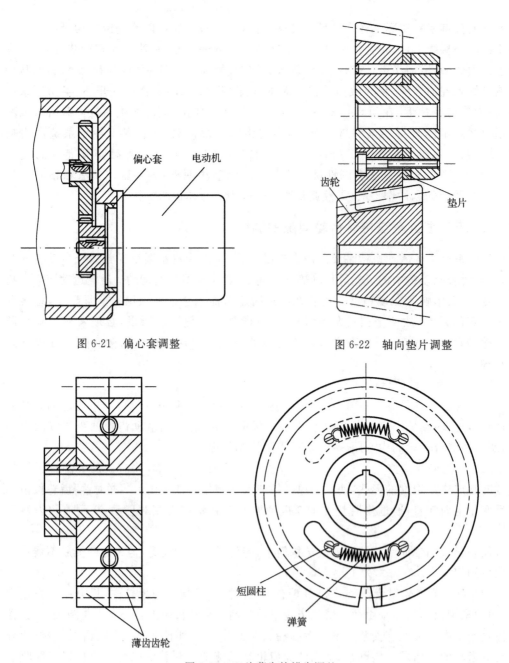

图 6-21 偏心套调整

图 6-22 轴向垫片调整

图 6-23 双片薄齿轮错齿调整

2. 斜齿圆柱齿轮传动

图 6-24 所示为斜齿轮垫片调整法,其原理与错齿调整法相同。两个斜齿轮的齿形是

拼装在一起进行加工的,装配时在两薄片斜齿轮间装入厚度为 t 的垫片,然后修磨垫片,这样它们的螺旋线便错开,使得它们分别与宽齿轮的左、右齿面贴紧,从而消除齿轮副的侧隙。垫片厚度 t 与齿侧间隙 Δ 的关系为

$$t = \Delta\cot\beta$$

其中:β 为螺旋角。

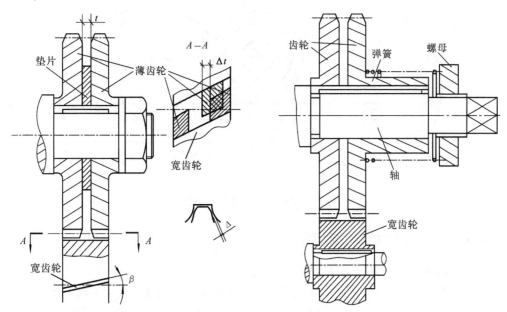

图 6-24　斜齿轮垫片调整法　　　　图 6-25　斜齿轮轴向压簧错齿调整法

图 6-25 所示为斜齿轮轴向压簧错齿调整法,原理同上。其特点是齿侧间隙可以自动补偿,但轴向尺寸较大,结构不够紧凑。

3. 齿轮齿条传动

在大型数控机床(如大型数控龙门铣床)上,工作台的行程很长,因此不宜采用滚珠丝杠螺母副传动作为它的进给运动,通常采用齿轮齿条传动。

当载荷小时,可采用双片薄齿轮错齿调整法,分别与齿条齿槽左、右侧贴紧,以消除齿侧间隙。

当载荷大时,采用径向加载法消除齿侧间隙,如图 6-26 所示。两个小齿轮分别与齿条啮合,并用加载装置在加载齿轮上预加负载,于是加载齿轮使与之相啮合的两个大齿轮向外撑开,这样,与两个大齿轮同轴上的两个小齿轮也同时向外撑开,于是它们就能分别与齿条上的齿槽左、右侧贴紧,从而消除齿侧间隙。加载齿轮由电动机直接驱动。

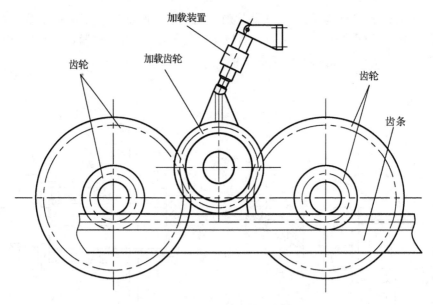

图 6-26　径向加载法消除齿侧间隙

6.3.6　直线电动机直接驱动

直线电动机应用在高速、高精度的数控机床上,是现在最有代表性的先进技术之一。由于利用直线电动机驱动,就完全取消了传动系统中将旋转运动转变为直线运动的环节,于是简化了机械传动系统的结构,即实现了所谓的"零传动"。直线电动机从运动方式上消除传动环节对精度、刚度、稳定性以及快速性的影响,所以可以获得比传统进给驱动系统更高的快进速度、加速度和定位精度。直线电动机的工作原理以及在机床上实际安装结构如图 6-27 所示。

直线电动机驱动有如下的优点:不需要丝杠、齿轮、齿条等转换就能直接实现直线运动,所以大大简化了进给系统结构,从而提高了传递效率;采用直线电动机驱动时,电动机本身结构不受到离心力的作用,所以可以达到很高的进给速度和加速度;直线电动机消除了传动环节,所以进给系统的精度高、刚度高、快速性和稳定性好,且噪声小或无噪声。

直线电动机的不足之处表现为:直线电动机的效率和功率因数低,在低速时表现明显;直线电动机的启动推力受电源电压的影响大,所以对驱动器要求高;由于直线电动机直接和导轨、工作台装成一体,所以必须采取措施来防止磁力和热变形对加工的影响。

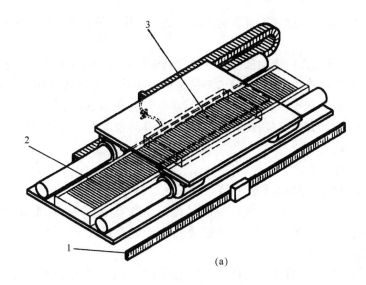

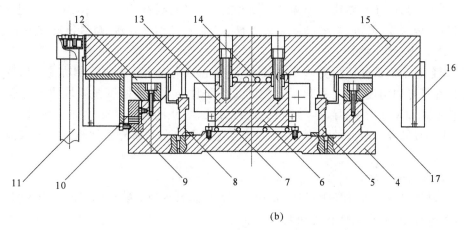

图 6-27 直线电动机及在机床上的安装结构图

1—位置检测器件;2—电动机转子;3—电动机定子;4—床身;5、8—辅助导轨;7、14—冷却板;
6、13—次级;9、10—测量系统;11—拖动链;12、17—导轨;15—工作台;16—防护层

6.4 数控机床的导轨

6.4.1 数控机床对导轨的要求

导轨用来支承和引导运动部件沿着直线或圆周方向准确运动,机床上的直线运动部件都是沿着它的床身、立柱、横梁等支承件的导轨进行运动的,所以,导轨的制造精度及精

度保持性对机床加工精度有着重要的影响。数控机床对导轨有下列的主要要求。

1. 高的导向精度

导向精度是指机床的运动部件沿导轨移动时的直线与有关基面之间的相互位置的准确性，它保证部件运动的准确。因此，无论是空载还是负载，导轨都应该具有足够的导向精度，这是对导轨的基本要求。导向精度受导轨的结构形状、组合方式、制造精度和导轨间隙的调整等因素的影响，各种机床对于导轨本身的精度都有具体的规定或标准，以保证导轨的导向精度。

2. 良好的耐磨性

良好的耐磨性使导轨的导向精度能够长久保持，耐磨性受到导轨副的材料、硬度、润滑和载荷等因素的影响。数控机床导轨的摩擦系数要小，而且动、静摩擦系数应尽量接近，以减小摩擦阻力和导轨热变形，使运动平稳轻便，低速且无爬行。

3. 精度保持性好

精度保持性是指导轨能否长期保持原始精度的性能。影响精度保持性的因素主要是导轨的磨损，另外，还与导轨的结构形式以及支承件的材料有关。数控机床的精度保持性比普通机床要求高，所以，数控机床应采用摩擦系数小的滚动导轨、塑料导轨或静压导轨。

4. 足够的刚度

机床各运动的部件所承受的外力，最终都要由导轨来承受。如若导轨受力后变形过大，就破坏了导向精度，同时恶化了导轨的工作条件。导轨的刚度主要取决于导轨的类型、结构形式和尺寸大小、导轨与床身的连接方式、导轨的材料和表面加工质量等因素。数控机床的导轨要取较大的截面积，有的甚至还需要在主导轨外添加辅助导轨来提高刚度。

5. 具有低速运动的平稳性

要使其运动部件在导轨上低速移动时，不发生爬行现象。造成爬行的原因很多，主要因素有摩擦性质、润滑条件和传动系统的刚度。

此外，导轨结构的工艺性也要好，还要便于制造和装配，便于检验、调整和维修，而且要有合理的导轨防护和润滑措施等。

6.4.2 数控机床导轨的种类和特点

导轨按运动部件的运动轨迹可分为直线运动导轨和圆周运动导轨；按导轨接合面的摩擦性质可以分为滑动导轨、滚动导轨和静压导轨。目前，数控机床中常用的导轨是镶黏塑料的滑动导轨和滚动导轨。

1. 滑动导轨

滑动导轨具有结构简单、制造方便、刚度好、抗振性高等优点，广泛应用在机床上。滑动导轨常见的截面形状如图 6-28 所示。

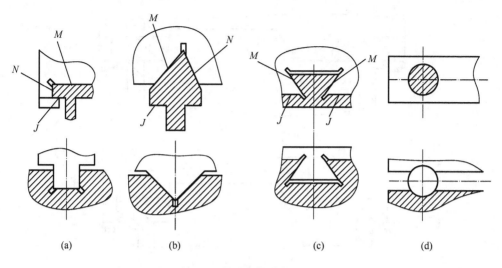

图 6-28 滑动导轨的截面形状

(1) 矩形导轨　如图 6-28(a)所示,这种导轨承载能力大,制造简单,且水平方向和垂直方向上的位置精度各不相关;但侧面间隙不能自动补偿,必须设置间隙调整机构。

(2) 三角形导轨　如图 6-28(b)所示,由于三角形有两个导向面,可以同时控制水平方向和垂直方向上的导向精度,因此,这种导轨在载荷的作用下,能自动补偿侧面间隙,导向精度较其他导轨高。

(3) 燕尾槽导轨　如图 6-28(c)所示,这种导轨的高度最小,能承受颠覆力矩,但摩擦阻力较大。

(4) 圆柱形导轨　如图 6-28(d)所示,这种导轨制造容易,但磨损后调整间隙困难。

以上截面形状的导轨还可分成凸形(如图 6-28 中对应的上图)和凹形(如图 6-28 中对应的下图)。凹形的易于存油,但也容易积存切屑和尘粒,所以适用于具有良好防护的环境;凸形的则需要有良好的润滑条件。矩形导轨通常也称为平导轨;三角形导轨,在凸形时,称为山形导轨,在凹形时,则称为 V 形导轨。

滑动导轨的组合形式与应用如图 6-29 所示。直线运动的导轨一般是由两条导轨组成,不同类型机床的工作要求采取不同的组合形式。在数控机床上,滑动导轨的组合形式主要是三角形-矩形式和矩形-矩形式两种,只有少部分采用燕尾式。双矩形导轨是用侧边导向的,当采用一条导轨的两侧边导向时称为窄式导向,如图 6-29(a)所示;若分别用两条导轨的两侧边导向,则称为宽式导向,如图 6-29(b)所示。窄导向式制造容易,受热变形影响小。

导轨材料主要是铸铁、钢、塑料以及有色金属,应根据机床性能、成本的要求,合理选择导轨材料及热处理来降低摩擦系数,提高导轨的耐磨性。

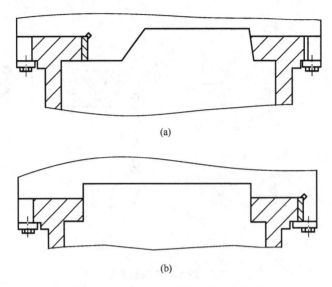

图 6-29 滑动导轨的组合形式与应用

1) 铸铁材料

铸铁是导轨常用的材料,常用铸铁的牌号为 HT200 和 HT300。为了提高导轨的耐磨性,还有应用孕育铸铁、高磷铸铁和合金铸铁的。

2) 镶钢导轨材料

镶钢导轨也是机床导轨的常用形式之一,其材料常用为 T10A、GCr15 或 38CrMnAL。镶钢导轨具有硬度高、耐磨性好的优点,但其制造工艺复杂,安装费时(尤其分段接长时),成本较高,并且总体刚度不如整体铸铁导轨好。近年来,为了发扬整体铸铁导轨和镶钢导轨的优点,避免它们的缺点,出现了把型钢与床身本体铸成一体的导轨形式,这种导轨经过淬火处理,其硬度可达 60 HRC 以上。

3) 塑料导轨材料

镶黏塑料导轨是通过在滑动导轨面上黏结一层由多种成分复合的塑料导轨软带,以达到改善导轨性能的目的。这种导轨所具有的共同特点是:摩擦系数小,并且动、静摩擦系数之差也很小,因而能防止低速爬行现象;耐磨性、抗撕伤能力强;加工性和化学稳定性好,并且工艺简单、成本低,具有良好的自润滑和抗振性。塑料导轨多与铸铁导轨或淬硬钢导轨相配合使用。

常用的塑料导轨软带主要有以下几种。

(1) 以聚四氟乙烯(PTFY)为基体,通过添加多种的填充材料而构成的高分子复合材料。聚四氟乙烯是现有材料中摩擦系数最小的一种(f 约为 0.04),但纯聚四氟乙烯是不耐磨的,因而必须添加 663 青铜粉、石墨、MoS_2、铅粉等填充材料来增加耐磨性。这种导轨软带具有良好的抗摩、减摩、吸振、消声等性能;适用的工作温度范围宽(−200 ℃～280 ℃);

动、静摩擦系数小,并且两者差别很小;还可以在干摩擦下应用,并能吸收外界进入导轨面的硬粒,使导轨不至于拉伤和磨损。

这种材料一般被做成厚度为 0.1~2.5 mm 的塑料软带的形式,黏结在导轨基面上,如图 6-30 所示。图 6-30(b)中的床身、滑板之间采用了聚四氟乙烯-铸铁导轨副,在滑板的各导轨面、压板和镶条上也黏结有聚四氟乙烯塑料软带,以满足机床对导轨低摩擦、耐磨、无爬行、高刚度的要求。图 6-30(a)所示为聚四氟乙烯塑料软带黏结尺寸及黏结表面加工要求示意图,在导轨面加工出 0.5~1 mm 深的凹槽,通过黏结胶将塑料软带与导轨黏结。

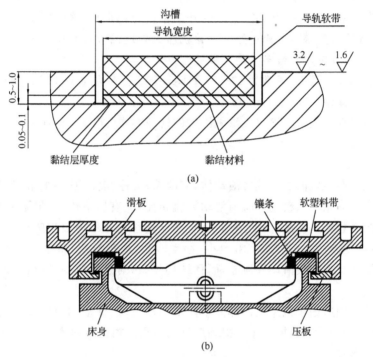

图 6-30 黏结塑料导轨的结构示意图

这种导轨软带还可以制成金属与塑料的导轨板形式,称为 DU 导轨。DU 导轨是一种在钢板上烧结青铜粉以及真空浸渍含铅粉的聚四氟乙烯的板材。这种导轨板的总厚度约为 2~4 mm,多孔青铜上方表层的聚四氟乙烯的厚度约为 0.025 mm。它的优点是刚度好,线性膨胀系数几乎与钢板相同。

(2) 以环氧树脂为基体,加入胶体石墨 TiO_2、MoS_2 等制成的抗磨涂层材料。这种涂层材料附着力强,可用涂敷工艺或压注成形工艺涂到预先加工成锯齿形状的导轨上,涂层的厚度约为 1.5~2.5 mm。在环氧树脂耐磨涂料(MNT)与铸铁组成的导轨副中,摩擦系数 $f=0.1~0.12$,在无润滑油的情况下仍有较好的润滑和防爬行的效果。塑料涂层导轨主要使用在大型和重型的机床上。

4) 滑动导轨的技术要求

(1) 导轨的精度要求　不管是平-平型还是 V-平型的滑动导轨,导轨面的平面度一般取 0.01～0.015 mm;长度方向的直线度一般取 0.005～0.01 mm;侧向侧导向面的直线度一般取 0.01～0.015 mm;侧导向面之间的平行度一般取 0.01～0.015 mm;侧导向面对导轨底面的垂直度一般取 0.005～0.01 mm。

镶钢导轨的平面度必须控制在 0.005～0.01 mm 以内;平行度和垂直度控制在 0.01 mm 以内。

(2) 导轨的热处理　由于数控机床的开动率普遍都很高,这就要求导轨具有较高的耐磨性,所以导轨大多都需要淬火处理。导轨淬火处理的方式有中频淬火、超音频淬火、火焰淬火等方式,其中用得最多是前两种处理方式。

铸铁导轨的淬火硬度,通常为 50～55 HRC,个别要求达到 57 HRC,淬火层的深度规定是经磨削后应保留 1.0～1.5 mm。

镶钢导轨通常采用中频淬火或渗氮淬火的处理方式,淬火硬度为 58～62 HRC,渗氮层厚度为 0.5 mm。

2. 滚动导轨

滚动导轨是在导轨面之间放置滚动体,如滚珠、滚柱、滚针等,这样就使导轨面之间的滑动摩擦变为滚动摩擦。滚动导轨与滑动导轨相比,具有以下优点:灵敏度高,并且其动摩擦与静摩擦系数相差甚微,因而运动平稳,在低速移动时不易出现爬行现象;定位精度高,重复定位精度高达 2 μm;摩擦阻力小,移动轻快,磨损较小,精度保持性好,寿命长。但是滚动导轨的抗振性较滑动导轨差,而且结构复杂,对杂质较为敏感,所以对防护的要求较高。

滚动导轨特别适用于机床工作部件中要求运动灵敏、移动均匀以及定位精度高的场合,正因如此滚动导轨在数控机床上得到广泛的应用。根据滚动体的类型,滚动导轨分为下列三种结构形式。

(1) 滚珠导轨　滚珠导轨以滚珠作为滚动体,运动灵敏度高,定位精度高;但承载能力和刚度较小,通常都需要通过预紧提高其承载能力和刚度。为了避免在导轨面上压出凹坑而丧失精度,一般采用淬火钢制成导轨面。滚珠导轨适用于运动部件质量不大,切削力较小的数控机床。

(2) 滚柱导轨　滚柱导轨的承载能力以及刚度要比滚珠导轨大,但它对于安装的要求较高。安装不良时,会引起偏移和侧向滑动,导致导轨磨损加快、降低精度。载荷较大的数控机床通常都采用滚柱导轨。

(3) 滚针导轨　滚针导轨的滚针比同直径的滚柱要长得多。滚针导轨的特点就是尺寸小,结构紧凑。为了提高工作台的移动精度,滚针的尺寸应按直径来分组。滚针导轨特别适用于导轨尺寸受限制的机床。

根据滚动导轨是否需要预加负载,滚动导轨又可以分为预加载和无预加载两类。预加载导轨的优点是提高了导轨的刚度,适用于颠覆力矩较大和垂直方向的导轨中,数控机床的坐标轴一般采用这种导轨;无预加载的滚动导轨通常用在数控机床的机械手、刀库等传送机构中。

此外,在数控机床上还普遍采用滚动导轨支承块,它已经作为一种独立的标准件而存在,其特点是刚度高,承载能力大,而且便于拆装,可以直接安装在任意行程长度的运动部件上。

3. 静压导轨

静压导轨是在两个相对滑动面之间开有油腔,将有一定压力的油通过节流输入油腔,形成压力油膜,使运动件浮起。在工作过程中,导轨面上油腔中的油压能随外加负载的变化自动调节,以平衡外加负载,保证导轨面间始终处于纯液体摩擦状态。所以静压导轨的摩擦系数极小(f 约为 0.000 5)、功率消耗小、导轨不会磨损,因而导轨的精度保持性好,寿命长。此外,其油膜厚度几乎不受速度的影响,油膜承载能力大、刚度好,油膜还有吸振作用,所以抗振性也好。静压导轨运动平稳,无爬行,也不会产生振动。静压导轨的缺点是结构复杂,并需要有一套良好过滤效果的液压装置,制造成本高。静压导轨较多地应用在大型、重型的数控机床上。

静压导轨按导轨形式,可以分为开式和闭式两种,数控机床用的是闭式静压导轨。按供油方式又可以分为恒压(即定压)供油和恒流(即定量)供油两种。

静压导轨横截面的几何形状有矩形和 V 形两种。采用矩形便于制成闭式静压导轨;采用 V 形便于导向和回油。此外,油腔的结构对静压导轨性能也有很大影响。

6.4.3 滚动导轨的结构原理和特点

1. 滚动导轨的结构原理

使用滚珠的滚动直线导轨副的结构原理如图 6-31 所示,它是由滑块、导轨、钢球、挡板和密封端盖等部分组成。当滑块与导轨作相对运动时,钢球就可以沿着导轨上经过淬硬并精密切削加工而成的四条滚道滚动;钢球在滑块的端部通过反向器反向,进入回珠孔,然后再返回滚道。钢球就是这样周而复始地进行滚动运动。反向器的两端装有防尘密封端盖,能够有效地防止灰尘、屑末等进入滑块内部。

2. 滚动导轨的特点

滚动直线导轨副是在导轨与滑块之间放入适当的钢球,钢球使导轨与滑块之间滑动摩擦变为滚动摩擦,因此,大大地降低了两者间运动摩擦阻力。滚动导轨具有以下特点。

(1) 灵敏度极高,静、动摩擦力之差很小,且驱动信号与机械动作间的滞后时间极短,这些都有利于提高系统的响应速度和灵敏度。

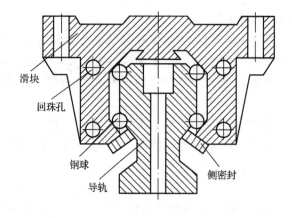
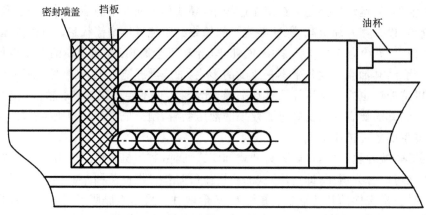

图 6-31　滚动直线导轨副结构原理图

（2）可以使驱动电动机所需的功率大幅度下降，它实际所需的功率只有普通导轨的十分之一左右。它与 V 形十字交叉滚子导轨相比，摩擦阻力可下降 40 倍左右。

（3）适合于高速、高精度加工的机床，其瞬间速度可以比滑动导轨提高 10 倍左右。从而可以满足高定位精度和重复定位精度机床的要求。

（4）可以实现无间隙运动，从而提高进给系统的运动精度。

（5）滚动导轨在成对使用时，具有"误差均化效应"，这样就降低了基础部件（如导轨安装面）的加工精度要求，也就降低了基础部件的机械制造成本和难度。

（6）导轨副的滚道截面采用合理比值的圆弧沟槽，使得接触应力减小，承载能力及刚度比平面与钢球面接触的大为提高。

（7）导轨表面采用硬化处理工艺，导轨内则仍保持良好的机械性能，从而使之具有良好的可校性。

（8）滚动导轨对安装面的要求也较低，这就简化了机械结构的设计，降低了机床加工、制造的成本。

6.4.4 滚动导轨的安装和使用

1. 滚动直线导轨副的安装

滚动直线导轨副的安装和固定方式主要是使用螺栓固定、使用斜楔块固定、使用压板固定以及使用定位销固定等,如图 6-32 所示。数控机床上,一般是两根导轨成对使用,其中一根为基准导轨,通过对基准导轨的正确安装,就可以保证运动部件相对于支承件的正确导向。在这种情况下,如图 6-32 所示的方式适用于对基准导轨的安装。

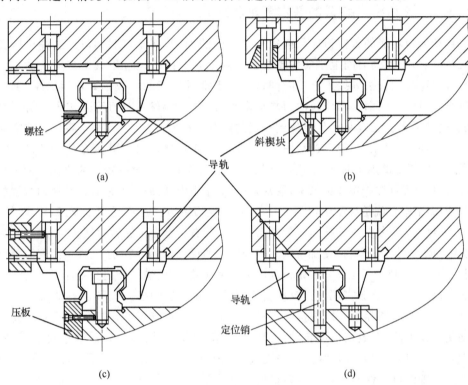

图 6-32 滚动直线导轨副的安装和固定方式

图 6-32 所示的几种安装方式虽然在形式上有所不同,但它们总的原则都是一样的,即将基准导轨的定位面(图中均为右侧)紧靠在安装基准面上,然后用螺栓、斜楔块、压板和定位销固定。为了保证一致性,滑块的定位与导轨的相同。

对于从动导轨,安装时还应保证其位置可以调整,使其运动轻便,无干涉。

2. 滚动直线导轨副的防护与润滑

滚动直线导轨副在使用时,应注意工作环境与装配过程中的清洁,不允许铁屑、杂物、灰尘等黏附在导轨副上。若工作环境有灰尘时,除了利用导轨本身的密封外,还应考虑增加防尘装置。

良好的润滑可以减小摩擦和磨损,防止导轨因发热过大而破坏其内部结构,影响导轨副的运动功能。当滚动直线导轨副的运动速度为高速时($v \geqslant 15$ m/min),一般使用 N32 润滑油润滑;低速时($v < 15$ m/min)通常使用锂基润滑脂来润滑。

6.5　数控机床的自动换刀装置

6.5.1　自动换刀装置的基本要求和形式

无自动换刀功能的数控机床只能完成单工序的加工,如车、铣、钻等。这种机床在提高加工效率、节省辅助时间上主要体现在以下两个方面:(1)通过刀具的快速自动定位来提高空行程速度和省去划线工序的时间;(2)由于批量加工的一致性好,可以减少工件的检验时间。对于占辅助时间较长的刀具交换和刀具尺寸调整、对刀等工作还是需要手动来完成,这样提高加工效率还是要受到一定的限制。在实际加工中,一个零件往往需要进行多工序的加工,因此,在加工过程中,必须花费大量的时间用在更换刀具、装卸零件、测量和搬运工件等辅助加工时间上,而切削加工时间仅占整个工时中较小的比例。为了缩短辅助时间,充分发挥数控机床的效率,通常采用"工序集中"的原则。带有自动换刀装置的数控机床,即加工中心就是典型的产品。目前,自动换刀装置已经广泛用于车床、铣床、钻床、镗铣床、组合机床以及其他机床上。使用自动换刀装置再配合精密数控回转台,不仅扩大了数控机床的使用范围,还可以使加工效率得到较大的提高,同时又由于工件一次安装就可以完成多工序加工,减少了工件安装定位次数和装夹误差,从而进一步提高了加工精度。

在数控机床上,能够实现刀具自动交换的装置称为自动换刀装置。自动换刀装置的功能是:首先,要能够存放一定数量的刀具,即必须有刀库或刀架;其次,要能够完成刀具的自动交换。因此,对数控机床自动换刀装置的基本要求是:刀具存放数量要多(刀库的容量大)、换刀时间短、刀具重复定位精度高、结构简单、制造成本低、可靠性高等。其中,自动换刀装置的可靠性对于自动换刀机床特别重要。

自动换刀装置的形式与机床种类、机床的总体结构布局、需要交换的刀具数目等因素密切相关。数控车床上,由于工件安装在主轴上,刀具只需要在刀架上进行交换即可,它不涉及主轴和刀架之间刀具交换的问题,所以,换刀装置结构简单,形式比较单一,一般都采用回转刀架进行换刀;加工中心上的刀具安装在主轴上,换刀必须在刀库和主轴之间进行,因此,必须设计专门的自动换刀装置和刀库,其刀具的交换方式通常分为无机械手换刀和带有机械手换刀两大类。无机械手换刀方式是通过机床主轴与刀库的相对运动,结合刀库的回转运动来实现刀具自动交换的,其优点是结构简单、动作可靠,不需要专门的换刀机械手,其缺点是刀具交换的时间较长、刀具数量不宜过多、刀库的布局也受到限制,通常用在小型加工中心上。机械手换刀方式则是利用机械手来实现主轴与刀库间的刀具交换。这种方式克服了无机械手换刀的缺点,刀具交换速度快、刀库布局灵活,使用范围广,但它的结构较复杂,制造成本高。

6.5.2 回转刀架

回转刀架换刀是最简单的一种自动换刀装置,常用在数控车床上。根据机床的不同要求,可以设计成四方、六方刀架或圆盘式等多种形式,并相应地安装四把、六把或者更多把刀具。为了承受切削力,数控车床的刀架必须具有良好的强度和刚度;此外,由于刀架定位直接确定了机床的加工精度,所以,刀架必须具有很高的定位精度。在上述两方面,数控车床的刀架比加工中心的刀库精度要求要高得多。

图 6-33 所示为某种数控车床所用圆盘电动刀架结构原理图。这种刀架常用的规格有 12 位、8 位刀架两种,分别如图 6-33(b)、(c)所示,即可以安装 25 mm×25 mm 的可调刀具或安装 20 mm×20 mm×125 mm 的标准刀具,两种刀架均可安装最大镗杆直径为 ϕ32 mm。回转刀架由驱动电动机作为动力源,通过机械传动系统的动作,自动实现刀盘的放松、转位、定位和夹紧等动作。刀具通过压板和斜铁夹紧,更换刀具及对刀都很方便。

如图 6-33(a)所示,11 为电动机,它应带有制动器。换刀动作步骤如下。

(1) 刀架松开 在换刀开始后,首先要松开电动机的制动器,电动机通过齿轮 8、9、10 带动蜗杆 7、蜗轮 5 旋转。因为蜗轮 5 和轴 6 之间是采用螺纹连接,所以,通过蜗轮 5 的旋转带动轴 6 沿轴向左移,使得右鼠牙盘 3 脱开,刀架完成松开的动作。

(2) 刀架转位 由图 6-33(a)可见,轴 6 上开有两个对称槽,内装两个滑块 4,当鼠牙盘脱开后,电动机继续带动蜗轮旋转,当蜗轮旋转到一定角度时,与蜗杆固定的圆盘 14 上的凸块便碰到滑块 4,接着蜗轮便通过圆盘 14 上的凸块带动滑块,连同轴 6 与刀盘一起进行旋转,刀架就进行了转位动作。

(3) 刀架定位 当刀架旋转到要求的位置后,电动机 11 便反转,这时圆盘 14 上的凸块便与滑块 4 脱离,就不再带动轴 6 进行转动。蜗轮通过螺纹带动轴 6 右移,造成左鼠牙盘 2 与右鼠牙盘 3 啮合定位,完成刀架定位动作。

(4) 刀架夹紧 刀架定位后,电动机制动器开始制动,维持电动机轴上的反转力矩,以保证两个鼠牙盘之间具有一定的夹紧力。同时主轴右端的端部 13 压下微动开关 12,发出转动结束信号,电动机立刻断电,换刀动作结束。

6.5.3 加工中心刀库类型与布局

刀库是存放加工过程所要使用的全部刀具的装置。当需要换刀时,根据数控机床指令,由机械手从刀库中将刀具取出并装入主轴中心。刀库的容量从几把到上百把不等;刀库的布局和具体结构随机床结构的不同而不同,并且差别很大。目前,加工中心最常见的

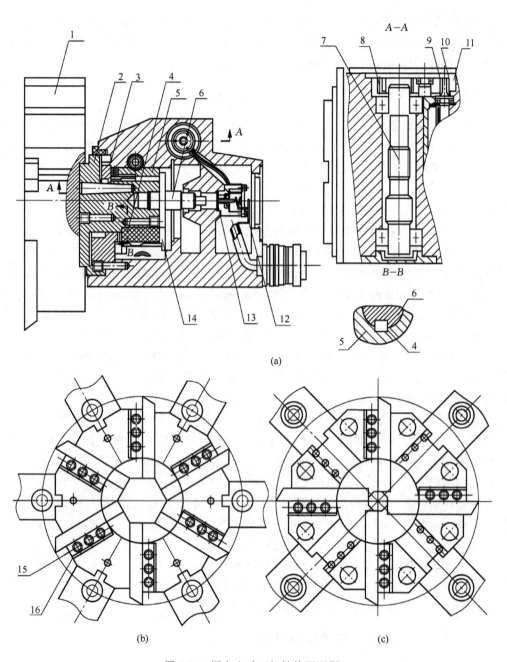

图 6-33 圆盘电动刀架结构原理图

1—刀架；2—左鼠牙盘；3—右鼠牙盘；4—滑块；5—蜗轮；6—轴；7—蜗杆；8、9、10—齿轮；
11—电动机；12—微动开关；13—端部；14—圆盘；15—压板；16—斜铁

刀库形式主要有鼓轮式刀库、链式刀库两种,并可以根据不同的机床采用多种布局,分别如图 6-34~图 6-36 所示。

1. 鼓轮式刀库

鼓轮式刀库结构紧凑、简单,又称为圆盘刀库,其中最常见的形式有刀具轴线与鼓轮轴线平行式(见图 6-34(a))布局和刀具轴线与鼓轮轴线倾斜式(见图 6-35(a))布局两种。

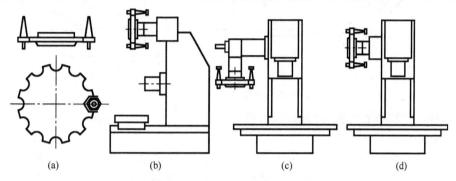

图 6-34 平行式鼓轮式刀库布局

刀具轴线与鼓轮轴线平行式刀库因简单紧凑,在中小型加工中心上应用较多。但在这种刀库中,刀具为单环排列,空间利用率低,而且刀具较长时,易与工件、夹具干涉。此外,大容量的刀库外径比较大,转动惯量大,选刀时间长,所以这种刀库形式一般适用于刀库容量不超过 24 把刀具的场合。

图 6-34(b)和图 6-34(c)所示分别为刀具轴线与鼓轮轴线平行的鼓轮式刀库在立式和卧式加工中心上的典型布局。在图 6-34(b)中,刀库置于卧式加工中心主轴的机床顶部,刀库中的刀具安装时不妨碍操作,并能通过主轴的上下运动,结合刀库的前后运动,可实现换刀。它不需要机械手,可以对主轴直接进行换刀;在图 6-34(c)中,刀库置于立式加工中心立柱的侧面,换刀时可通过刀库的左右运动,结合主轴箱的上下或刀库的上下运动,实现与主轴直接进行刀具交换。它也不需要换刀机械手,换刀方式简单、可靠。

图 6-34(d)所示为刀库横向置于立式加工中心侧面的布局,它允许使用较长的刀具,刀库中的刀具安装时也不妨碍操作,且换刀速度较快,但必须要通过机械手进行换刀。

刀具轴线与鼓轮轴线成一定角度的布局形式如图 6-35 所示。图 6-35(b)所示为这种结构在立式机床上的应用。一般都是以机床的 Z 轴作为动力,通过机械联动结构,由主轴箱的上下运动来完成刀库的摆入、摆出动作,从而实现自动换刀,所以,换刀速度极快。但这种形式可以安装的刀具数量较少,刀具尺寸不能过大,刀具安装也不方便,在小型高速钻削中心上使用得较多。

图 6-35(c)所示为这种结构采用卧式布局的情况,刀具交换动作与数控车床回转刀架动作类似,通过刀库的抬起、回转、落下、夹紧来进行换刀。由于布局的限制,刀具数量不

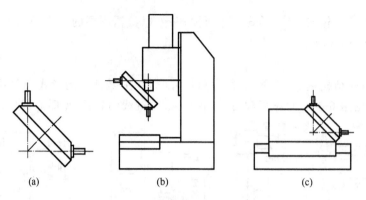

图 6-35　倾斜式鼓轮式刀库布局

宜过多,所以常被做成通用部件的形式,多用于数控组合机床上。

2. 链式刀库

如图 6-36 所示,链式刀库结构紧凑、布局灵活、刀库容量大,能够实现刀具的预选,并且换刀时间短。但是刀库一般都需要独立安装在机床的侧面(见图 6-36(c))或顶面(见图 6-36(b)),它占用空间较大。通常情况下,刀具轴线与主轴的轴线垂直,所以,必须通过机械手换刀,机械结构要比鼓轮式刀库复杂。

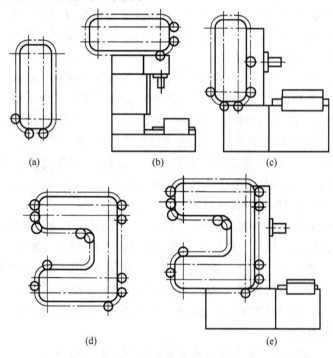

图 6-36　链式刀库示意图

链式刀库的链环可以根据机床的总体布局要求,设计成适当的形式以利于换刀机构的工作。在刀库容量较大时,一般采用 U 形布局(见图 6-36(d)、(e))或多环链式刀库布置,使刀库外形更紧凑,占用空间更小。这种刀库形式,在增加刀库容量时,可通过增加链条的长度来实现,因为它并不增加链轮直径,故链轮的圆周速度不变,因此,在刀库容量加大时,刀库的运动惯量不会增加得太多。

刀库的布局形式还有许多种,设计时,可以根据机床要求,灵活选用。

6.5.4 无机械手换刀

无机械手换刀通常都是利用机床主轴与刀库之间的相对运动,来实现刀具的交换。以图 6-34(c)所示的布局为例来说明,图 6-37 所示为其俯视图,换刀分解动作步骤如下。

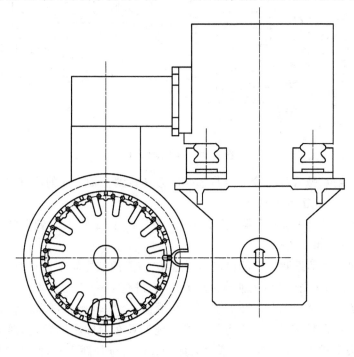

图 6-37 刀库布局俯视图

(1) 主轴定点准停　当加工工步结束后执行换刀指令,主轴实现准停,使主轴的定位键方向与刀库定位键方向一致;同时 Z 轴快速向上运动到换刀点,做好换刀准备,如图 6-37 和图 6-38(a)所示。

(2) 刀库向右运动　刀座中的弹簧机构卡入刀柄的 V 形槽中,主轴箱内的刀具夹紧装置放松,刀具被松开,如图 6-38(b)所示。

(3) 主轴箱上升和刀库旋转　主轴箱上升到极限位置,使主轴上的刀具放回刀库的

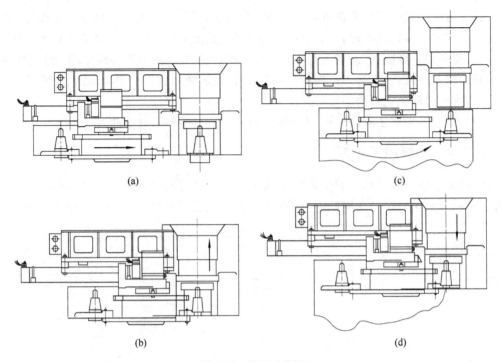

图 6-38 换刀动作图

空刀座中；刀库转位，按程序指令要求将选好的刀具转到主轴下面的位置，同时，压缩空气将主轴锥孔吹干净，如图 6-38(c)所示。

(4) 主轴箱下降　主轴箱下降，将刀具插入机床的主轴，同时主轴箱内的刀具夹紧装置夹紧刀具，如图 6-38(d)所示。

(5) 刀库向左运动返回　刀库快速向左运动，将刀库从主轴下面移开，刀库恢复到向如图 6-38(a)所示的位置，然后主轴箱再向下运动，进行下一道工序的加工。

这种换刀方式不需要其他装置，机构简单、紧凑，动作也比较可靠，因此，在小型低价位的加工中心上应用较多。它的缺点是不能实现刀具在刀库中的预选，即在换刀时必须首先将用过的刀具送回刀库，然后再通过刀库的转位来选择新刀具，两个动作不能同时进行，所以，每交换一次刀具，主轴箱和刀库都必须做一次往复运动，使换刀时间延长。

6.5.5　机械手换刀

采用机械手进行刀具交换的方式应用最为广泛，这是因为：一方面在刀库的布置和刀具数量的增加上，机械手换刀不会像无机械手那样受结构的限制，具有很大的灵活性；另一方面，机械手换刀还可以通过刀具预选，从而减少换刀时间，提高换刀速度。

机械手的结构形式是多种多样的，有钩手、抱手、伸缩手、擦手等。当刀库远离机床主轴的换刀位置时，除了机械手外，还必须有搬运装置。机械手换刀运动方式也有所不同，有单臂单爪回转式、单臂双爪回转式、双臂回转式、双机械手换刀等。

机械手运动的控制可以通过气动、液压、机械凸轮联动机构等方式来实现。其中，机械凸轮联动换刀与气动、液压换刀相比，具有换刀速度快、可靠、运动平稳等优点，因此在加工中心上得到广泛应用。目前，机械凸轮联动换刀机构已经成为标准部件，由专业厂家制造。

图 6-39 所示为一种在加工中心上广泛使用的机械凸轮联动换刀机构的结构原理图。

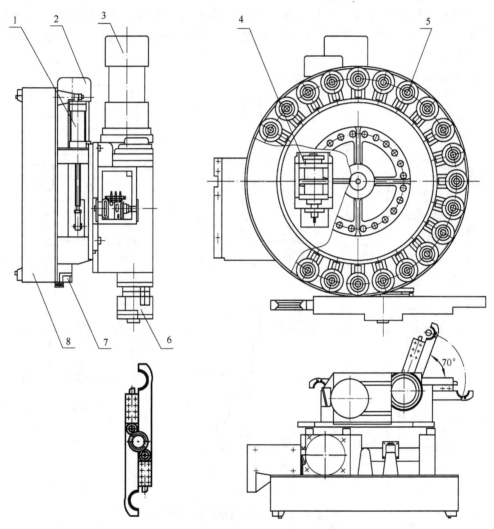

图 6-39　机械凸轮联动换刀机构的结构原理图

1—刀座的转位汽缸；2—回转电动机；3—机械手驱动电动机；4—回转蜗杆；
5—刀座；6—机械手；7—刀具的交换位置；8—刀库

其在机床上的布局形式为如图6-34(d)所示的形式。刀具被安装在刀库8的刀座5上(刀座的数量根据不同机床的需要有所不同),刀库8连同刀座5在一起,可以由回转电动机2通过回转蜗杆4带动进行旋转,最终使所需要的刀具转到刀具的交换位置7上,实现选刀动作。选完刀后,可以通过刀座的转位汽缸1将刀具的交换位置7上的刀具连同刀座一起向下旋转90°,使刀具的轴线与主轴的轴线相平行,以便机械手6进行换刀。又因为上述动作可以在机床加工的同时进行,所以,可以进行刀具的预选动作。机械手6是由机械手电动机3驱动的,它通过一套机械凸轮结构(主要由弧面凸轮和平面凸轮等构成)来完成机械手的转位、夹紧、伸出、回转、缩回、松开等动作。机械手两边的手爪的结构和动作是完全相同的。

如图6-40所示,换刀分解动作如下。

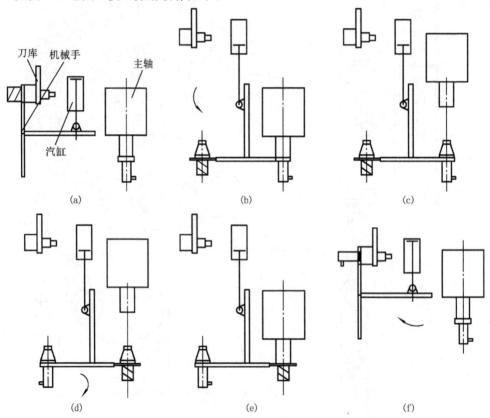

图 6-40 换刀分解动作示意图

(1) 刀具预选 在机床进行加工的同时,根据数控系统发出的换刀指令,由回转电动机将下一把供加工使用的刀具,回转到刀具交换位置,完成刀具的预选动作,为刀具交换做好准备,如图6-40(a)所示。

(2) 主轴定向准停　在换刀指令发出后,首先进行主轴定向准停,使主轴上的定位键方向和刀库定位键方向一致。与此同时,Z轴快速向上运动到换刀点;刀座转位汽缸将预选好的刀具连同刀座一起向下旋转 90°,使刀具轴线和主轴轴线平行,如图 6-40(b)所示。

(3) 机械手回转夹刀　当主轴箱到达换刀位置,同时刀库上的刀具完成旋转 90°的动作后,凸轮换刀机构通过电动机驱动,使机械手 70°的转位,两边的手爪分别夹持刀库换刀位和主轴上的刀具,如图 6-40(b)所示。

(4) 卸刀　如图 6-40(c)所示,在机械手完成夹刀动作后,刀库以及主轴内的刀具夹紧装置同时放松,刀具被松开,凸轮换刀机构在电动机的驱动下,机械手向下伸出,同时取出刀库和主轴上的刀具,完成卸刀。

(5) 刀具换位和装刀　如图 6-40(d)所示,卸刀后凸轮换刀机构在电动机的驱动下,使机械手旋转 180°,进行刀库侧刀具和主轴侧刀具的换位。刀具完成换位后,凸轮换刀机构在电动机的驱动下,机械手向上缩回,将刀库侧刀具和主轴侧刀具同时装入刀座和主轴,然后,刀库和主轴内的刀具夹紧装置同时夹紧,如图 6-40(e)所示。

(6) 机械手返回　刀库和主轴内的刀具夹紧装置完成夹紧后,凸轮换刀机构在电动机的驱动下,机械手反向旋转 70°回到起始位置(即手臂为 180°的位置,两边手爪互换),完成换刀动作。然后,主轴箱向下运动去进行下一把刀的加工,同时刀座转位汽缸将主轴上换下的刀具连同刀座向上旋转 90°,并根据下一把刀的 T 代码指令再进行刀具的预选动作。如图 6-40(f)所示。

6.5.6　自动换刀机床的主轴结构

为了适应自动换刀的需要,主轴部件必须具有与换刀相对应的结构。图 6-41(a)所示为一种立式加工中心使用的主轴部件结构图。主轴上带有实现自动换刀的刀具夹紧、松开装置,在刀具的刀柄上装有拉钉 3。当夹紧刀具时,松刀汽缸活塞 7 上无压力,拉杆 6 通过碟形弹簧 5 的弹力,将汽缸活塞 7 向上移动。造成钢球 4 被拉杆 6 收拢,并夹紧在拉钉 3 的环槽中。刀具通过钢球 4 和拉钉 3 向上拉紧,使刀柄的外锥面与主轴锥孔的内锥面相互压紧,从而实现刀具在主轴上的夹紧。当松开刀具时,通过压缩空气进入松刀汽缸的活塞 7 上端,使得汽缸活塞向下移动。这时,碟形弹簧 5 被压缩,钢球 4 就随着拉杆 6 一起向下移动,当钢球 4 移到主轴孔径较大处时,便松开拉钉 3,刀具连同拉钉 3 可以被取出。因为夹紧机构使用碟形弹簧 5 夹紧,气压放松,可以保证在工作中,若突然断电,刀具不会自动松开。在活塞杆孔上端有压缩空气进气孔,这样,在刀具从主轴中拔出后,压缩空气可以通过活塞杆和拉杆的孔将主轴锥孔和刀柄吹干净,从而保证刀具的正确定位,行程开关 8、9 是用来检测刀具的夹紧和松开信号的。

使用钢球拉紧拉钉的夹紧方式的缺点是,接触应力较大,易损坏拉钉。所以,在许多机床上都采用弹力卡爪来代替钢球。图 6-41(b)所示为弹力卡爪方式,它装在拉杆 6

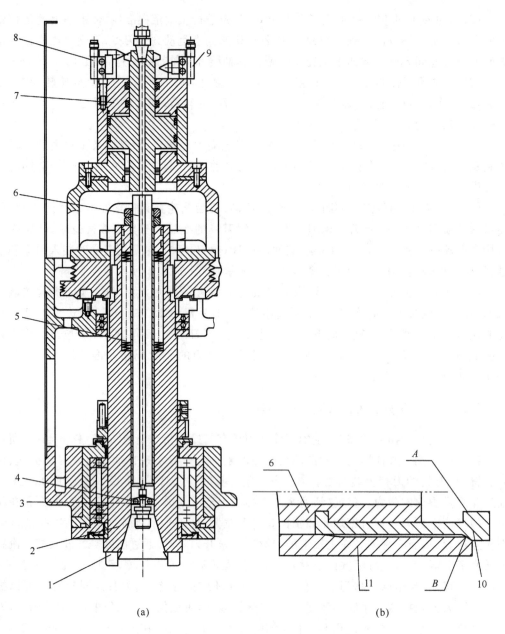

图 6-41 立式加工中心主轴部件结构图

1—端面键；2—主轴；3—拉钉；4—钢球；5—碟形弹簧；
6—拉杆；7—汽缸活塞；8、9—行程开关；10—弹力卡爪；11—卡套

的下端来代替钢球,卡套11与主轴固定在一起。当要夹紧刀具时,拉杆6带动弹力卡爪10向上移动,通过弹力卡爪10下端的外锥面B使弹力卡爪收拢,从而夹紧刀具。在松开刀具时,拉杆6带动弹力卡爪10向下移动,锥面B使弹力卡爪10松开,刀柄上的拉钉3可以从弹力卡爪10内退出。弹力卡爪10与拉钉3的接合面A与受力方向垂直,故夹紧力较大;同时弹力卡爪10与拉钉3为面接触,接触应力较小,不易损坏拉钉3。

加工中心一般是通过主轴驱动系统的主轴定向准停功能来自动实现主轴的定向准停。实现主轴定向准停的方式通常有两种:一是通过磁开关检测主轴的位置进行定位;二是在主轴上安装一个与主轴直接连接、传动比为1:1的脉冲编码器,进行主轴角度检测并实现定位。第二种方式在主轴定向准停的位置调整较方便,同时脉冲编码器还能用于数控机床的刚性攻丝机能,所以,在大多数场合都采用脉冲编码器定位方式。

6.6 数控机床的回转工作台

6.6.1 回转工作台的基本要求和类型

工作台是数控机床的重要部件,主要有矩形、回转式和倾斜成各种角度的万能工作台三种类型,本节主要介绍回转式工作台。

为了扩大数控机床的加工性能,以适应不同零件的加工需要,它的进给运动除了 X、Y、Z 三个坐标轴的直线进给运动外,还要有绕 X、Y、Z 三个基本坐标轴的回转圆周运动,这三个轴向通常设定为 A、B、C 轴。为了实现数控机床的圆周运动,需采用数控回转工作台(简称为数控转台)。数控机床的圆周运动包括分度运动与连续圆周进给运动两种。

数控机床对回转工作台的基本要求是分辨率高、定位精度高、运动平稳、动作迅速、回转台的刚度好等。在需要进行多轴联动加工曲线和曲面的场合,回转工作台必须能够进行连续圆周进给运动。为便于区别,通常将只能实现分度运动的回转工作台称为分度工作台,而将能够实现连续圆周进给运动的回转工作台称为数控回转工作台。分度工作台和数控回转工作台在外形上差别不大,但在结构上则具有各自的特点。

1. 分度工作台

数控机床上的分度工作台只能实现分度运动。它可以按照数控系统的指令,在需要分度时,将工作台连同工件一起回转一定的角度并定位。采用伺服电动机驱动的分度工作台又称为数控分度工作台,它能够分度的最小角度一般都较小,如0.5°、1°等,通常采用鼠牙盘式定位。有的数控机床还采用液压或手动分度工作台,这类的分度工作台一般只能回转规定的角度,如可以每隔45°、60°或90°进行分度,可以采用鼠牙盘式定位或定位销式定位。

鼠牙盘式分度工作台也叫做齿盘式分度工作台,它是用得较广泛的一种高精度的分度定位机构。在卧式数控机床上,它通常作为数控机床的基本部件被提供;在立式数控机床上则作为附件被选用。

2. 数控回转工作台

数控回转工作台不但能完成分度运动,而且还能进行连续圆周进给运动。数控回转工作台还可以按照数控系统的指令进行连续回转,且回转的速度是无级、连续可调的;同时,它也能实现任意角度的分度定位。所以,它同直线运动轴在控制上是相同的,也需要采用伺服电动机驱动。

分度指令由电磁铁控制液压阀动作,使压力油经管道23进入分度回转工作台,从安装形式上分为立式和卧式两类。立式回转工作台用在卧式数控机床上,台面为水平安装,它的回转直径一般都比较大。卧式回转工作台用在立式数控机床上,台面是垂直安装,由于受到机床结构的限制,它的回转直径一般都比较小,通常不超过 $\phi 500$ mm。

6.6.2 分度工作台

图 6-42 所示为鼠牙盘式液压分度工作台结构原理图。它主要由工作台面、鼠牙盘、底座夹紧油缸、分度油缸等部件组成,其工作过程如下。

1. 工作台抬起、松开

当机床需要分度时,根据数控装置发出分度指令,使压力油经管道23进入分度工作台7中央的夹紧油缸10的油腔,并推动活塞6向上移动(油缸9的油经管道22排出回油)。活塞6通过推力轴承5(轴承13与之配合使用),使工作台7抬起,上鼠牙盘4与下鼠牙盘3脱离啮合。在工作台7向上移动时,将带动内齿圈12与齿轮11的下部啮合,完成分度前的准备工作。同时,当工作台7向上抬起时,推杆2在弹簧作用下向上移动,使推杆1能够在弹簧的作用下向右移动,从而松开微动开关 D,发出松开到位的信号。

2. 分度工作台的回转、分度

控制系统在接收到松开到位的信号后,便控制电磁铁(液压阀)动作,使得液压阀动作,使压力油经管道21进入分度油缸的油缸左腔19,并推动齿条8向右移动(分度油缸的右腔18的油经管道20排出回油)。齿条8便带动齿轮11作回转运动,从而实现工作台的回转。改变油缸的行程,就可以改变齿轮11的回转角度。在图6-42中的分度工作台,其油缸的行程为113 mm,齿轮11的回转角度为90°。在齿轮回转过程中,挡块14放开推杆15。回转角度90°到位后,挡块17压上推杆16,然后,微动开关 E 发出到位的信号,回转动作结束。分度工作台的回转速度是可以通过液压系统进行调节的。

3. 分度工作台落下、夹紧

控制系统在接收到回转到位的信号后,便由电磁铁控制液压阀动作,使压力油经管道22进入分度工作台7中央的夹紧油缸的油腔9,并推动活塞6向下移动(油缸的上腔10的油经管道23排出回油)。活塞6通过推力轴承5,使工作台7落下,上鼠牙盘4与下鼠牙盘3进入啮合,从而夹紧、定位。当工作台夹紧后,压下推杆2使推杆1向左移动,压上微动开关D,发出夹紧完成的信号。

4. 分度油缸返回

控制系统在接收到夹紧完成的信号后,便由电磁铁控制液压阀动作,使压力油经管道

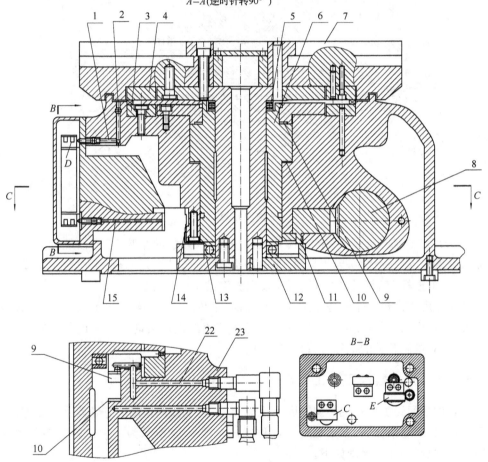

图 6-42 鼠牙盘式液压分度工作台结构原理图

1、2、15、16—推杆;3—下齿盘;4—上齿盘;5、13—推力轴承;6—活塞;7—工作台;8—齿条;9、10—油缸;11—齿轮;12—内齿圈;14、17—挡块;18、19—分度油缸;20、21、22、23—回油管

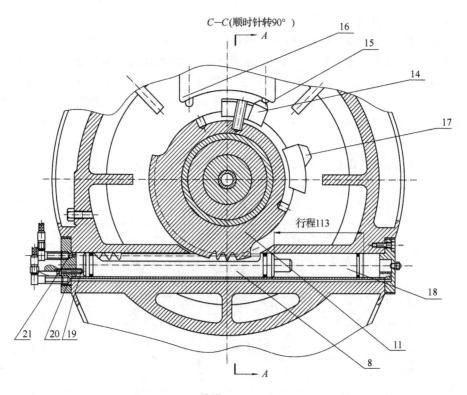

续图 6-42

20 进入分度油缸的右腔 18，并推动齿条 8 向左移动（油缸的左腔 19 的油经管道 21 排出回油），齿条 8 返回。此时，因为齿轮 11 的内齿圈 12 已经脱开，分度工作台 7 不动，同时挡块 14 压上推杆 15，微动开关 C 动作，发出分度结束的信号。

这种分度工作台工作的特点是分度精度高，定位刚度好，且结构简单。为了保证分度工作台运动可靠、平稳，在液压系统中应该通过节流阀进行运动速度的调节；同时在控制系统中，要对检测开关的信号进行延时处理。

6.6.3 立式数控回转工作台

立式数控回转工作台主要用在卧式机床上，以实现圆周运动。它通常由传动系统、消除间隙机构、蜗轮蜗杆副、夹紧机构等部件组成。图 6-43 所示为一种比较典型的立式数控回转工作台，其结构原理如下。

立式数控回转工作台是由伺服电动机 1 驱动，该电动机轴上装有主动齿轮 2，它可以通过从动齿轮 4 带蜗杆 9 旋转。安装的偏心环 3 是用来消除齿轮 2、4 之间间隙的。从动齿轮与蜗杆之间利用楔形拉紧销 5 进行连接，这种连接方式可以消除蜗杆 9 与从动齿

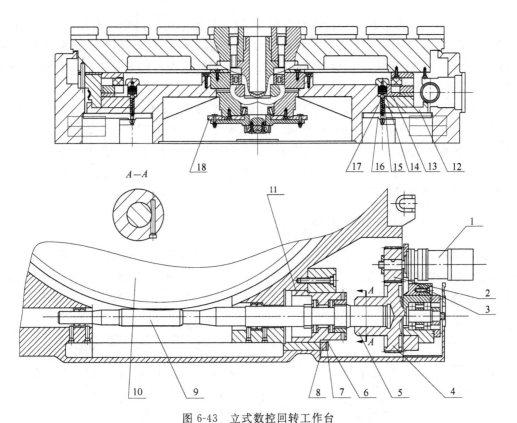

图 6-43 立式数控回转工作台
1—伺服电动机；2、4—齿轮；3—偏心环；5—楔形拉紧销；6—压块；
7—锁紧螺母；8—螺钉；9—蜗杆；10—蜗轮；11—调整套；12、13—夹紧瓦；
14—夹紧油缸；15—活塞；16—弹簧；17—钢球；18—位置检测

轮 4 之间的配合间隙。

蜗杆 9 为双导程变齿厚蜗杆，这种蜗杆的特点是可以通过蜗杆的轴向移动来消除蜗杆与蜗轮之间的间隙。在进行蜗杆 9 与蜗轮 10 间隙调整时，首先要松开壳体螺母 7 上的锁紧螺钉 8，再通过压块 6 将调整套 11 松开。然后，松开楔形拉紧销 5，转动调整套 11，使调整套和蜗杆在壳体螺母 7 上做轴向移动，从而消除齿侧间隙。调整完成后，旋紧锁紧螺钉 8，通过压块 6 压紧调整套 11，从而锁紧楔形拉紧销 5。蜗杆 9 的两端均采用双列滚针轴承作为径向支承，在右端安装两个止推轴承来承受轴向力，左端轴向可以自由伸缩，用来保证运转平稳。

立式数控回转工作台的夹紧、松开动作是通过液压系统进行控制的。蜗轮 10 下部的内、外两面均有夹紧瓦 12 和 13，蜗轮 10 不转动时，通过回转工作台底座上均布的八个夹紧油缸 14，使压力油进入油缸的上腔，推动活塞 15 向下移动，再通过钢球 17，撑开夹紧瓦

12和13,从而夹紧蜗轮10。当工作台需要回转时,控制系统发出松开指令,液压缸的上腔回油,弹簧16将钢球17抬起,夹紧瓦12和13便松开蜗轮10。这样,通过电动机带动蜗杆9,蜗轮10便和回转工作台一起作回转运动。回转工作台的导轨面是由大型滚柱轴承支承的,并由圆锥滚子轴承和双列圆柱滚子轴承来进行回转中心定位。

回转工作台接到控制系统的回转加工指令后,首先要松开蜗轮,然后回转电动机按照指令要求回转的方向、速度、角度进行回转,从而实现回转轴的进给运动,以进行多轴联动或带回转轴联动的加工。当用于分度定位时,回转工作台和进给运动相似,但其回转速度快,而且通常都具有自动捷径选择功能,使回转距离小于等于180°,在定位完成后,夹紧蜗轮,保证定位精度和刚度。

6.6.4 卧式数控回转工作台

卧式数控回转工作台主要用在立式数控机床上,以实现圆周运动,它通常由传动系统、夹紧机构和蜗轮蜗杆副等部件组成。图6-44所示为一种常用在数控机床上的卧式数控回转工作台,这种回转工作台可以采用气动或液压夹紧,其结构原理如下。

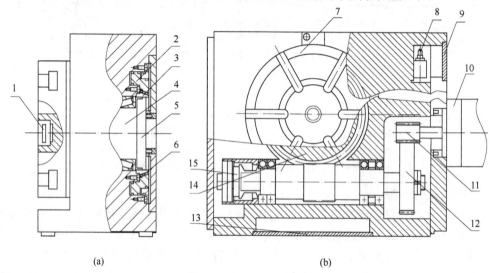

图6-44 卧式数控回转工作台
1—堵头;2—活塞;3—夹紧座;4—主轴;5—夹紧体;6—钢球;7—工作台;
8—发信开关;9、13—盖板;10—伺服电动机;11、12—齿轮;14—蜗轮;15—蜗杆

在工作台回转之前,首先要松开夹紧机构,活塞2左侧的工作台松开腔通入压力油(气),使活塞2向右移动,这时,夹紧装置处于松开位置,而工作台7、主轴4、蜗杆15与蜗轮14则都处于可旋转状态。松开信号检测位于发信装置8中的微动开关的发信,使位于发信装置8中的夹紧微动开关不动作。

工作台的旋转、分度是由伺服电动机 10 来驱动的。传动系统由伺服电动机 10、齿轮 11、12，蜗杆 15 与蜗轮 14 以及工作台 7 等组成。当电动机 10 接到控制系统发出的启动信号后，便按照指令要求回转的方向、速度、角度进行回转，从而实现回转轴的进给运动，以进行多轴联动或带回转轴联动的加工。当工作台到位后，依靠电动机 10 闭环位置控制定位，工作台则依靠蜗杆副的自锁功能保持准确的定位，但在这种定位情况下，只能进行较小切削扭矩的零件加工，在切削扭矩较大时，必须进行工作台的夹紧。

工作台的夹紧机构的工作原理如图 6-44（a）所示。在工作台的主轴 4 的后端安装有夹紧体 5，当活塞 2 右侧的工作台夹紧腔通入压力油（气）后，活塞 2 由原来的松开位置向左移动，并压紧钢球 6，钢球 6 再压紧夹紧座 3，夹紧座 3 再压紧夹紧体 5，从而实现工作台的夹紧。当工作台的松开腔通入压力油（气）后，活塞 2 便由压紧位置回到松开位置，工作台松开。工作台夹紧汽缸的旁边有与之贯通的小油（汽）缸，它与发信装置 8 相连，用于夹紧、松开微动开关的发信。

思考题与习题

6-1 数控机床对机械结构的基本要求是什么？提高数控机床性能的措施主要有哪些？
6-2 数控机床的主轴变速方式有哪几种？试述其特点和应用场合。
6-3 什么是主运动的调速范围？
6-4 数控机床对进给系统的机械传动部分要求是什么？如何实现这些要求？
6-5 数控机床为什么要采用滚珠丝杠副作为传动元件？它的特点是什么？
6-6 滚珠丝杠副中的滚珠循环方式分为哪两类？它们的结构特点及应用场合是什么？
6-7 滚珠丝杠副轴向间隙调整和预紧的基本原理是什么？常用哪几种结构形式？
6-8 齿轮消除间隙的方法主要有哪些？各有什么特点？
6-9 机床上的回转刀架换刀时需要完成哪些动作？如何实现？
6-10 刀具交换方式有哪两类？试比较它们的特点及应用场合。
6-11 分度工作台的功能是什么？试说明其工作原理。
6-12 数控回转工作台的功能是什么？试说明其工作原理。

参 考 文 献

[1] 张建钢. 数控技术[M]. 武汉:华中科技大学出版社,2000.
[2] 郑晓峰. 数控原理与系统[M]. 北京:机械工业出版社,2005.
[3] 董玉红. 数控技术[M]. 北京:高等教育出版社,2004.
[4] 王爱玲,等. 现代数控原理及控制系统[M]. 北京:国防工业出版社,2002.
[5] 王永章,杜君文,程国全. 数控技术[M]. 北京:高等教育出版社,2005.
[6] 严建红,等. 数控机床原理及其应用[M]. 北京:机械工业出版社,2004.
[7] 陈富安. 数控原理与系统[M]. 北京:人民邮电出版社,2006.
[8] 徐夏民,邵泽强. 数控原理与数控系统[M]. 北京:北京理工大学出版社,2006.
[9] 李善术. 数控机床及其应用[M]. 北京:机械工业出版社,2002.
[10] 赵云龙. 数控机床及其应用[M]. 北京:机械工业出版社,2002.
[11] 杨有君. 数控技术[M]. 北京:机械工业出版社,2005.
[12] 陈俊龙. 数控技术与数控机床[M]. 杭州:浙江大学出版社,2007.
[13] 邓奕. 数控机床结构与数控编程[M]. 北京:国防工业出版社,2006.
[14] 罗学科,赵玉侠. 典型数控系统及其应用[M]. 北京:化学工业出版社,2006.
[15] 何雪明,等. 数控技术[M]. 武汉:华中科技大学出版社,2006.